THE HORUS HERESY®
荷鲁斯崛起
HORUS RISING

[英] 丹·阿伯奈特 著 赵笛 译

浙江科学技术出版社

This edition published in China by Zhejiang Science and Technology Publishing House in 2020.

Copyright © Games Workshop Limited 2020.

This translation copyright © Games Workshop Limited 2020.

Translated and used under licence by Zhejiang Science and Technology Publishing House. All rights reserved.

GW, Games Workshop, Black Library, The Horus Heresy, The Horus Heresy Eye logo, Space Marine, 40K, Warhammer, Warhammer 40,000, the 'Aquila'Double headed Eagle logo, and all associated logos, illustrations, images, names, creatures, races, vehicles, locations, weapons, characters, and the distinctive likenesses thereof, are either ® or TM, and/or © Games Workshop Limited, variably registered around the world. All rights reserved.

本书中文版由浙江科学技术出版社于2020年出版

Copyright © Games Workshop Limited 2020.

This translation copyright © Games Workshop Limited 2020.

浙江科学技术出版社可在授权下翻译与使用。保留所有权利。

GW、Games Workshop、Black Library、荷鲁斯之乱、荷鲁斯之眼标识、星际战士、40K、战锤、战锤40,000、"天鹰"双头鹰标识，以及所有相关标识、插图、图像、名称、生物、种族、载具、地点、武器、角色及其中的特色同类物，所有带有®或TM以及©Games Workshop Limited的标识均为在全世界注册的商标或为Games Workshop Limited版权所有。保留所有权利。

故事简介

荷鲁斯之乱——
这是一段传奇岁月。

众多伟岸英雄为了统御银河之权奋力拼搏。
地球帝皇的亿万大军纵横星海,以一场伟大远征将银河纳入囊中——在这些精兵强将面前,无以计数的异形种族难当锋锐,就此在历史长卷上被抹消了踪迹。

人类种族威震寰宇的璀璨年代拉开了序幕。

黄金白玉堆砌而成的闪耀堡垒颂扬着帝皇的诸多凯旋。一百万个世界上林立的纪念碑,翔实描述了那些悍勇战将的传奇功绩。

帝皇的战士中最强大的便是基因原体,这些英武绝伦的人物率领帝皇麾下的星际战士大军斩获了无数胜果。他们势不可当,高贵超凡,是帝皇基因实验的巅峰成就。星际战士则是银河之中前所未有的强悍士兵,每个人皆有以一敌百之力。

数以万计的星际战士组成庞大军团,追随各自原体踏入星海,以帝皇之名征服银河。

所有基因原体中最出众的是荷鲁斯,亦唤荣耀者、光明星辰,帝皇宠儿、如父爱子。他受封战帅,是帝皇麾下各路大军的总指挥官,是万千世界与整个银河的征服者。他是无出其右的战士,也是手腕卓绝的外交家。

荷鲁斯是一颗冉冉升起的新星,然而在他坠落苍穹之前,又会经历怎样的命运?

出场人物

基因原体

荷鲁斯 ……………………… 第一原体，战帅，影月苍狼军团总指挥官
罗格·多恩 ……………………………………… 帝国之拳基因原体
圣吉列斯 ………………………………………… 圣血天使基因原体

第十六军团"影月苍狼"军团

艾泽凯尔·阿巴顿 …………………………………………… 第一连长
塔瑞克·托迦顿 ……………………………………… 连长，第二连
亚克顿·克鲁兹 …………………………… "耳旁风"，连长，第三连
哈斯特尔·塞扬努斯 ………………………………… 连长，第四连
荷鲁斯·阿西曼德 ………………………… "小荷鲁斯"，连长，第五连
瑟加·塔苟斯特 ……………………………………… 连长，第七连
加维尔·洛肯 ………………………………………… 连长，第十连
卢克·赛迪瑞 ……………………………………… 连长，第十三连
泰保特·玛尔 ………………………………… "亦者"，连长，第十八连
维汝兰·莫伊 ………………………………… "或者"，连长，第十九连
列夫·格申 ………………………………………… 连长，第二十五连
卡卢斯·埃卡顿 ………………………………… 上尉，卡图兰掠夺者小队
法库斯·齐伯尔 ……………… "寡妇制造者"，上尉，加斯塔林终结者小队
耐罗·维帕斯 ………………………………………… 士官，巫师战术小队
扎弗耶·朱伯 ………………………………………… 士官，毒玫瑰战术小队

马罗格斯特 ·· "扭曲者",战帅侍从

第十七军团"怀言者"军团
艾瑞巴斯 ·· 首席牧师

第七军团"帝国之拳"军团
西吉斯蒙德 ·· 第一连长

第三军团"帝皇之子"军团
艾多伦 ·· 总司令
卢修斯 ·· 上尉
索尔·塔维兹 ·· 上尉

第九军团"圣血天使"军团
劳多伦 ·· 战团长

63号帝国远征舰队
博阿斯·科门努斯 ····································· 舰队领袖
海克托·瓦尔瓦鲁斯 ·································· 帝国军队总司令
英梅星 ·· 星语者领袖
俄法·海因·斯维克·克洛古斯 ······················ 导航者家族族长
瑞古拉斯 ·· 高阶技师,火星机械神教代表

140号帝国远征舰队
马森努尔·奥古斯特 ·································· 舰队指挥官

帝国人员

凯瑞尔·辛德曼 ································· 首席宣讲者
伊格内斯·卡尔卡斯 ···························· 官方记述者,诗人
梅萨蒂·欧丽顿 ································ 官方记述者,文献记录员
悠弗拉迪·奇勒 ································ 官方记述者,摄影师
皮特·伊刚·莫马斯 ···························· 指定建筑师
艾恩尼德·拉斯伯恩 ···························· 高阶行政官

非帝国人员

耶夫塔·瑙德 ·································· 英特雷斯军队总司令
迪亚斯·舍罕 ·································· 总代表
阿什若特 ······································ 坎布拉克劳役,仪器守护者
米斯拉斯·图尔 ································ 英特雷斯军队次级指挥官

目录

第一部　蒙受欺骗

3 ……… 第一章　血腥的误解　无知的同胞　帝皇必死
13 ……… 第二章　对阵隐形战士　黄金王座脚下　狼神
26 ……… 第三章　回收　记述者们　三缺一
43 ……… 第四章　受到召唤　直呼艾泽凯尔　必胜好牌
56 ……… 第五章　皮特·伊刚·莫马斯　帝皇圣言录　心怀不满
71 ……… 第六章　谏言　答得好　两神一室
90 ……… 第七章　临战誓言　奇勒拍照　恐吓战术
101 ……… 第八章　单方面的战争　辛德曼履及尘泥　朱伯
115 ……… 第九章　超乎想象　耳语山脉的幽魂　心防薄弱
133 ……… 第十章　战帅与爱子　无论战况何等凶险，敌人何等狡诈　官方否认

第二部　蜘蛛国度的同袍兄弟

142 ……… 第十一章　厌恶与敬慕　这个世界名为谋杀　渴求荣耀
154 ……… 第十二章　敌人的特性　线索　巨树的功用
163 ……… 第十三章　旅途之中　糟糕的诗歌　秘密
174 ……… 第十四章　摧毁谋杀之树　巨蛛怪的工业　幸会

目录

第十五章　非正式礼节　战犬的责难　我很难说　………… 185

第十六章　全权代表　珍贵照片　帝皇保佑　………… 202

第十七章　天使之主　蜘蛛之地的兄弟情谊　禁止通行　………… 229

第三部　可怕的射手

第十八章　　莫犯错　远房表亲　其他方式　………… 240

第十九章　　使节与代表　芝诺比娅　仪器大殿　………… 252

第二十章　　僵局　启迪　影月与苍狼　………… 264

第二十一章　临别赠言　荷鲁斯之子　宿敌刃　………… 280

第一部

蒙受欺骗

我亲眼见证荷鲁斯击杀帝皇

"传说的演变正如晶体的生长，它按照自身规格重复累加；但首先必须要有一个良好的核心作为起始。"

——引自记述者库斯勒（第二个千年）

"对于神祇与恶魔的分辨，主要取决于个人当时的立场。"

——基因原体洛加

"科学的崭新光芒远比巫术的陈旧光芒更为明亮。既然如此，我们的视野又何以显得更为狭窄了呢？"

——苏玛图兰哲人萨罗努姆（第二十九个千年）

第一章

血腥的误解
无知的同胞
帝皇必死

"我亲眼见证，"日后他往往会如此讲述，直到后来的岁月成为一个无人可以发笑的年代，"我亲眼见证荷鲁斯击杀帝皇。"这是个绝佳的巧喻，其中饱含的叛逆意味总会让他的战友们轻笑出声。

这是个不错的故事。他通常都是在托迦顿的软磨硬泡之下反复讲述，因为托迦顿爱开玩笑，是个喜欢高声哄笑与热爱幼稚把戏的家伙。而洛肯也向来从命，这个故事在一次次复述之后早已烂熟于胸，几乎拥有了自己的生命。

洛肯每次都会刻意引导听众们充分品味故事中的讽刺意味。这大概是因为他对于自己牵涉其中而感到些许羞愧，毕竟那是一个充满血腥的可怕误解。帝皇授首的故事里蕴藏着一个深重的悲剧，而洛肯总是希望他的听众们能够真正体会到这个悲剧，但牢牢吸引大家注意力的往往只有塞扬努斯的牺牲。

还有那句包袱。

根据那饱受亚空间延展扭曲的计时器读数，这已经是伟大远征的第二百零三年了。洛肯每次讲述故事的时候都要把时间和地点说清楚。指挥官在乌兰诺战役宣告胜利之际升任战帅，已是大约一年前的事情，此刻他迫切希望自己能够配得上这个新头衔，尤其是在诸位手足眼中。

战帅，好一个头衔。这个头衔依旧显得新奇而不自然，与本人尚需磨合。

此刻置身于广袤星海的感受颇为奇特。洛肯的实际职责在两个世纪以来都未曾改变，而现今却凭空生出了一些陌生的意味。这是开端，也是终结。

63号远征舰队的众多星船是偶然与帝国相遇的。突发的以太风暴迫使舰队改变航向，跃迁进入了这拥有九个世界的星系，日后马罗格斯特会宣称那场风暴乃是天赐机缘。

九个世界，环绕着一颗黄色的恒星。

当帝皇发现这支饱经风霜的远征舰队贸然停泊在星系边缘之后，他首先对于其身份和来意提出了质询。之后他又耐心地对这支舰队在回复中的五花八门的错误进行了纠正。

接着帝皇便要求舰队宣誓效忠。

按照他的解释，他乃是人类帝皇。他坚韧不拔地引导子民熬过了亚空间风暴肆虐的苦难时期，经受住了冲突年代的残酷考验，并始终如一地捍卫着人类的稳固统治和严正律法。帝皇宣称这是他的天赋职责：他在孤立无援的古老长夜中守护人类文明之火种长燃不熄；他让这极其宝贵且至关重要的文明碎片完好无损地存续至今，静待日后与众多散落银河的人类同胞重建联系。这伟大时刻的最终到来令他倍感欣喜。感受到如同迷途孤儿的舰队今日重返帝国之心，帝皇的灵魂都为之鼓舞激昂。一切早已准备就绪，一切都并未失落，他会将孤儿尽数拥入怀抱，随后那重建疆域的伟大蓝图便可拉开序幕，人类帝国必将再次囊括星海，这正是天命所归。

只要他们宣誓效忠即可。他是帝皇，人类之主。

对于这番说辞颇感好笑的指挥官派遣哈斯特尔·塞扬努斯觐见帝皇并致以问候。

塞扬努斯是指挥官的亲信。他不像阿巴顿那样高傲暴躁，不像赛迪瑞那样冷酷无情，也不像亚克顿·克鲁兹那样顽固老成，塞扬努斯是一位至臻完美的军官，在各个方面都完美无缺。身兼战士与外交家双重角色的塞扬努斯拥有仅次于阿巴顿的傲人战绩，然而大家与他私下相处时往往会忽略这一点。洛肯在讲述故事时常说，塞扬努斯是个俊美之人，是个受人爱戴的俊美之人。"没有谁能比得上披挂第四型战甲的哈斯特尔·塞扬努斯。即便能力出众如你我之辈，时至今日也依旧铭记他的音容，依旧传颂他的功绩，这本身就证明了塞扬努斯的超群品质。他是这场伟大远征中最为高尚的英雄。"洛肯向他热切的听众们如此描述，"未来，世人还会对他致以敬意，以他的名字为子嗣命名。"

塞扬努斯率领第四连的精锐部下乘着一艘镀金战舰驶入星系内部，造访第三颗星球上的华美宫殿，觐见帝皇。

最终他殒命于此。

塞扬努斯惨遭谋杀。他站在宫殿的玛瑙地板上，直面帝皇的黄金王座，随即身首异处。塞扬努斯与他的荣誉卫队——迪莫斯、马尔杉达、戈索伊等等——被帝皇座下近卫，也就是所谓的隐形战士尽数屠戮。

显然，塞扬努斯没有遵照对方的期望进行宣誓效忠。他甚至不合时宜地提出，这世上竟然还有另一位帝皇。

指挥官悲痛欲绝。塞扬努斯对于他来说如同自己的孩子一样。他们并肩作战多年，联手令上百个星球屈膝归顺。虽然如此，一向在大局事务上保持乐观理智的指挥官还是命令通信员联络帝皇，再给他一个机会。指挥官反感发动战争，更愿意寻求一切可能的非暴力途径来解决问题。这是个误解，他推断如此，这是个非常可怕的误解。和平尚可挽回。他们能让这个"帝皇"看清事实。

洛肯往往会补充一句，大概就是从此刻开始，"帝皇"的尊称被加上了一对引号。

他们决定派遣第二批使节，马罗格斯特当即自告奋勇。指挥官首肯了，但同时也命令先头部队挥师前压，进入突击范围。指挥官表露的意图明确无疑：一只手五指舒展，另一只手铁拳紧握。如果第二批使节难有建树，或是遭遇同样的暴力应对，那么早已就位的铁拳便会施以惩戒。洛肯说，在那个严峻肃穆的日子里，指挥先头部队的这份荣誉遵照传统方式进行抽签，最终落在了阿巴顿、托迦顿、"小荷鲁斯"阿西曼德以及洛肯自己身上。

作战动员随即展开。先头部队的星舰在干扰力场遮蔽下不动声色地向前滑行。舰载风暴鸟战机纷纷吊入弹射轨道。武器枪械被分发检查。众人相互见证立下临战誓言。受选出征者披挂铠甲准备迎敌。

静默而紧绷的先头部队蓄势待发，大家眼看着那艘装载马罗格斯特及其使团的运输船向第三颗星球疾驰而去。地面火炮随即将飞船击落。在马罗格斯特座舰的炽热残骸飘散于大气层时，"帝皇"的战舰单位便从深幽海洋、高空云层以及临近卫星的重力井中蜂拥而出。六百艘全副武装的战舰来势汹汹。

阿巴顿关闭干扰力场，亲口向"帝皇"发出最后的警告，要求他进行理智的对话。众多敌方战舰则一齐向阿巴顿的先头部队开火。

"指挥官，"阿巴顿呼叫核心舰队，"已经没有沟通的余地了。这个愚蠢的冒牌货不会讲道理。"

指挥官答道："那么就启迪他，我的孩子，尽量避免伤及无辜。但至少要为塞扬努斯所流的高贵鲜血复仇。剿灭'帝皇'的精锐近卫，把这个冒牌货抓来见我。"

"于是，"洛肯往往会长叹一声，"我们便与那些愚昧无知的同胞兵戎相见。"

天色已晚，而苍穹尽染。至高城中林立着感光高塔，楼宇上的众多窗户本应在白昼随着太阳的步伐缓缓转动，此刻却因铺满天空的闪耀光束而不安地抽搐。大气层中幽影飞舞，无数星舰混战在一起，用各自武器射出的炽烈光束绘制出一个个短命而无名的闪亮星座。

在地表，宫殿外围那些宽阔的玄武岩广场上充斥着枪林弹雨，子弹的洪流汇成一条条铁蛇卷入半空，笔直的能量束转瞬即逝，密集的爆矢弹好像一场铺天盖地的冰雹。熊熊燃烧中坠毁的风暴鸟散落在附近大约二十平方千米的广阔区域中。

漆黑的人形躯体迈着迟缓的步伐跨过四周的外围宫殿。它们的轮廓与姿态都像是披挂重甲的巨人，足有一百四十米之高。机械神教总共部署了六架泰坦。在那些战争机械焦黑污浊的钢铁巨脚旁边，步兵集群汇成一道宽达三千米的澎湃巨浪不断前行。

影月苍狼的阿斯塔特便是这汹涌巨浪的浪尖，数千个耀眼的白色身影一马当先冲入外围广场，在他们所过之处发生了剧烈的爆炸，并喷吐出四散的火球，一道道棕黑烟柱从地面升起，直上天际。每一次爆炸都震撼着大地，在震荡停歇之后又余兴不减地洒下漫天焦土。战机在战士们头顶呼啸疾驰，从大步迈进的笨重泰坦身边低空掠过，将缓缓升腾的烟云骤然扰动成狂乱旋涡。

每个阿斯塔特的头盔里都充斥着通信语音：短促简洁的信息从未间断，质量欠佳的信号传输让他们的嗓音越发粗重。

这是洛肯在乌兰诺之后首次投身于大规模战场。第十连也是如此。近期他们虽然品尝过些许冲突和对峙，但与之相比全都不值一提。洛肯很高兴地看到他的部队并未懈怠。那些艰苦无情的实战演习与严苛训练帮助他时刻磨砺部下，维持战士们的巅峰水准与认真态度，确保他们实现方才立下的临战誓言。

乌兰诺之战曾经分外光辉：那是一场拼上一切的艰苦恶斗，它的意义在于打击并推翻一个野蛮绿皮帝国。那些绿皮的确是强悍而坚韧的对手，但人类折断了它们粗重的脊梁，熄灭了它们狂欢的篝火。指挥官采取烂熟于胸的战术赢得了胜利，用突击矛头刺穿了绿皮的咽喉。指挥官丝毫不理会绿皮大军五倍的人数优势，直捣黄龙，摧毁了绿皮的指挥部，由此令敌军陷入慌乱，不知所措。

此战也运用了同样的战术。斩落首级，让敌人抽搐着走向灭亡。洛肯与麾下战士以及从旁辅助的战争机械恰恰是为此出鞘的锐利锋刃。

但这又与乌兰诺全然不同。此处没有星罗棋布的泥土城垛，没有钢板铁丝拼凑而成的破落壁垒，没有漫天空爆的火药武器与高声呼号的强悍怪物。这绝非一场依靠刀刃与臂力来决定胜负的野蛮战役。

这是一场在文明社会爆发的现代战争。这是人类与人类在一个先进文明的宏伟殿堂中妄动干戈。敌方装备有毫不逊色于军团的火炮和枪械，且技术娴熟，训练有素。透过绿色护目镜，洛肯看到大批持有能量武器、身披坚实装甲的士兵在宫殿城墙上严阵以待。他也看到了履带式炮车和自动武器，以及安装着四到八门自动火炮的武器平台迈开液压腿足缓步前进。

与乌兰诺全然不同，那是一场磨炼，而这是一次考验，双方伯仲难分，针锋相对。

纵然敌人拥有尖端的军事技术，却并不具备一项至关重要的品质，而这品质恰恰就蕴藏在每一套第四型动力盔甲之中：帝国阿斯塔特那经过基因强化的超人血肉。在对基因进行极致的修饰提炼之后，阿斯塔特足以睥睨古往今来的任何对手。直到群星熄灭，黑暗肆虐，万物律法彻底颠倒之际，银河中都不会有哪支作战力量可以与军团抗衡。就像赛迪瑞曾说过的，"能够击败阿斯塔特的就只有另一个阿斯塔特"，大家对此都一笑了之。谁都不需要惧怕不可能发生的事情。

敌军牢牢守卫着通向内部宫殿的大门——洛肯在战后摘下头盔时才发现，对方穿着饰有银色镶边的品红色盔甲。这些士兵体型高大，肩膀宽厚，正值身体的巅峰状态。然而，即便是其中翘楚也要比影月苍狼矮上一头，对战简直像是与孩童相斗。

但不得不说，这群孩童装备精良。

洛肯率领第一小队的善战老兵借着四散硝烟与剧烈爆炸的掩护快步前进，他们的塑钢战靴碾过脚下石板：第一小队、第十连、毒玫瑰战术小队，这些巨汉身披珍珠色的闪亮重铠，一副副具备自动感应功能的肩甲上装饰着对比鲜明的黑色狼首徽记。宫殿大门有重兵把守，交叉火力泼洒而来，枪弹四下横飞留下的无数条炽热轨迹在夜空中闪亮。一门直立开火的自动迫击炮向洛肯的头顶喷吐出一串串飞行缓慢的巨大弹药。

"干掉它!"洛肯在通信器中听到士官兄弟朱伯高声下令。朱伯用家园世界科索尼亚的简洁语言下达了指示,影月苍狼将那种语言作为战场密语沿用至今。

掌管等离子炮的那位战斗兄弟毫不迟疑地执行命令。一道强光闪过,他手中武器的发射口与那门自动迫击炮之间被一条长达二十米的炽烈光带连接起来,随后敌军火炮便化作一团喷涌扩散的焦灼烈焰,笼罩了整段宫殿护墙。

数十名士兵被冲击震倒,更有几个敌人飞入半空,像破布袋一样落在石阶上。

"冲上去!"朱伯咆哮道。

狂野的弹雨啃噬着他们的盔甲,洛肯依稀感觉到敌军火力引发的刺痛。卡伦德斯兄弟脚步踉跄,但立刻重新站稳。

洛肯看到敌人四散奔逃,难挡其锋。他抬起手中的爆矢枪,枪身前端有一道刻痕,那是在乌兰诺上一柄绿皮战斧留下的痕迹,洛肯特意叮嘱工匠不要抹消这个装饰性的损伤。他举枪点射,感受着武器在掌中的冲击和跃动。爆矢弹极具爆破性与穿透力。被他击中的士兵像鼓胀水泡般崩解,如熟透果实般破碎。粉色血雾从每一个四分五裂的尸体喷薄而出。

"第十连!"洛肯喊道,"为了战帅!"

这声战吼十分陌生,是一个崭新的口号。自从帝皇在乌兰诺大捷之后御赐指挥官"战帅"这一荣耀头衔至今,洛肯还是第一次在战场上将它高声喊出。

帝皇御赐,真正的那位帝皇。

"狼神!狼神!"月狼战士们发起冲锋,用旧日的战吼加以回应,这是军团为挚爱指挥官所起的亲切外号,泰坦的战斗号角也隆隆轰鸣。

他们突破了宫殿,洛肯在一座入口的大门处停下脚步,一边敦促奋勇当先的战士们继续前进,一边仔细审视他麾下连队主力的作战进度。众多高塔与露台上的守军持续将火力倾倒在他们头顶,此间就如炼狱一般。就在此刻,一团明亮无比、绚烂夺目的半圆形光球骤然在远方拔地而起,直冲天际。洛肯的护目镜自动降低了亮度。大地颤抖不已,雷鸣般的巨响迎面而来。那是一艘相当规模的主力战舰陷入瘫痪,燃烧着熊熊烈焰坠落下来,一头扎进了至高城的外围。被这条战舰的火光所吸引,那些感光高塔顿时急匆匆地旋转过去。

作战报告奔涌而来。阿西曼德麾下的第五连已经控制住了议会以及城区西部景观湖上的众多亭台。托迦顿的部队则穿过下层城区一路杀来,将胆敢拦路的装甲力量彻底摧毁。

洛肯望向东边。三千米之外,在平坦的玄武岩广场彼端,在穿过汹涌人潮阔步走来的泰坦的弹幕的掩护下,阿巴顿的第一连正突破堡垒冲入宫殿侧翼。洛肯透过护目镜将目光聚焦在远方战友身上,清晰地看到数百个披挂白甲的高大轮廓无视烟雾和弹雨不断突进。而冲锋在前的若干幽暗身影则是第一连最精锐的终结者单位——加斯塔林小队。他们身披漆黑如夜的锃亮铠甲,仿佛来自另外一支主色是黑色的军团。

"洛肯呼叫第一连,"他发起通信,"第十连已经突破。"

阿巴顿在一阵短暂噪声后传来回复。"洛肯啊,洛肯……你如此勤勉是为了羞辱我吗?"

"绝无此意,第一连长。"洛肯答道。军团之中等级森严,纵然洛肯是一名高级军官,但那举世无双的第一连长依旧令他敬畏。事实上,每个四王议会成员都是如此,不过托迦顿一直对洛肯展现出了真挚的情谊。

如今塞扬努斯已然不在,洛肯心想。四王议会的格局必将随之改变。

"我在逗你呢,洛肯,"阿巴顿随后说道,他的嗓音极为低沉,以至话语中的一些元音都被噪声所吞没,"你我在伪帝座前相见。谁先赶到,他就归谁。"

洛肯忍不住微笑。艾泽凯尔·阿巴顿之前很少与他开玩笑。这使他受宠若惊,心神振奋。得到战帅的擢升已是殊荣,而变成精锐的近卫更是每一位连长的梦想。

洛肯换上一个弹夹,踏着交叠横陈的敌军尸首迈入大门。宫殿内部的石膏墙面早已在炮火中开裂粉碎,像干燥沙土般掉落在地上。空气中充满烟雾,洛肯的护目镜显示屏在不同的视野中切换跳跃,试图找到更为清晰明了的读数。

他沿着内庭前进,宫室深处传来的枪声回荡不已。一位兄弟瘫倒在他左手边的门廊里,那身披白甲的高大躯体在众多敌军尸首中显得格格不入。军团药剂师马耶克斯正在俯身查看。他瞥了一眼洛肯,接着摇摇头。

"是谁?"洛肯问道。

"提伯尔，第二小队。"马耶克斯回答。洛肯看到令提伯尔殒命的颅骨上的巨大创口，不禁皱起眉头。

"愿帝皇铭记他。"洛肯说。

马耶克斯点点头，启动纳瑟希姆护手中的基因种子回收工具。他即将取出提伯尔体内那宝贵的基因种子，纳入军团库存。

洛肯留下药剂师行使其职责，继续向宫殿深处进发。前方大道两旁廊柱林立，高墙上尽是华美的壁画，其中有一幅描绘着"帝皇"高居于黄金王座的熟悉场景。这些人真是盲目至极，洛肯心想，今日的杀伐也真是悲哀至极。只需一天，只需宣讲者前来劳作一天，他们就能看清现实。我们不是敌人，我们是同胞，我们带来了光辉的救赎。古老长夜已经过去。人类再次驰骋于星海，阿斯塔特的强悍力量将为人类保驾护航。

在一条覆满铭文的银色通道里，洛肯赶上了第三小队的成员。在整个连队里，排名第三的巫师战术小队正是他最为信赖的力量。其指挥官耐罗·维帕斯士官更是一位坚定的战友。

"你情绪如何，连长？"维帕斯问道。他的珠白色战甲上满是泥土与血迹。

"还算冷静，耐罗。你呢？"

"暴躁，不如说是怒发冲冠。我刚刚损失了一个部下，另有两人受伤。前面那个路口把守严密，有重武器，火力强度简直令人难以置信。"

"试过手雷吗？"

"已经扔了两三枚过去，没用。而且一个人影都没有。加维尔，我们都听说过所谓的隐形战士，那些害死了塞扬努斯的家伙。我猜想——"

"把猜想的工作留给我吧，"洛肯说道，"谁倒下了？"

维帕斯耸耸肩。他比洛肯略高，耸肩的动作让那身沉重铠甲铿铿作响，"扎奇亚斯。"

"扎奇亚斯？不……"

"我眼看着他被撕成碎片。喔，我可真是感觉到了旗舰的触摸，加维尔。"

旗舰的触摸，这是句老话。指挥官的旗舰名为复仇之魂号，在危局险境之中，月狼战士们习惯于将那名号当作护身符，当作报仇雪恨的誓言。

"以扎奇亚斯之名，"维帕斯低吼道，"我要找到这个隐形的混蛋——"

"控制你的怒火，兄弟。这于事无补，"洛肯说，"去照看你的伤员，我来探查一下。"

维帕斯点点头，命令部下后撤。洛肯则走向那个争夺无果的路口。

四条宽阔的通道交会于这个圆顶路口。整片区域在他的视野里显得冷寂而安静。逐渐散去的烟尘进入通风口。石板地面被啃噬得千疮百孔，弹痕遍布。扎奇亚斯尚未收回的遗骸早已不成人形，化作了冒着腾腾热气的破碎战甲与血腥残躯，散落在路口。

维帕斯说得没错。这里没有任何敌人的踪影，没有热成像痕迹，连一丝动静都没有。但仔细观察整片区域之后，洛肯注意到了路口远端的一道防御工事，那护墙脚下堆积着大批闪亮的黄铜色弹壳。杀手就藏在工事背后吗？

洛肯俯身捡起一块震落的石膏，抛向空旷地。伴随一声轻响，滂沱暴雨般的子弹便咆哮着破空而来。这攻击仅仅持续了五秒，但足有上千枚弹药倾泻于此。洛肯看到冒着青烟的弹壳从防御工事背后弹射出来。

弹雨停歇了，硝烟飘散开来。枪弹在石板上犁出了一道斑驳的壕沟，也进一步摧残了扎奇亚斯的尸首。鲜血与碎肉四散飞溅。

洛肯静静等待，他捕捉到了自动装弹系统的金属嘶鸣，他能辨认出逐渐冷却的枪口高温，但依旧没有身体热度。

"拿到什么战果了吗？"维帕斯走来。

"只是一个自动哨卫炮台。"洛肯回答。

"嗯，这还算让人安心，"维帕斯说道，"扔了几颗手雷之后，我都以为那些名声在外的隐形战士已经变成'无敌战士'了。我去叫一支毁灭者小队来支援——"

"给我一根闪光棒。"洛肯说。

维帕斯从腿甲上扯下一根递给连长。洛肯手腕一拧将其点亮，抛向对面的通道。闪光棒发着嘶嘶尖鸣与灼目光芒从那无形的杀手面前弹跳而过。

伺服仪器顿时铮铮作响。那势不可当的弹雨厉声怒吼着卷入通道，毫不留情地轰击那根闪光棒，将它甩入半空又敲进地面。

"加维尔——"维帕斯开口道。

洛肯已然起身狂奔。他快步穿过路口，猛地靠坐在工事墙边。枪口的火光尚未停息。他从工事墙边探出头，看到了安放在墙壁凹陷中的哨卫炮塔。这台装甲厚重的矮胖机械借助四根支架稳稳地抓住地面，颤抖不已的短粗炮口并没有指向他,而是朝那团闪烁跃动的遥远光芒喷吐着怒火。

洛肯探出手,猛然扯断了一把伺服缆线。炮台顿时陷入沉寂。

"解决了!"洛肯高喊。巫师小队随即现身。

"我们通常管这个叫炫技。"维帕斯指出。

洛肯率领巫师小队穿过通道,走进一个富丽堂皇的房间。还有很多同样富丽堂皇的屋子一直延伸到远方。这里静谧无声,显得颇为诡异。

"走哪边?"维帕斯问。

"我们去把这个'帝皇'找出来。"洛肯说道。

维帕斯低哼一声,"就这么简单?"

"第一连长和我打赌看谁先到。"

"哟,第一连长?加维尔·洛肯你什么时候开始和他平起平坐了?"

"在第十连率先突破宫殿的时候开始的。别担心,耐罗,我成名之后还会记得你们这些小人物的。"

耐罗·维帕斯大笑起来,从头盔传出的沉闷笑声就像是罹患肺病的耕牛在哞叫。

可是接下来发生的事情让他们全都笑不出来了。

第二章

对阵隐形战士
黄金王座脚下
狼神

"洛肯连长?"

他停下手中的活计抬起头,"是我。"

"请原谅我贸然打扰,"她说道,"你想必很忙。"

洛肯将正在打磨的那片盔甲放好,站起身来。他身材高大,身上只穿了一条缠腰布。这位战士的雄伟身姿以及全身上下的肌肉与旧日伤疤,令她暗自惊叹。而且此人还颇为英俊,一头浅金色短发泛着些许银色,苍白皮肤上点缀着淡淡雀斑,那双深灰的眸子如同两池秋水。真是可惜了,她心想。

洛肯裸露着的身躯格外凸显其超人本质。除了健硕异常的体型之外,阿斯塔特所独有的宽大面孔在他近似马脸的容貌中展露无遗,而那不分肋骨的厚重躯干也像画架上的帆布般紧绷。

"我不认识你。"洛肯将一捆抛光纤维扔进小桶里,把十指擦干净。

她伸出手来,"梅萨蒂·欧丽顿,官方记述者。"她说道。洛肯看了看她的纤细柔荑,随后轻轻地握住,她的手掌顿时埋没在那粗大的巨掌里,显得更加弱小。

"真抱歉,"她笑着说,"我老忘记你们没有这个习惯,我是说握手,泰拉的习俗我总是甩不掉。"

"我不介意。你从泰拉来?"

"我是一年前拿到议会许可,从泰拉出发加入远征的。"

"你是个记述者?"

"你知道那是什么意思?"

"我不傻。"洛肯说。

"当然不是,"她急忙说道,"我无意冒犯。"

"没关系。"他审视对方。欧丽顿矮小纤瘦，大概称得上美丽。洛肯对于女性知之甚少，或许她们全都纤瘦而美丽，但他知道很少有人这般黝黑。她的皮肤就像无瑕的黑珍珠。洛肯不禁猜想这会不会是某种染料的效果。

对方的头颅也令他好奇。欧丽顿没有头发，但并不是新近剃掉的。她的脑袋光洁平滑，仿佛向来如此。她的颅骨以流线型弧度略加延伸，在后颈处汇作卵圆形。她仿佛戴着一顶王冠，令其纤瘦的人类身躯颇具皇家气度。

"我该如何效劳？"洛肯问道。

"听说你有一个非常吸引人的故事。我希望能替后世子民加以记录。"

"哪个故事？"

"荷鲁斯击杀帝皇。"

洛肯绷紧身躯，他不喜欢阿斯塔特之外的人对战帅直呼其名。

"那是很多个月以前的事，"他轻描淡写地说，"我可能已经记不清具体细节了。"

"事实上，"欧丽顿说道，"根据可靠消息，只要稍微软磨硬泡，你总能把它讲得生动翔实。据说你的战斗兄弟们都很喜欢这个故事。"

洛肯皱起眉头。这位女士很招人厌烦，但她说得没错。自从攻陷至高城之后，他便多次受邀——那还称不上是被迫——于数十个场合中反复讲述了自己在宫殿高塔里的亲身经历。他猜想主要原因是塞扬努斯的死。月狼战士们需要疏导心中悲痛，他们想知道是如何为塞扬努斯报仇雪恨的。

"有人指点过你吗，欧丽顿女士？"他问道。

她耸耸肩说："其实是托迦顿连长。"

洛肯点点头，一向是那家伙："你想知道什么？"

"我从其他人那里了解过整体情况，但我很想听听你的个人见解。当时情况如何？你冲入皇宫的时候究竟遭遇了什么？"

洛肯叹了口气，转头看看自己的动力盔甲。他才刚刚开始着手清理维护。他的私人军械室狭小阴暗，房间的金属墙面被漆成淡绿色，隔壁就是无关人等不得擅入的登机甲板。一簇照明球点亮四周，制式帝国鹰徽印在墙板中央，下方则钉着洛肯征伐多年所有临战誓言的复制品。密闭的空气中飘荡着机油和打磨粉的味道。这是个助人内省的静谧场所，而她打破了这种静谧。

欧丽顿终于意识到自己的失礼，并开口提出："我可以换个更好的时间再来。"

"不必，没关系，"洛肯坐回到金属长凳上，"我想想……当我们冲进皇宫的时候，遭遇的是隐形战士。"

"为什么叫这个？"她问道。

"因为我们看不到他们。"他回答。

名副其实的隐形战士严阵以待。

几名阿斯塔特踏入那华美宫室不足十步，第一位兄弟便殒命于此。在一声难以承受的怪异爆鸣中，艾卓乌斯兄弟猛然跪倒，随后瘫软在地。某种能量武器正中他的面孔，由塑钢与陶钢混合铸就的白色头盔和胸甲竟扭曲变形成了一个布满波纹的深坑，仿佛是熔化的白蜡在流动四溢后重新冷却固结而成。随着又一次刺耳爆鸣与剧烈震荡，耐罗·维帕斯身边的精美书桌骤然变成残骸。第三次爆鸣放倒了穆瑞阿德兄弟，他的左腿像脆弱秸秆般粉碎折断。

这个冒牌帝国的科学家成功掌握了某种罕见而强大的力场技术，并将其应用在精锐卫兵身上。他们能够借助这一技术的被动用途藏匿行踪，通过扭曲光线达到彻底隐身。同时他们也可以主动投射力场能量，造成无情而致命的杀伤效果。

洛肯与麾下战士纵然全神贯注地谨慎前进，却依旧被打了个措手不及。隐形战士在护目镜显示屏中不见踪影。显然有数名敌人早早站在房间里在等候他们。

洛肯举枪开火，维帕斯的部下立刻效仿。洛肯用枪弹横扫面前区域，在爆裂炸碎的家具之外另有斩获。他看到一团粉雾在空中绽放，随即有某个物体倒下，撞翻了一张椅子。维帕斯同样有所收获，但这未能使塔瑞古斯兄弟躲过杀身之祸，那位不幸战士的头颅从肩膀上骤然滑落。

这种隐身技术显然在保持静止的情况下最为有效。使用者一旦开始移动便会露出蛛丝马迹，变成热浪波纹般的迅捷人形。洛肯立刻作出反击，向任何空气被扭曲的地方倾泻子弹。他将护目镜的取景对比度调至最高，在近乎黑白两色的视野里更清晰地捕捉到了对手的踪迹：那是模糊背景中的若干锐利轮廓。他又击杀了三人。一些敌人死后丢失了力场遮罩。洛肯终于得以看到隐形战士的血腥尸首。他们身上的银色盔甲工艺精湛，造型华丽，布满了令人惊叹的繁复纹理与细致图案。这些披挂红绸斗篷的高大战士让洛肯联想起负责守卫泰拉帝国宫殿的强悍禁军。也正是这支近卫部队在主人的首肯下处决了塞扬努斯及其荣誉卫队。

小队成员的折损让耐罗·维帕斯满腔怒火。他此刻确实感受着旗舰的触摸。

耐罗一马当先，在敌军设伏之处杀出一条血路，冲进后方的宏伟厅堂。他用炽烈怒火为巫师小队提供了亟须的突破点，而代价则是自己的右手被隐形战士彻底摧残。洛肯也尝到了胸中暴怒的滋味。与耐罗一样，他将巫师小队的诸位成员视作亲密的老友。寄托哀思的追悼仪式必不可少。即便是在乌兰诺最为险恶的战局中，换取胜利的砝码也从未如此沉重。

维帕斯跪伏于地，在痛苦呻吟中努力将残破臂膀末端的扭曲手甲扯下来，洛肯则从战友身边猛冲而过，埋头扎进一间侧厅，随即把枪口抬向那个迎面扑来的朦胧身影。一股巨力将爆矢枪从他掌中扯飞，于是他立刻探向那把佩在腰间的链锯剑。兵刃在一声嘶鸣中出鞘启动。他奋力劈砍面前那纷乱模糊的轮廓，察觉到锯齿锋刃遭遇了些许抵抗。尖厉呼号顿时传来。滚热鲜血四处泼洒，喷溅在房间墙壁与洛肯的胸甲上。

"狼神！"他低吼一声，将双臂力量尽数注入剑中。他的皮肤与外部装甲之间被层层叠叠的伺服系统与仿生聚合纤维所覆盖填充，这些扮演着动力盔甲肌肉组织的人造结构此刻纷纷绷紧收缩。他双手交握武器，猛力劈出三剑。更多鲜血喷涌而出。伴着一阵颤声哀呼，血淋淋的五脏六腑显现出来。遮蔽敌人行踪的隐形力场随后失灵关闭，那个被开膛破肚的士兵则步履蹒跚地向大厅深处退却，双手徒劳地捧着自己的肚肠。

无形巨力刺向洛肯，凶猛地啃噬着他的左侧肩甲，几乎将他打倒在地。他借势扭转身躯挥出链锯剑。利刃咬到了什么东西，金属残片应声飞溅。一个稍显错位的人形轮廓随即现身，就像是从所在空间中剪切出来一样，并向左侧挪移了毫厘之距。这个暴露踪迹的隐形战士端起长枪直取洛肯，那刚刚中剑的充能力场在炽烈火花与刺耳爆鸣中损毁宕机。

长枪锋刃从洛肯头盔上弹开。洛肯的链锯剑则从上斩下，将那兵刃从隐形战士的亮银手甲中扯了出去，甚至还敲弯了握柄。同时，洛肯放低肩膀侧身猛扑，把对手狠狠撞在房间墙壁上，让那绘着古老壁画的脆弱石膏四分五裂。

洛肯后退一步，隐形战士发出了喘不过气的声音，接着便瘫软跪倒，他的肋骨与肺叶几乎被彻底碾平，头颅低垂于胸前。洛肯流畅娴熟地挥动链锯剑让他解脱，隐形战士的脑袋滚落一旁。

洛肯在大厅四周缓步巡行，右手高举着低沉咆哮的兵刃。鲜血将地板涂抹得猩红湿滑，其中还散落着些许焦黑的碎肉。零乱的枪声从附近房间传来。洛肯穿过厅堂捡回自己的爆矢枪，紧紧地握在左手里。

两名影月苍狼从他身后走了进来，洛肯简洁地用剑指了指左侧柱廊，示意他们取道此处。

"重整部队，继续前进。"他在通信频道中下令，战士们纷纷回报。

"耐罗？"

"我在你后面，二十米开外。"

"你的手怎么样？"

"扔了，太碍事。"

洛肯迈着猎手一般的步伐谨慎前行。那个被他开膛破腹的隐形战士匍匐于地，洛肯跨过这具流淌着鲜血的尸体之后，便在房间远端看到了一座宽阔的十六级大理石阶梯，阶梯顶端则是一道石门，华美典雅的门廊上刻着繁复精致的折布雕饰。

洛肯缓步登上石阶，斑驳光线穿过门廊洒下众多闪烁幻影，使这里显得格外的安静，就连宫殿周围如火如荼的恶战轰鸣仿佛都渐渐退散。洛肯甚至能听到方才大展身手的链锯剑上鲜血滴落的滴答声，并在他身后洁白的大理石阶梯上留下了一条猩红珠串。

他迈步穿过门廊。

他身边的高塔内墙直刺云霄，洛肯显然走进了最为高大宏伟的一座宫殿尖塔，直径上百米，高度足有一千米。

不，还不止如此。他脚踏一块环绕高塔的玛瑙平台，而这仅仅是均匀依附在整座建筑上的众多环形平台之一，下方还有更多这样的平台。洛肯走到边缘探头俯瞰，发现高塔的塔基和面前的高塔一样壮观。

他缓缓绕行，四下检视。一扇扇宽大的窗户由玻璃或其他某种透明材料制成，在环形平台之间从头到脚点缀着高塔全身，容许外面那场鏖战的夺目光束和烈焰透射而入，但只见烈焰狂舞与光束喷薄，塔内却毫无声响。

洛肯沿着平台边缘前进，最终发现了那道与墙壁融为一体的石雕阶梯，可以由此通往上层。他拾级而上，穿过一个个平台，时刻保持警惕，搜寻任何可能是隐形战士的朦胧光影。

什么都没有，没有声音，没有人迹，没有动静，只有外面的闪耀光亮透过大窗照射进来，五层，六层。

洛肯突然感觉自己很傻，这座高塔可能空无一人，他本该把这项搜索清扫任务交给其他人，自己去指挥第十连主力部队。

然而，通向地下部分的路径却被严密地防守着。他抬起头，将传感器的功能发挥到极致。在他上方三百余米之外，他依稀捕捉到了某种一闪而过的踪迹，某个若有若无的热源。

"耐罗？"

一阵静默，"连长。"

"你在哪儿？"

"一座高塔脚下，战况激烈，我们——"噪声突然干扰了信号，模糊不清的枪声与喊叫声在通信频道中浮现，"连长，你还能听到吗？"

"汇报！"

"我们遭遇了顽强抵抗。无法前进！你在哪——"

连线中断了，但洛肯原本也不打算明确说出自己的位置。这座尖塔之中一定另有人在，对方想必就在塔顶，好整以暇地等待着他。

高塔倒数第二层。上方传来阵阵低沉的碾压声，仿佛是一座巨型风车的帆翼在旋转。洛肯停下脚步。从这里透过宽大玻璃窗望出去，整座宫殿与至高城全景一览无余。烽火漫天，有些建筑在这炼狱的光辉照映下变成了粉红色；枪炮的火光闪动不已，能量束在黑暗中舞动腾跃。头顶的天空也被火光所照亮，与地面无异。先头部队为"帝皇"的城市带来了死亡与毁灭。

但洛肯是否能很快地找到敌人的咽喉？

他登上最后几级台阶，手中紧握着武器。

最后这层环形平台是高塔顶部结构的基座，众多花瓣状的晶莹玻璃组成了一座飞扬的穹顶，起到支撑作用的弧形钢条在顶端汇成一根修长的桅杆。整个建筑都在吱嘎作响，滑动不止，感应着外部夜空中的流转光芒而微微旋转。那黄金王座背对着窗户矗立在平台一侧。它颇为壮观，沉重底座上的三级金色阶梯引向一张带有盘卷扶手与高大靠背的镀金座椅。

王座上空空如也。

洛肯垂下武器。他发现塔顶部分在旋转过程中始终确保那王座直面光芒。倍感失望的洛肯向王座迈了一步，随即站定，他意识到这里确实另有人在。

他左侧的一个孤独身影正背着双手遥望战火。

对方转过身来。那是一位披着及地紫袍的老迈男子。他的头发洁白而纤细，面孔更是枯瘦。他面带苦涩，双眼紧盯着洛肯。

"我抗拒你们，"他的浓重口音颇具古风，"我抗拒你们，侵略者。"

"我会记下你的抗拒，"洛肯回答，"但胜负已分，看来你一直在这里观望战局，你心里想必很清楚了。"

"人类帝国必将无往不胜。"那人说道。

"是的，"洛肯说，"必将如此，我可以保证。"

对方愣住了，仿佛不明白他的意思。

"我是否在与所谓的'帝皇'对话？"洛肯质问。他已经将链锯剑关闭入鞘，但依旧用爆矢枪指着那个披覆长袍的身影。

"所谓的？"老人重复道。"所谓的？你在这皇家禁地之中大放厥词。帝皇就是无可争议的帝皇，是人类种族的救世主与保卫者。你们是冒牌货，是邪魔——"

"我与你一样。"

对方皱起眉头，"你是个冒牌货，是个扭曲丑陋的巨怪。人类决不会像这样与同胞大动干戈。"老人轻蔑地指了指窗外景象。

"是你们的敌对行为挑起了战火，"洛肯冷静地回应，"你们不愿倾听，也不愿相信我们。你们屠杀了我们的使节。这是你们自行招致的祸端。我们肩负重任，以帝皇之名跨越星海，重新统一人类种族。我们力求让每一条分散零落的同胞血脉尽数纳入宏图，绝大多数同胞都热切欢迎与失落的兄弟重逢，然而你们却以武力加以抗拒。"

"你们满口谎言！"

"我们带来了真相。"

"你们的真相是污秽邪说！"

"先生，真相本身并无善恶之分。你我笃信同样的词语和毫无分别的概念，然而对此却怀有彻底相左的理解，这令我倍感哀伤，正是此般异见直接导致了整场血战。"

老人泄气地低垂双肩，"你们本可以放过我们。"

"什么？"洛肯追问。

"既然我们的观念彻底相左，你们本可以一走了之，放任我们不受侵扰地继续生活下去。但你们并没有。为什么？你们为什么一定要将我们送入坟墓？难道我们会成为天大的威胁吗？"

"因为真相——"洛肯开口道。

"——本身并无善恶之分。这是你的原话，侵略者，然而你们为了自己眼中的真相大动干戈，也就变成了为恶之人。"

洛肯惊讶地意识到自己竟无言以对。他迈上一步说道："我要求你向我投降，先生。"

"如此说来，你就是指挥官了？"老人问。

"我指挥第十连。"

"那么你并不是总指挥官？我本以为就是你，因为你率先走进了这个地方。我在等待总指挥官。我会向他投降，也只会向他投降。"

"你无权提出投降条件。"

"你连这一点也不能准允吗？你连些许荣誉也不愿留给我吗？我就在这里等你们的领袖亲自前来接受我的投降。去把他找来。"

洛肯刚要开口作答，一股震耳的沉闷呼号带着隆隆回响卷上塔顶。老人面露惊恐地倒退两步。

众多漆黑身影从高塔脚下直冲上来，穿过环形平台中央的开放空间来到这里。这十名阿斯塔特战士的跳跃背包喷吐着嘶鸣蓝焰，让身后空气在高温下变得一片朦胧。他们的黝黑动力甲带有白色镶边。卡图兰掠夺者小队，久经沙场的第一连突击单位，是第一波先锋攻势，也是最后一道防线。

他们逐个降落在环形平台边缘，随后关闭了跳跃背包。

卡图兰小队上尉卡卢斯·埃卡顿瞥了一眼洛肯。

"第一连长恭喜你，洛肯连长。终究还是你捷足先登了。"

"第一连长在哪里？"洛肯问道。

"下面，正在往上杀，"埃卡顿回答。他启动通信器，"我是埃卡顿，卡图兰小队。我们已经俘获伪帝——"

"不！"洛肯坚决地说。

埃卡顿又看了洛肯一眼。这名上尉的护目镜就像是黑钢面甲上的一对黑色玉石。他微微躬身。"抱歉，连长，"他狡黠地说道，"这名俘虏和这项荣誉当然都属于你。"

"我不是那个意思，"洛肯回答，"这个人要求向我们的总指挥官本人投降。"

埃卡顿低哼一声，他的几名部下都笑了起来。"随便这个混蛋提什么要求，"埃卡顿说，"他肯定要大失所望了。"

"我们在推翻一个古老帝国，埃卡顿上尉。"洛肯坚定地说，"我们难道就不能在冷酷杀伐之中展现一点善意和尊重吗？我们难道甘为野蛮人吗？"

"他杀害了塞扬努斯！"埃卡顿的一个部下厉声说。

"没错，"洛肯说，"所以我们就要如法炮制地杀害他？众所爱戴的帝皇不是教导我们，总要以宽大胸怀夺取胜利吗？"

"众所爱戴的帝皇可不在这里。"埃卡顿回答。

"如果他不能时刻存于我们心中，"洛肯回应道，"那么我对这场远征的未来就感到十分担忧。"

埃卡顿盯着洛肯沉默了一阵，随后命令手下向舰队发送信号。洛肯相信，埃卡顿之所以作出退让绝非是折服于严密雄辩或高尚原则。身为第一连精锐突击单位上尉军官的埃卡顿纵然颇受荣宠，但作为连长的洛肯依旧是他的上级。

"信号已经发往战帅。"洛肯告诉那位老者。

"他现在就会来吗？"对方急切地问道。

"我们会安排你见他的。"埃卡顿厉声说。

他们静待回复信号。阿斯塔特战机拖曳着尾焰从窗外掠过。规模惊人的爆炸火光铺满了南部天空，许久才缓缓褪去。洛肯看着环形平台上那些交织混杂的阴影在逐渐暗淡的光芒中狂舞跃动。

他心中一惊。他突然意识到那位老人为何坚决要求指挥官亲自驾临。他将爆矢枪佩在腰间，朝那个空荡荡的王座大步走去。

"你在干什么？"老人问道。

"他在哪儿？"洛肯高喊，"他究竟在哪儿？他也是隐形的吗？"

"退后！"老者呼吼着扑向洛肯。

一声轰鸣顿时响起。老人的胸膛凹陷下去，满腔鲜血、焦黑绸缎与残破肉体溅了出来。他摇晃了几下，身上那件褴褛不堪的紫色长袍燃起火苗，残躯随后从平台边缘处翻倒下去，像块石头般四肢瘫软地径直坠入高塔中央的开放空间，碎裂衣袍在身后随风舞动。

埃卡顿垂下爆矢手枪。"我还从没杀过一国之君呢。"他笑道。

"那不是帝皇，"洛肯大喊，"你这个白痴！帝皇一直都在这里。"他逼近空无一人的王座，伸出臂膀探向金灿灿的扶手。王座上那个近乎完美的模糊轮廓仓皇退缩，对方看似天衣无缝的伪装被周围略显反常的阴影所暴露。

这是陷阱。这四个字即将脱口而出，但他没来得及。

黄金王座颤抖着迸发出一波无形的冲击。精锐近卫所使用的能量与它十分相似，但强度仅仅是它的九牛一毛。那冲击波扩散开来，将洛肯和卡图兰小队席卷而起，他们就像飓风面前的秸秆般任其宰割。塔顶窗户骤然爆裂，无数玻璃碎片化作一阵缤纷多彩的暴雪。

卡图兰掠夺者小队的大部分成员当即消失无踪，他们挥舞着手臂，被滔天巨浪般的无形能量抛出高塔。其中一人不幸与钢条相撞。那位脊梁断折的战士像个残破玩偶一样遁入夜空。埃卡顿被击飞时抓住了另一根钢条。他立刻紧握不放，塑钢手甲深深埋入金属支架，双腿则在气流、玻璃与能量的拉扯下呈水平姿势。

处在王座脚下的洛肯避开了隐形能量的正面冲击，只是被冲击波拍倒在地。他迅速滑向环形平台中央的开放空间，白色盔甲嘶鸣着在玛瑙地面上犁出深深的刻痕。他从俯瞰深渊的平台边缘横飞出去，如飘零枯叶般被那坚如高墙的冲击波裹挟着越过空洞，狠狠砸在另一端的平台内沿。他立刻扒住边缘，双腿在身下摇荡，然而让他不致坠落的因素除了绝境之中爆发的全部臂力外，还有那强悍无比的能量压迫。

凶猛无情的冲击令他近乎失去意识，但洛肯奋力维持生机。

闪烁难辨的绿色传送光芒突然浮现于平台之上，距离他绝望求生的双手仅有咫尺之遥。越发明亮的灼光变得难以直视，随即暗淡消弭，显现出一位矗立在平台边缘的伟岸神祇。

这是一个真正的巨人，他与任何阿斯塔特的体型差异就像是阿斯塔特和

荷鲁斯

平凡人类之间的区别一样显著。他的金色铠甲反射出的光芒恍若晨晖，是工匠大师的心血之作。铠甲表面覆满了众多符记，而最引人注目的是胸甲中央那枚凝视前方的眼眸图案。这个散发光晕的可敬身影背后有一袭洁白披风猎猎飞扬，显露在胸甲上方的严峻面孔至臻完美，无可挑剔，不怒自威。

那位神祇面不改色地傲然屹立于能量冲击之中，丝毫不为所动。随后他举起右臂，用暴风爆矢枪向那咆哮的风眼开火。

仅仅一枪。

爆裂的轰响在整座塔顶四周回荡不已。冲击波的呼啸声中闪过一声尖叫，随后便戛然而止。

高墙般的能量浪潮立刻逝去。飓风消于无形。玻璃碎片纷纷倾洒在平台上。

摆脱了冲击波拉扯的埃卡顿摔落下来，砸在空荡荡的窗框上。但他稳住了身躯。他爬回高塔内部，站起身来。

"大人！"他高喊一声，随即屈膝俯首。

在压力松懈之后，洛肯却发现自己难以支撑。他开始向空洞滑落，双手徒劳地抓挠着平台边缘。但他无法在光可鉴人的玛瑙地面上找到任何受力支点。

他从平台内沿滑脱出去。一条强壮臂膀突然握住他的手腕，将他拎回到平台上。

洛肯颤抖着翻过身。他望向环形平台对面的黄金王座。它早已化为飘散青烟的残骸，其奥秘机制彻底爆炸损毁。一具焦黑尸首端坐于那堆扭曲金属和残破零件之中，灰黑头颅上的洁白牙齿露出狰狞笑容，两条仅剩枯骨的臂膀依旧握着王座的盘卷扶手。

"我将如此消灭一切暴君和骗子。"一个低沉嗓音隆隆响起。

洛肯仰望身边的那位神祇，"狼神……"他嘀咕道。

那位神祇则微微一笑。"不必如此客气，连长。"荷鲁斯低声回应。

"我可以提一个问题吗？"梅萨蒂·欧丽顿开口道。

洛肯从墙边衣钩上取下一件长袍披在身上。"当然。"

"我们是否可以放过他们？"

"不能。换个更好的问题。"

"好吧。他是个什么样的人？"

"谁是个什么样的人，女士？"他反问。

"荷鲁斯。"

"既然你要问我，那么你肯定还没见过他。"洛肯说。

"没有，连长。我一直在等待接见。无论如何，我想知道在你心目中荷鲁斯——"

"在我心目中他是战帅。"洛肯说道。他的语气刚硬如铁，"在我心目中他是影月苍狼之主，蒙受众所爱戴的帝皇钦点委派，身负吾辈所谋大业的全权重任。他是诸位基因原体之首。在我心目中，一个凡人不加敬称或头衔而直呼其名便是僭越。"

"喔！"她立刻说，"我很抱歉，连长，我无意——"

"我相信你无意冒犯，但他是战帅荷鲁斯，而你是记述者，记住这一点。"

第三章

回收
记述者们
三缺一

在攻陷至高城之战三个月后，第一批来自泰拉的记述者便乘着大型运输船加入了远征舰队。毫无疑问，自从伟大远征拉开序幕的两百个标准年以来，各支帝国部队皆有众多编年学者和书记员随军同行。但他们缺乏组织，大部分是机缘巧合下的志愿者或目击者，就像是附着在远征大军那滚滚车轮上的路边尘泥，而这些人笔下的资料也往往显得零乱破碎。他们对于各种事情的记录全无章法和规律，时而来源于其个人艺术灵感，时而归功于某位基因原体或总司令的鼎力支持——他们往往需要借助图文诗歌令自己名垂千古。

在乌兰诺大捷之后，回到泰拉的帝皇作出决定，需要用更加隆重且更具权威的方式对于人类重归统一之大业加以庆祝和纪念。此举受羽翼渐丰的泰拉议会鼎力支持，毕竟那份创立并赞助记述者组织的提案颇具影响力，签署之人正是高居议会首席的掌印者马卡多。所有记述者都来自泰拉以及其他关键帝国世界的社会各个阶层，唯一的甄选标准便是其艺术创造天赋，他们很快得到了认证与委派，即刻分散在日渐辽阔的帝国疆域之中，加入那些纵横星海的主力远征舰队。

根据战争议会当时的记录文档，共有四千两百八十七支舰队投身于远征大业，另有六千余支次级部队正在参与归顺行动或攻占星球，此外还有三百七十二支主力舰队保持待命，并抓紧时机开展重整翻修或物资补给工作。伴随着相关法案的通过，首批四百三十万名左右的记述者在几个月之内奔赴八方。"不如给那些混蛋都配发武器，"据说原体鲁斯曾这样讲过，"他们或许还能在写诗作赋的空闲时间里为我们打下几个该死的星球。"

鲁斯的尖酸态度充分反映了军方的整体看法。上至基因原体，下至普通士兵，众人对于帝皇退出远征战役并孤身隐入泰拉宫殿的决定都心怀不安。

没有人质疑为什么是首席原体荷鲁斯升任战帅并执掌大局。人们只是在质疑：为什么需要有人去执掌大局。

泰拉议会组建的消息则更加令人不快。自从伟大远征初具雏形之时，主要由帝皇和诸位原体组成的战争议会便是帝国的权力核心。如今，一个新的机构凭空杀出，夺走了统御帝国的权柄，而且还是全部由平民而非战士组成。荷鲁斯刚刚才接手的战争议会顿时降格为附属部门，其职责也单单局限在了远征战役上。

对未来工作充满动力且倍感兴奋的记述者们和这件事本无干系，却依然无辜地成为反感情绪的焦点。他们备受冷遇，难以履行职责。日后，只有当征税官开始造访远征舰队的时候，这种对立态度才找到了更加合情合理的目标。

于是，在攻陷至高城之战三个月后，风尘仆仆的记述者们受到了颇为冷淡的迎接。他们全都毫无准备。其中大部分甚至从未离开过家园星球。这些人懵懵懂懂，天真无知，满腔热血，笨拙粗鲁。但很快他们就在冰冷待遇的敲打下变得拒人千里，愤世嫉俗。

在他们抵达之时，63号远征舰队尚且环绕在该星系的首都世界上方。回收程序已经展开，帝国部队把这个冒牌"帝国"分割肢解，推倒拆碎，将巨量财产物资交付给那些负责监督其分发配送的帝国指挥官们。

大批辅助船只由舰队涌向地表，成群结队的帝国军队士兵也前去担任警卫，维持治安。"帝皇"殒命后，主要反抗力量在一夜之间便彻底崩溃，但零星战火依旧在若干西部城市和其他三颗星球上不时燃起。瓦尔瓦鲁斯总司令指挥着远征舰队中的帝国大军，这位备受尊敬、久经沙场的"老派"军人已经不是第一次负责收拾阿斯塔特先头部队留下的残局了。"濒死的躯体往往还会抽搐，"他颇具哲理地告诫舰队领袖，"我们只需确保它死透了。"

战帅同意为"帝皇"举行国葬。他宣称这是应有的礼节，况且对于一个他们意图降伏而非剿灭的文明而言，这也是赢取人心之举。反对的声音不在少数，尤其考虑到哈斯特尔·塞扬努斯的追悼仪式过去没多久，攻陷至高城时牺牲的众多战斗兄弟也刚刚正式入葬。包括阿巴顿本人在内的众多军团指挥官当即明言，禁止部下参加任何为杀害塞扬努斯之凶手所举行的葬礼仪式。战帅对此表示理解，所幸远征舰队中尚有其他阿斯塔特可以接替这一任务。

在第七军团帝国之拳两个连队的陪同下，原体多恩已经与63号远征舰队同行了八个月，此间多恩和战帅一直在探讨战争议会未来的政策方案。

由于帝国之拳军团并未参与吞并这颗星球的行动，罗格·多恩便同意派遣其麾下连队在"帝皇"的葬礼中担任仪仗。他之所以如此做，是为了不令影月苍狼军团的荣誉遭受玷污。帝国之拳军团的战士们身披闪亮的明黄铠甲，静默无声地矗立在"帝皇"扈从的行进路线两旁，引导蜿蜒人流穿过饱受战火磨难的至高城街道走向墓园。

遵照诸位连长以及四王议会成员的愿望，战帅下令禁止任何记述者参加葬礼。

伊格内斯·卡尔卡斯悠闲地走入休息室，嗅了嗅醒酒器中的酒。他皱起眉头。

"刚刚才打开的一瓶。"奇勒酸溜溜地告诉他。

"对，但这是当地的酒。"卡尔卡斯回答，"这个卑微渺小的帝国，怪不得它如此轻易就陷落了。任何一个建立在此等劣酒上的文明都难以长存。"

"它延续了五千年，熬过了古老长夜，"奇勒说道，"我不认为酿酒水平能够左右它的存活。"

卡尔卡斯倒了杯酒，啜饮一口随即皱起眉头。"我只能说古老长夜在这里肯定显得格外漫长。"

悠弗拉迪·奇勒摇摇头继续工作，她正在清理一台质量极好的手持相机。

"再就是汗味这事。"卡尔卡斯说道。他陷进一张沙发里，跷起双脚，把酒杯放在自己宽阔的胸膛上。第二口酒让他又做了个鬼脸，接着放松脖颈垂下脑袋。卡尔卡斯身材高大而壮硕。他身上的昂贵衣物都是量身定制，充分搭配他的宽厚体型。他的圆润面孔周围环绕着短粗黑发。

奇勒叹了口气，抬起头来，"什么？"

"汗味，亲爱的悠弗拉迪，汗味！我一直在观察阿斯塔特，个子够大的，对吧？我是说，按照任何常人标准来判断，他们真是够大的。"

"他们是阿斯塔特，伊格内斯。你以为呢？"

"我以为不会有这种汗味，不会有如此浓厚刺鼻的汗臭。毕竟，他们是人类的不朽勇士啊。我本以为他们会更好闻一些，就像年轻的神祇那样气味芬芳。"

"伊格内斯，我真不明白你是如何通过认证的。"

卡尔卡斯露出坏笑，"都要归功于我的美妙韵脚，亲爱的，归功于我的超凡词句。不过目前我恐怕有些名不副实了。怎么说呢……"

"阿斯塔特拯救我们脱离苦海，脱离苦海，但我发誓他们的汗臭扑面而来，扑面而来。"

卡尔卡斯颇为自豪地咯咯傻笑起来。他等待奇勒作出回应，但对方显然沉浸在自己的工作中。

"该死！"奇勒扔下精密工具抱怨道，"机仆？过来。"

一个在旁待命的机仆立刻迈着纤细的活塞双腿走近。奇勒递出手中的相机，"这个部件卡住了，拿去修理，再把我的备用相机取来。"

"遵命，女士。"机仆一边嘶哑地回答，一边伸手接过相机。随后它便缓步离开。奇勒也给自己倒了一杯醒酒器中的酒，靠在栏杆扶手上慢慢地喝着。远征队的大部分记述者都在下方那块甲板上准备吃午餐。三百五十名男男女女围坐于布置庄重的桌旁，众多机仆则捧着饮品来回穿梭。一阵锣声传来。

"已经到午饭时间了？"躺在沙发上的卡尔卡斯问道。

"是啊。"她说。

"又是一个见鬼的宣讲者来主持？"他追问。

"对，又是辛德曼，今天的主题是关于鲜活真理的宣传公布。"

卡尔卡斯陷回沙发里，敲了敲酒杯，"那么我就在这里吃午饭了。"他宣布。

"你是个糟糕的人，伊格内斯，"奇勒笑道，"不过我也打算在这里吃。"

奇勒坐在他对面的长椅上，放松下来。她身材高挑，四肢纤细苗条，生有金色的秀发与苍白的脸庞。她穿着笨重的军靴和宽松的运动裤，上身则是敞开的黑色作战夹克和里面的一件白色背心，这完全是见习军官的装束，但男性风格的衣物反而凸显出了她自身的女性魅力。

"我简直可以为你谱写一篇史诗。"卡尔卡斯凝望着她说道。

奇勒轻哼一声，对方向她大献殷勤已经是日常现象了。

"我告诉过你，我对你这种低劣烦人的招数没兴趣。"

"你难道不喜欢男人吗？"他歪过头问道。

"何出此问？"

"你穿得像个男人。"

"你也穿得像个男人，你喜欢男人吗？"

卡尔卡斯露出一副备受伤害的表情，重新靠回沙发中，把玩着他的酒杯。他仰面盯着夹层房间天花板上描绘的英雄形象。他完全不知道这些都代表着什么。想必是某种伟大胜利，其中充斥着站在败军尸首上高举双臂大声呼吼的姿态。

"这符合你的期望吗？"他轻声问道。

"什么？"

"当你被选中时的期望，"他继续说，"当他们联系我的时候，我感觉非常……"

"非常什么？"

"我猜是非常……自豪。我胡思乱想，我以为自己会踏入星海，亲眼见证人类的辉煌时刻。我以为自己会才思泉涌，创作出水准空前的绝妙作品。"

"难道你没有？"奇勒问道。

"我们前来颂扬的可爱战士们算是冷漠到头了。"

"我有些进展，"奇勒说，"我之前去过下面的集结甲板，拍到几张不错的照片。我还提交了前往星球地表的申请，我想亲眼看一看作战区域。"

"祝你好运。他们估计会拒绝的,我提交的所有申请都从来没有获得批准。"

"他们是战士，伊格内斯。他们有生以来几乎一直是战士。他们厌恶咱们这种人。我们只是乘客，是不请自来的同行旅者。"

"但你拍到照片了。"他说。

奇勒点点头，"他们似乎并不介意我。"

"那是因为你穿得像个男人。"他微笑起来。

此时舱门打开，一个身影步入这个僻静的夹层房间。梅萨蒂·欧丽顿朝桌上的醒酒器径直走去，倒了满满一杯，随即一饮而尽。之后她默然无语地矗立在战列舰的宽阔舷窗面前，静静地凝望着那些划过视野的璀璨星光。

"她这是什么情况？"卡尔卡斯开口道。

"梅萨蒂，"奇勒放下杯子站起身来，"怎么了？"

"我显然冒犯到了某个人。"欧丽顿急促地回答，接着又倒了杯酒。

"冒犯？冒犯到谁了？"奇勒追问。

"某个高高在上的混蛋，名叫洛肯。混蛋！"

"你居然见到洛肯了？"卡尔卡斯顿时站了起来，"洛肯？第十连连长洛肯？"

"是啊，"欧丽顿说，"怎么了？"

"我已经花了一个多月尝试接近他，"卡尔卡斯说道，"据说他是所有连长里最为坚定不移的，而且有谣言说他要接替塞扬努斯的位置。你居然能得到权限？"

"我并没有，"欧丽顿回答，"我终于获准与托迦顿连长进行一次短暂采访，在我看来这本身已经是个不小的成就，毕竟我申请了很久很久，但我觉得他当时没心情和我谈话。等到我按照指定时间前去采访，他的侍从却说托迦顿很忙。托迦顿让那个侍从带我去见洛肯。他说'洛肯有个好故事'。"

"确实是个好故事吗？"奇勒问。

欧丽顿点点头，"棒极了，但我刚说错了一句话，他就冲我发火了。让我感觉自己只有这么小。"她用手指比画了一下，接着又猛喝一口。

"他身上有汗味吗？"卡尔卡斯问。

"不。不，一点儿都没有。他身上闻起来是机油的味道。很清新，很干净。"

"你能不能替我引见一下？"伊格内斯·卡尔卡斯问道。

他听到了脚步声，随后是自己的名字，"加维尔？"

正在练剑的洛肯回望身后，透过训练笼的钢条栅栏看到了站在兵器练习室门口的耐罗·维帕斯。维帕斯穿着黑色长裤与皮靴，还有一件宽松背心，这让他的断手十分醒目。受伤的那条臂膀包裹在无菌凝胶里，事后注入的纳米血清正在修复重塑他的手腕，在大约一周之后就可以接受义肢移植了。洛肯尚能辨别出维帕斯用链锯剑切除自己手掌时留下的伤痕。

"什么事？"

"有人要见你。"维帕斯说。

"如果又是个该死的记述者——"洛肯开口道。

维帕斯摇摇头，"不，是托迦顿连长。"

洛肯垂下手中长剑，关闭了训练笼，维帕斯迈步让到一旁。洛肯周围的标靶假人与旋转利刃顿时沉寂静止，球形训练笼的上半部分缩回天花板中，下半部分则收入甲板。塔瑞克·托迦顿踏入兵器练习室，他穿着作训服，外披一件银色长锁甲。他脸色深暗，头发乌黑。他朝闪身出门的维帕斯微笑示意。微笑的托迦顿露出一口完美的洁白牙齿。

"谢了，维帕斯。你那只手怎么样？"

"快好了，连长。准备接受移植。"

"那就好，"托迦顿说，"暂时用另一只手擦屁股，记住了？解散。"

维帕斯笑着告退。

托迦顿被自己的玩笑逗乐了，他登上几级台阶，走向站在帆布地毯中央的洛肯。他在训练笼之外的武器架旁停下脚步，拎起一把长柄战斧，握在掌中凭空挥舞，缓步逼近。

"你好啊，加维尔，"他说道，"你想必听到传言了？"

"我听到过很多传言，先生。"

"我是说关于你的，备战。"

洛肯立刻将练习用剑抛在甲板上，从近旁的武器架中抽出一柄单刃斧。这把武器从头到尾都是精钢打造，锋刃处有着显著的弧度。他像猎手般举起斧子，与托迦顿面对面而立。

托迦顿以一记佯攻开场，随后狠狠劈来两斧。洛肯用斧柄招架住托迦顿的武器，练习室里顿时回荡着明快响亮的金铁交鸣声。托迦顿脸上的笑容始终没有消失。

"说到这个传言……"他一边开口一边向侧面迂回。

"说到这个传言，"洛肯点点头，"是真的吗？"

"不是，"托迦顿说。随后他露出狡黠的坏笑，"当然是了！又或许不是……好吧，其实是真的。"如此捉弄对方让他放声大笑。

"真有趣。"洛肯说。

"喔，少说两句，多笑笑吧。"托迦顿声音嘶哑，他再次挥斧进逼，出人意料地使出两记交叉挥砍。洛肯难以应对，不得不扭转身躯勉强躲避，随后稳稳站住脚跟。

"这两招有意思，"洛肯一边迂回，一边放松臂膀低垂战斧。"容我问一句，是你刚刚自己发明的吗？"

托迦顿微笑起来，"这是战帅本人亲传。"他缓步绕行，将长柄斧在手中旋转把玩。打向帆布地毯的屋顶灯光映在斧刃上，闪着光芒。

他突然停下脚步，用斧头直指洛肯，"你难道没兴趣吗，加维尔？泰拉在上，我可是亲自举荐你的。"

"我很荣幸，先生。非常感谢你。"

"埃卡顿也附议了。"

洛肯扬起眉毛。

"好吧，他并没有。埃卡顿恨死你了，我的朋友。"

"这种态度是相互的。"

"好小子，"托迦顿伴着一声咆哮猛扑而来。洛肯架住对方的攻势，挥斧还击，逼迫托迦顿腾跃躲闪，一直退到地毯边缘，"埃卡顿是个混球，"托迦顿说，"你捷足先登让他感觉被抢了风头。"

"我只是——"洛肯开口道。

托迦顿竖起一根手指示意他安静。"是你先到的，"他笑意全无地轻声说，"你目睹了整件事。别管埃卡顿，他只是不甘心。阿巴顿也推荐了你。"

"第一连长？"

托迦顿点点头，"他对你印象深刻，你抢在了他的前面，荣耀归于第十连。决定性的一票是战帅的。"

洛肯顿时放松了戒备，"战帅？"

"战帅希望你加入，他亲口让我告诉你的，他欣赏你的成就，他也看重你的荣誉感。'塔瑞克，'战帅当时对我说，'如果有谁能接替塞扬努斯的位置，那就是洛肯了。'这是他的原话。"

"真的吗？"

"假的。"

洛肯抬起头。托迦顿高举着飞旋利斧迎面冲来。洛肯矮身滑步，将单刃斧的握柄敲在托迦顿腰间，让对方踉跄退却。

托迦顿哄然大笑，"是的！是真的。泰拉在上，你也太容易逗了，加维尔。太容易了。瞧瞧你那副表情！"

洛肯微微一笑。托迦顿看了看掌中利斧，接着随手抛在一旁，仿佛突然厌倦了这场对战。武器铿铿作响地落在地毯之外的阴暗角落里。

"你怎么说？"托迦顿问道，"我该如何回报他们？你加入吗？"

"长官，这是我有生以来的最高荣誉。"洛肯说。

托迦顿笑着点点头，"是的，那当然，"他说道，"我先给你上第一课。叫我塔瑞克就行。"

据说对于宣讲者的筛选程序要比阿斯塔特的改造机制更为严苛。有这样一种说法："军团战士候选人是千里挑一，而选择成为宣讲者的人是十万挑一。"

洛肯愿意相信这种说法。阿斯塔特的潜在人选必须强壮健康，在基因和年龄方面适合接受改造强化。这需要一个能够被铸造成超凡战士的血肉之躯。

然而能成为宣讲者的只有天赋异禀之人，那些特定品质绝非改造强化可以做到的。洞若观火，口齿伶俐，明辨局势，思维敏锐。当然，最后这一点可以通过科技和药物手段加以增进，但历史知识、族际政治与修辞遣句都是勤学苦练之功。人可以习得思想观点和表述方式，然而无法习得思考方法。

洛肯很享受观望宣讲者的工作。有时候，他甚至会刻意拖延麾下连队的撤离时间，就为了能够跟随宣讲者团队穿行于攻陷的城市，观看他们与当地群众对话。那就像是目睹朝阳的光芒照耀在起伏的麦浪上。

凯瑞尔·辛德曼是洛肯眼中最优秀的宣讲者。辛德曼拥有63号远征队首席宣讲者的头衔，负责把控宣传风格的整体走向。众所周知，他与战帅交情深厚，此外远征队指挥官及其高级副官也和他关系紧密，甚至帝皇本人都知晓他的名字。

当洛肯走入宣讲者学院的时候，辛德曼正在这间位于复仇之魂号底部的舱室里为一场演讲收尾。两千名身披标志性米色长袍的学员坐在阶梯式座椅上，他的一字一句都让这些人深深着迷。

"我已经讲了太久，所以总而言之，"辛德曼说道，"近期的经历允许我们透过自身哲学体系的繁复外皮，清晰地观察到其下隐藏的鲜活血肉。我们所传达的真理之所以是真理，就因为我们说那是真理。这便够了吗？"

他耸耸肩。

"我看不然。'我的真理胜过你的真理'，这是典型的孩童争吵，难以担当民族文化的稳固支柱。'我是正确的，所以你是错误的'，这种论点脆弱不堪，只需借助任一基础道德工具稍加推敲，便会使其崩溃。我是对的，所以，你是错的。我们无法以此作为基石建立宪章，我们不能，不该，也不会以这种思想为本展开宣讲工作。否则我们便成了什么？"

他扫视听众。数人举手要求发言。

"你来说说。"

"我们会成为骗子。"

辛德曼微笑起来。安放在讲坛顶端的众多通信麦克将他的话音放大，而他的面孔也被投射在后方的全息影像墙上。他的笑容足有三米宽。

"我本想说恶霸或者煽动者，梅米德，但'骗子'很恰当。事实上，这比我设想的那几个词语都更深刻。说得好，骗子，我们宣讲者永远不能放任自己成为这种角色。"

辛德曼喝了口水，继续演讲。身处厅堂末端的洛肯找了一个空位置坐下。辛德曼个子很高，至少对于非阿斯塔特的人而言很高，他骄傲地挺直自己枯瘦的身躯，高贵的面孔之上是一头细密银丝。他的眉毛还是漆黑的，看起来神似月苍狼肩甲上的军衔徽记。他的挺拔身形纵然引人注目，但他的声音才是关键所在。低沉，圆润，浑厚，激昂，这种嗓音恰恰是一位合格宣讲者的标志。他那柔和悦耳的清澈声音本身就能传达出理性、诚挚与信任。这副天赐的喉咙值得在十万人中脱颖而出。

"真理与谎言，"辛德曼继续说道，"真理与谎言。我这是老生常谈了，你们听得出来吧？所以你们的晚餐肯定要延后了。"

大厅里泛起一阵笑声。

"诸多丰功伟业塑造了我们的社会，"辛德曼说，"其中最显著的现实成就想必是帝皇对于泰拉的正式全面统一，我们今日投身的伟大远征也是它面向外部的进一步延续。而最显著的思想成就应当是对于宗教这一沉重枷锁的弃绝。人类种族在数千年中惨遭宗教荼毒，无论是微不足道的迷信行为，还是高洁的教会传教活动。宗教推动我们陷入疯狂，发动战争，展开杀戮，它就像缠身恶疾，就像缚腿链球。我来告诉你们宗教是什么……不，倒不如你们来告诉我。你怎么看？"

"宗教就是无知，先生。"

"谢谢你，卡汉娜。宗教就是无知。亘古至今，人类便一直试图理解宇宙的运作机理，然而当我们的理解能力遭遇挫折或面临不足时，我们就用盲目的信仰来抹平裂隙，填补缺憾。太阳为何东升西落？我不知道，所以我将其归功于一位乘着黄金战车的太阳神。人为何有生老病死？我说不好，但我愿意相信有个狠毒的死神负责将灵魂送入某种阴间后世。"

他的听众笑了起来。辛德曼已经走下讲坛站在高台边缘，不再依靠通信麦克的扩音。虽然他压低了嗓音，但所有宣讲者都运用自如的厚重声调依旧将他未经扩音的话语清晰地传播到各个角落。

"宗教信仰。对于恶魔的笃信，对于魂灵的笃信，对于来世以及各种超自然存在的笃信，这一切的意义都仅仅是令我们在这个无垠宇宙面前感觉更加安定自在。它们是一种慰藉，是灵魂的补药，是思维的拐杖，是帮助我们熬过黑暗的祷言与护符。但是我们如今目睹了这个宇宙，朋友们。我们在星海中穿行。我们已经了解学习过现实的架构。我们检视了恒星的背面，并没有找到齿轮机构与黄金战车。现在我们意识到自己并不需要神祇，并不需要任何神祇，同理也就不需要恶魔、邪魔和魂灵。人类最伟大的成就莫过于将自身重塑为一个世俗文明。"

他的听众对此报以热烈掌声，其中还夹杂着些许喝彩声。宣讲者所学并不局限于公开演讲的技艺。他们在语言和传播两方面都受过训练。巧妙安插的宣讲者可以借助几次恰到好处的响应在人群中引发昂扬情绪，亦可煽风点火向讲话者发难。其他的宣讲者往往混迹于听众之间，暗中强化台上同僚的工作成效。

辛德曼像是发言结束般转身而去，但就在掌声逐渐停息时他又突然回到舞台，嗓音变得更加低沉，也更具穿透力。"但信仰本身呢？即便宗教已经消逝，信仰依旧宝贵。我们必须信仰某种事物，对不对？这就对了。人类的远大宏图是高举真理火炬普照四方，将最黑暗的角落尽数点亮。我们要与浩瀚宇宙的偏远边疆分享那铁证如山、刚正无情、解放思想的伟大理念。要打碎一切束缚人心的无知枷锁。要让自身与同胞全部脱离伪神的奴役，真正地站在智慧生命之巅峰。那就是……那就是我们灌注信仰之处。那就是我们心中喷涌信念的汇集所在。"

更多的喝彩声与掌声响起。他漫步回到讲坛。他将双手扶在木制围栏上。"最近这几个月，我们碾碎了一个文明。记清楚……我们没有让他们俯首称臣，没有将他们纳入归顺。我们碾碎了他们，折断了他们的脊梁，将他们的心血付之一炬。我确信如此，因为我知道战帅将麾下阿斯塔特投入了行动中。不要枉然回避掩饰他们的作为。他们是杀手，但这是他们本职所在。此刻我就看到有一位高贵战士坐在大厅后方。"

众多面孔扭转过来遥望洛肯。零星掌声四下响起。

辛德曼开始大力鼓掌，"再来点，他配得上更热烈的掌声！"越发响亮的掌声如滚滚雷鸣般席卷大厅。洛肯站起身来，窘迫地躬身致意。

掌声渐渐停歇。"我们新近征服的众多灵魂笃信帝国的存在，笃信人类的统御，"随着大厅安静下来，辛德曼立刻继续发言，"无论如何，我们还是处决了他们的帝皇，迫使他们屈膝。我们将他们的城市化作焦土，将他们的战舰尽数毁灭。面对他们所问的'为什么'，难道我们只能回以一句毫无力道的'我是正确的，所以你是错误的'吗？"

他低垂头颅，仿佛深陷思索之中，"但我们是正确的，我们确实是对的。他们确实是错的。我们必须努力灌输他们这种简单纯净的信仰。我们确实是对的，他们确实是错的。为什么？并非因为我们言之如此，而是因为我们明知如此！我们不会仅仅因为在战场上更胜一筹而说出'我是正确的，你是错误的'。我们必须公开，因为这才是负责任的事实真理。我们不能，不该，也不会妄自宣扬这种理念，我们如此做的唯一原因就是我们毫无犹豫、毫无迟疑、毫无偏见地知道这便是真理，而我们心中的信仰恰恰灌注在这一真理之上。他们是错误的。他们的文明建立在谎言的基石上。我们手持真理的锐利刀锋，为他们带来启迪。基于这一点，也仅仅基于这一点，请诸位迈向前方，宣讲我们的理念。"

他微笑着站在讲坛背后，静静等待震耳的掌声缓缓消退，"你们的晚餐都要凉了。下课。"

宣讲者学徒们纷纷离开大厅。辛德曼拿起讲坛上的杯子，又喝了一口水，之后迈上台阶走到洛肯的座位处。

"你听到什么有意思的内容了吗？"他坐在洛肯身旁，抚平自己的长袍下摆。

"你听起来像位表演艺人，"洛肯说道，"像个兜售货品的街头摊贩。"

辛德曼扬起一边的漆黑眉毛，"加维尔，有时候我恰恰是这种感觉。"

洛肯皱起眉，"你不相信自己推销的内容吗？"

"你呢？"

"我在推销什么？"

"杀戮中的信仰，战斗中的真理。"

"战斗只是战斗，除此之外别无意义。早在我习得作战技艺之前，其中含义就明确不变了。"

"如此说来，作为一名战士，你并不具备良知？"

洛肯摇摇头，"作为一名战士，我具备良知，那良知背后的推动力正是我对于帝皇的信仰，对于吾辈大业的信仰。正如你刚刚对学生所讲的，然而作为一柄武器，我没有良知。一旦为战争而启用，我就会抛下一切个人观点，单纯地投入行动。我所为之事的价值早已被指挥官的高明良知加以权衡。我会遵守命令展开杀戮，其间我不会对杀戮怀有质疑。否则便是荒谬而不妥的。既然指挥官已经作出了开战的决断，那么他对于我的一切期许就是尽己所能投身沙场。武器是不会质疑自己因何缘由夺谁性命的。这绝非武器的意义所在。"

辛德曼微笑起来，"的确，也理应如此。不过我很好奇，我记得我们今天并没有安排授课啊。"

除了宣讲者的职责之外，辛德曼这样的高阶幕僚也会为阿斯塔特提供教育课程。这是战帅本人的命令。军团战士们将很多时间花费在旅途上，战帅坚持要求他们利用这些时间来培养思维，扩展学识。"即便是最强大的战士也应当受教于战斗之外的领域，"他如此吩咐，"终有一天战争将不复存在，军人会解甲归田，我的战士们也要为和平年代做好准备。他们必须掌握作战之外的技能，否则就会被彻底淘汰。"

"的确没有安排课程，"洛肯说道，"但我想私下和你谈谈。"

"是吗？你有什么心事？"

"一件困扰我的……"

"你受邀加入四王议会？"辛德曼说道。洛肯惊愕地眨眨眼睛。

"你怎么知道的？这事已经天下皆知了吗？"

辛德曼露出微笑，"塞扬努斯不在了，愿他安息。四王议会有所出缺。他们来找你值得惊讶吗？"

"我很惊讶。"

"我并没有。你的所立功勋和所获荣誉直逼阿巴顿和赛迪瑞，洛肯。战帅对你倍加青睐，多恩也是。"

"原体多恩？你确定吗？"

"我听说他欣赏你的冷静态度，加维尔。让他那样的人说出这话可不简单。"

"我愧对此言。"

"理应如此。那么问题究竟在哪里？"

"我合适吗？我应该接受吗？"

辛德曼笑了起来，"要相信自己。"他说道。

"还有另一件事。"洛肯说。

"讲。"

"一个记述者今天来找过我。说实话，我深感厌烦，但她讲了一句话。她说，'我们是否可以放过他们'？"

"放过谁？"

"那些人，那个帝皇。"

"加维尔，你知道答案是什么。"

"当我站在那座高塔里，面对那个人的时候——"

辛德曼皱起眉头。"那个冒充'帝皇'的人？"

"是的。他也说了类似的话。科泰斯在资质论里教导我们，银河是一个极其宽广的空间，这我已经亲眼见识了。如果我们在浩瀚宇宙中遭遇了某个与我们看法相左但自成一体的个体或社会，那么我们又凭什么将其毁灭呢？我是说……我们就不能放过他们，各走各的路吗？毕竟，银河非常宽广。"

"我一直欣赏你，加维尔，"辛德曼说，"恰恰是因为你的仁慈人性。这件事显然困扰你一段时间了。为什么之前没有和我提起？"

"我以为它会自行消退。"洛肯承认道。

辛德曼站起身来，示意洛肯跟上。他们迈出授课大厅，沿着旗舰脊部的宏伟走廊前行，两侧拱壁所支撑的飞扬屋顶足有三层甲板的高度，仿佛是一座有五千米长的壮丽古老教堂。这里光线昏暗，军团历次征伐中的连队旌旗与战役标志次第垂挂，其中一些早已褪色，另一些损于战火。往来人潮发出的低语在拱顶中汇成一股怪异的回声，洛肯抬头仰望，发现那些能俯瞰走廊底层的明亮露台上，同样人来人往，熙熙攘攘。

"首先，"辛德曼边走边说，"我要安抚一下你的忧虑。你在课上听我详细探讨过，刚刚我们谈及良知这个话题的时候你也提出了自己的看法。你是一柄武器，加维尔，你代表着人类有史以来最先进的毁灭工具。你内心之中绝没有容纳异议或质疑的余地。你说得对，武器不应思考，只需任由自己受到运用，因为是否投入战场不由武器自行决定。唯有原体及其麾下将官可以裁断定夺，他们必须慎之又慎才能作出这种超越常人评判范畴的道德权衡。战帅不会轻易动用你，在他之前，众所爱戴的帝皇也是如此。若要将阿斯塔特投入战场，他必然怀有沉重心情和坚定决断。阿斯塔特军团是最终手段，向来如此。"

洛肯点点头。

"这就是你必须铭记的。帝国拥有战无不胜的阿斯塔特，如有必要的话可以湮灭任何敌人，但这绝非其出发点所在。我们发展出湮灭敌人的手段……我们发展出像你这样的战士，加维尔……因为这是必要的。"

"是必为之恶？"

"是必要工具。威权并不等同于正义。人类要传递一份伟大切实的真理，一份造福万众的信息。有时候某些人对此充耳不闻，有时候某些人报以抗拒和否认。此时，也仅在此时，我们庆幸自己具备强制推行真理的力量。我们的威权源自正义，加维尔。我们的正义并非取自威权。后者成为我们行事信条的那一天必将秽恶无比。"

他们从走廊拐入一条横向大道，朝档案中心迈进。两人一路遇到的机仆都捧着满满的书籍和数据板。

"无论我们的真理是否切实，我们都必须向那些抗拒和否认者强制推行吗？就像那个女人所说，我们难道不能放任他们自生自灭吗？"

"你在湖边漫步，"辛德曼说道，"一个男孩溺水了。他尚未学会游泳便愚蠢地落入水中，你会放任他淹死吗？还是会把他救起，再教授他游泳技巧？"

洛肯耸耸肩，"后者。"

"在你前去营救的时候，如果他出于惧怕而抗拒你呢？如果他不想学会游泳技巧呢？"

"我还是会救他。"

他们在档案库的大门前停下了脚步。辛德曼将手掌按在黄铜门框中的控制面板上，让扫描光芒读取他的指纹。大门伴着一声轻叹缓缓打开，其中受到严格调控温度的空气夹着一丝尘埃味道喷涌而出。

他们迈入了三号档案库。众多学者、印章管理员和翻译在书桌前默默工作，偶尔召唤机仆从密封书柜上选取典籍。

"令我感兴趣的是，"辛德曼压低嗓音，确保只有洛肯那经过强化的听觉才能捕捉到自己的话语，"你对于旁人作何评价而感到忧虑。我们已经明确了一点，你是武器，你无须思考自身所作所为，那是上级的职责。然而你依旧容许心中的人性火花迸发，产生疑问和忧虑，体会烦恼与移情。你保留了思考宇宙的能力，这是常人的本性，而非工具的特质。"

"我明白了，"洛肯回答，"你的意思是我没有自知之明。我僭越了自身职责的范畴。"

"喔不，"辛德曼微笑道，"我的意思是你找到了自知之明。"

"何以如此？"洛肯问。

辛德曼指着那些从地面升起的高大书架，无数典籍遁入雾气缭绕的档案库屋顶。在陡峭绝壁般的书架高处，状如蜜蜂的悬浮机仆四下飞舞，寻觅着严格塑封的古老文字。

"看看这些书。"辛德曼说道。

"有些是我应该读的吗？你能列一份书单给我吗？"

"全都读一读，之后再从头读一遍，尽力体会前人先哲的智慧与理念，这必将对你大有裨益。但纵然如此，你也休想在任何一本书中找到足以抚平忧虑的答案。"

洛肯无奈地大笑一声。附近众多伏案工作的翻译遭到打扰，恼火地抬起头来。当他们发现噪声源自一名阿斯塔特时，都匆匆将目光垂了下去。

"四王议会是什么，加维尔？"辛德曼轻声问道。

"你很清楚……"

"就当我不知道。这是个官方机构吗？是注册在案的管理体系吗？是军团阶级吗？"

"当然不是。它是个非正式的荣誉头衔。不具备官方效力。自从我们军团创建之初，四王议会就始终存在。四位军官，在同僚眼中是……"

他停住了话语。

"是最优秀的？"辛德曼追问。

"这个词我受之有愧，不如说是最合适的。无论何时，军团都维持着四王议会的存在，这是一种独立于指挥链之外的非官方体系。该团体由四名军官组成，在理想情况下他们应当具备各不相同的特质与性格，共同扮演军团的灵魂。"

"他们的职责在于严密守望军团的道德标准，是不是？在于引导和塑造其思维观念？最重要的是，他们侍立于指挥官身边，担任他最为亲信的幕僚，成为与他私下沟通的同胞挚友，容许他坦承心中的忧患，在事态升级至更高等级之前将问题解决于萌芽。"

"这确实是四王议会的目标。"洛肯表示认同。

"那么在我看来，加维尔，唯有对自身运用理由提出质疑的武器才能扮演这一角色，并有所贡献。作为四王议会的成员，你应当心怀忧虑。你需要具备智慧，且必然需要提出质疑。你知道为何吗？"

"不知道。"

"在古历史中泰拉上的苏玛图兰王朝的鼎盛时期，统治阶级设立了'否匠'这一角色。他们的工作就是提出异议，质疑一切。他们审视任何言论或政策，搜寻其中纰漏，构建对立观点。他们备受重视。"

"你希望我担任一名否匠？"洛肯问道。

辛德曼摇摇头。"我希望你担任你自己，加维尔。四王议会需要你所具有的常识和清晰视野。塞扬努斯向来扮演理性的声音，在阿巴顿的暴躁肝火与阿西曼德的阴郁淡泊之间维持平衡。这个平衡机制如今不复存在了，当下战帅格外需要它。今天你来寻求我的支持。你想知道自己是否应该接受这项荣誉。你坦承疑虑的行为，加维尔，甚至是你怀有疑虑这一点本身，就已经回答了你自己的问题。"

第四章

受到召唤

直呼艾泽凯尔

必胜好牌

    她询问这颗星球的名字，穿梭机的工作人员答曰"泰拉"，这恐怕没有什么用处。梅萨蒂·欧丽顿二十九年的人生中有二十八年都在泰拉度过，而此处显然不是她的家园。

    与她同行的宣讲者同样毫无作为。这位个头中等、皮肤浅棕的青年男子名叫梅米德，他才思敏锐，智慧超群。然而搭乘穿梭机进行轨道空降的剧烈运动让他备受折磨，在整段旅途中他都面对一个塑料袋吐得翻江倒海，无暇回答任何问题。

    穿梭机降落在至高城以西八千米之外的一片平整草坪上，两边生长着勤加修剪的树木。时值傍晚，天边的淡紫色云霞中已有星辰点缀。高高在上的众多舰船带着闪烁灯光划过苍穹。梅萨蒂走下穿梭机舷梯踏上草坪，深吸了一口这个世界略显不同的陌生气息。

    她停下脚步。她推测这富氧空气令自己有些眩晕，而更令她眩晕的则是身处此地的亢奋感。她这一生首次涉足另一片土地、另一个世界。这在她看来意义重大，似乎值得安排一支典礼乐队加以烘托。据她所知，她是第一批获准造访这个陷落星球地表的记述者。

    她转身遥望那座城市，将全景录入自己的记忆螺旋。她眨动双眼拍摄下特定景象存储起来，并注意到城区中依旧黑烟缭绕，纵然战斗早已在数月前告终。

    "我们管这里叫63-19。"宣讲者说着，在梅萨蒂身后走下舷梯。看来安然降落已经令他的动荡肠胃得以舒缓。梅萨蒂不动声色地避开对方口中的酸臭气味。

    "63-19？"她问道。

"这是由63号远征队纳入归顺的第19个星球，"梅米德回答，"不过话说回来，全面归顺目前并没有达成。宪章尚未通过。公选总督拉克里斯在组建联合议会方面也遭遇了一些困难，但63-19这个称呼暂且可用。当地人管这里叫泰拉，可我们总不能有两个泰拉吧？依我之见，这就是问题的根源所在……"

"原来如此。"梅萨蒂四处走动。她伸手触摸一棵修剪美观的树木。这感觉……很真实。她微笑起来，拍摄了一张照片，辅以图像的故事架构逐渐在她经过强化的脑海中构建。她打算采取一种私人化的视角。她会将自己首次登陆异国他乡的新奇感与陌生感作为主题，让其余记述内容围绕于此。

"真是个美好的傍晚。"宣讲者又凑到她身边来。梅米德将自己的呕吐袋留在了舷梯脚下，仿佛期待有人来替他收拾污秽。

护卫梅萨蒂的四名帝国军人显然绝无此意。在厚重的天鹅绒大衣与桶状军帽中汗水淋漓的士兵们把步枪跨在肩头，列队将她环绕起来。

"欧丽顿女士？"军官说道，"他在等你。"

梅萨蒂点点头跟上对方。她的心脏在胸中狂跳，这将是个独特际遇。一周之前，她的好友兼记述者同僚悠弗拉迪·奇勒在东部城市卡恩茨展开现场工作，拍摄远征军的战地任务，并有幸目睹了马罗格斯特惊人的生还过程，这顿时令奇勒的成就远远超过其他记述者。

据说在使节飞船被击毁时，被认为已经殒命的战帅侍从借助空降舱成功逃生。身受重伤的他被卡恩茨城外的一家农户收留并悉心照料。奇勒恰好途经此处，用相机记录下了战帅侍从奇迹般现身于农庄的全部过程。这引发了空前反响。她的绝佳照片在远征舰队中广为传阅，被帝国人员反复品味。一时间，悠弗拉迪·奇勒的名字广为人知。一时之间，记述者的形象竟大有改观。借助灵光乍现的几下快门轻响，悠弗拉迪让全体记述者的事业向前迈出了一大步。

如今梅萨蒂希望自己也能与之比肩。她受到了召唤，她依旧对此感到难以置信。她受到召唤前往地表。这一事实本身就非同小可，但更为关键之处在于，这份召唤的发起人。他亲自签署梅萨蒂的通行证，并为她安排了一支卫队以及辛德曼手下最优秀的宣讲者。

她不明白为什么。上一次见面时，对方的态度凶蛮而粗鲁，曾令她认真考虑提出辞职并搭乘第一班运输船返回家园。

此刻，那人就站在两行树木间的石子路上等着她。逐渐走近时，梅萨蒂察觉到随行的士兵们对于这披挂全副铠甲的身影十分敬畏。那套洁白战甲配有黑色镶边。他的头盔挂在腰间，顶端是横向的马鬃装饰。这是一个巨人，足有两米五高。

梅萨蒂能看出身边众人的迟疑。

"在这里等我。"她说道。护卫们如释重负，停下脚步。帝国军队士兵大多像老旧靴子一样粗糙硬朗，但依旧不愿与阿斯塔特正面比较。尤其是强悍超群、最为致命的影月苍狼军团成员。

"你也是。"梅萨蒂对宣讲者说。

"喔，对。"梅米德站定说道。

"这是对我个人的召唤。"

"我明白。"他回答。

梅萨蒂迈步走向那位月狼连长。他居高临下，她不得不昂起头颅，并高举起手挡住夕阳的余辉。

"记述者。"他的嗓音低沉厚重。

"连长。首先，我希望能为上一次会面时的言语冒犯表示歉意——"

"如果我确实受到了冒犯，女士，我还会召唤你来吗？"

"我猜不会。"

"你猜对了。你上一次提出的问题让我感到恼火，但我承认对你的态度过于强硬了。"

"我开口时过于鲁莽——"

"正是那种鲁莽给我留下了印象，"洛肯回答，"我无法多作解释。我也不会多作解释，但我想让你知道，恰恰是你的出言不逊才让我来到了此处。所以我决定让你也来到此处。如果这就是记述者的职责，那么你应该尽职尽责。"

梅萨蒂不知如何作答。她垂下手臂，最后一抹落日余晖映在她眼中，"你想让我……你想让我见证什么吗？或者记述什么？"

"不，"他简洁地答道，"这里的事务乃是私人事务，但我想说明，其中有你的一份功劳。在我返回之后，如果我认为合适，就会向你叙述一些特定回忆。这样是否可行？"

"这是我的荣幸,连长。只要你愿意。"

洛肯点点头。

"我是否要与你一同——"梅米德开口道。

"不。"洛肯回答。

"好。"梅米德快步退下,他走到一旁仔细研究一棵树。

"你向我提出了恰当的问题,并让我明白,我问对了问题。"洛肯告诉梅萨蒂。

"是吗?那么你找到答案了吗?"

"没有,"洛肯答道,"请在这里等我。"他说完便转过身去,走向一堵厚重浓密的树木高墙,某位技艺精湛的修剪师在其中打造出了一条通道。他迈入那郁郁葱葱的拱门,消失在视野中。

梅萨蒂看着待命的士兵们。

"会打牌吗?"她问道。

他们耸耸肩。

她从外套口袋里掏出一副纸牌,"我教你们一种玩法。"她笑着坐在草地上开始发牌。

士兵们纷纷放下枪械,修长的幽蓝阴影围拢在她身边。

"士兵都喜欢打牌。"在梅萨蒂离开旗舰之前,伊格内斯·卡尔卡斯如此说道,随后他便咧嘴一笑将这副纸牌递给了梅萨蒂。

在一道高坡背后是一片幽暗的水景花园废墟。高耸丘陵与邻近的树木挡住了夕阳的直射,映在绚丽的玫瑰色晚霞中,成为一片枝杈横生的漆黑剪影。花园就像被薄雾笼罩,十分冷寂。

众多庞大的四边形石板结成一个宽阔圆环,围绕着这座昔日的花园,中央是一连串方形的铺满碎石的池塘,有泉水从暗道中不断涌出。池塘里面绽放着繁茂的睡莲以及其他鲜艳的水生花卉。弱不禁风的鬼蕨和柳树在池边摇曳。

在至高城陷落的过程中,这座花园被无情卷入了炮击或轰炸,大部分植物葬送于此,诸多石板也粉身碎骨。那道石制圆环脱落错位,四处散落的弹坑强行拓展了几块池塘的面积与深度。

然而暗道中水流的涌动并未停止，新生的弹坑纷纷被泉水填满，错落石板之间泉水四溢。

此刻，整座花园便是幽幽暮色里的一汪静水，闪着光芒，无数彼此纠缠的枝干、虬结的树根与破损石块点缀其中，化成一片星罗棋布的微缩群岛。

若干完好无损的石板显然被挪动过，那些长约两米、厚约半米的巨石决不是被爆炸震飞的。它们排成长列埋入池塘，搭建出一条几乎与水面持平的石道。

洛肯踏上这条小道，缓步前进。空气颇为湿润，他能听到蛙鸣与虫叫。水生花朵在石道两侧的平静池塘上缓缓漂行，它们的娇艳色泽几乎要被步步逼近的黑夜所吞没了。

洛肯并不感到畏惧。他早已无法感受畏惧，但依旧能够体会到某种不安，某种令他的两颗心脏都加速跳动的忐忑。他明白自己将要跨过人生中的一道意义重大的门槛，去面对未来。他的军旅生涯更是迈出了深远的一步，这同样令人振奋。伴随战帅的辉煌崛起与远征的崭新格局，洛肯的世界和生命近来都经历了巨大变革，他自身也理应随之改变。一个新的阶段，一个新的时代。对此，他充满信心。

他停下脚步，仰望淡紫色天空上逐渐闪耀的星辰。一个新时代，一个充满荣耀的新时代。人类种族正像他一样到达关口，即将踏入光明的未来。

他已经步入水景花园的废墟深处，远离山坡另一边的降落区域的照明光线，远离那座城市中的万家灯火。太阳早已没入地平线，幽蓝阴影笼罩四周。

石道突然中断了，前方波光粼粼。隔着三十米的平静池水，他能看到远处一丛柳树的漆黑剪影，那仿佛是钻出海面的珊瑚礁。

他不知自己是否应该在此等待。但他随即捕捉到对面树丛里舞动的亮点，那摇曳不定的黄色火苗一闪即逝。

洛肯迈下石径步入池塘。水面及膝，黑色圆环状的波纹顿时辐射开来。他朝那块小岛涉水而去，希望自己不要突然没入某个意料之外的水底弹坑，为这肃穆场合平添一丝喜剧气氛。

他走到了柳丛脚下，站在池水边缘，仰头凝视着枝杈交错的昏黑景象。

"报上名来，"黑暗中的一个声音说道。那是科索尼亚语，洛肯的家乡语言，也是影月苍狼的战场密语。

"吾名加维尔·洛肯。"

"你有何荣誉？"

"我是阿斯塔特第十六军团第十连连长。"

"你立誓效忠何人？"

"战帅与帝皇。"

沉默随即降临了这块池水环绕的树丛，唯有青蛙跳跃和昆虫夜鸣的声响偶尔将其打破。

那个声音再次开口。两个字，"照亮"。

伴随着金属摩擦的轻响，一盏灯笼的挡板被拉开，黄色光芒顿时泼洒在洛肯面前。三个身影矗立于柳树林立的岸边，其中一人提着提灯。

阿西曼德，提着提灯的托迦顿和阿巴顿。

他们同样披挂战甲，明亮跃动的火光倒映在盔甲上。三人都展露面容，将头盔挂在腰间。

"你能否担保此人身份属实？"阿巴顿开口道。这似乎是个莫名其妙的问题，毕竟他们全都相识已久。但洛肯明白这是整个仪式的一部分。

"我担保如此，"托迦顿说，"继续照亮。"

阿巴顿和阿西曼德迈向两旁，将挂在邻近树枝上的十余盏灯笼逐个打开。最终，一片金色的光芒将他们全部笼罩起来。托迦顿把自己手中的提灯放在脚下。

三人踏入池水，与洛肯相对而立。塔瑞克·托迦顿个子最高，他的狡黠笑容一如既往。"放轻松，加维尔，"他轻笑一声，"我们又不会把你给吃了。"

洛肯局促地一笑以示回应，但心中依旧颇为紧张。一方面，他正在与军团翘楚对话，而另一方面，他也并未预料到会有如此强烈的仪式感。

第五连连长荷鲁斯·阿西曼德是众人之中最年轻的，个头比洛肯略矮。他体型壮硕，充满活力，如同一条斗犬。他光洁无发的头颅抹了油膏，在灯光下显得锃亮。阿西曼德与指挥官同名，这是军团新一代成员中常见的致敬方式，但唯有他公开采用这个名字。他的高贵面孔上瞳距较宽，鼻梁挺拔，与战帅的容貌如出一辙，这也令他获得了"小荷鲁斯"的昵称。小荷鲁斯·阿西曼德，战略大师，沙场上的恶犬。他向洛肯点头致意。

军团第一连长艾泽凯尔·阿巴顿则是位高大凶蛮的壮汉。他的身高处于洛肯和托迦顿之间，但头顶的那束发辫让他显得更胜一筹。在摘下战盔的时候，阿巴顿便会将一头黑发绑缚在银制外鞘里，结成一束直立发辫，仿佛是长在头顶的冲天棕榈。他与托迦顿都是四王议会的初创成员。他与托迦顿还有阿西曼德都生有神似战帅的较宽瞳距和挺拔鼻梁，不过唯独阿西曼德的面孔如同指挥官的复刻一般。若在旧日里，他们大可扮演出自一家的亲生手足。而事实上，他们是同属一军的基因兄弟。

洛肯同样是他们的兄弟。

影月苍狼军团的众多阿斯塔特都与原体容貌近似，这是一种颇为有趣的现象。其中缘由被推断为基因种子的一致性，但无论如何，得以承袭荷鲁斯五官神韵者都是幸运之人，他们被统称为"荷鲁斯之子"。这不仅是一种荣誉称号，那些"荷鲁斯之子"似乎往往更容易受到赏识，平步青云。四王议会创建至今的全部成员都是"荷鲁斯之子"，洛肯对此确信无疑。在这一点上，他是与众不同的。洛肯棱角分明的苍白容貌源自科索尼亚的一支血脉。他是首位被纳入精锐内环的非"荷鲁斯之子"。

他不禁感觉自己能够达到今日地位完全是通过自身努力，而非借助某种不可控的相貌遗传，纵然他明白事实绝非如此。

"这是一件简单事务，"阿巴顿看着洛肯说道，"你已受担保，之前也得到了高人荐举。我们的领袖，还有多恩大人都垂青于你。"

"据我所知，你也是，长官。"洛肯说。

阿巴顿露出微笑，"你作为战士难有匹敌，加维尔。我早已留意到你，而你抢在我之前突破宫殿更是证明了我的看法。"

"好运罢了。"

"不存在好运这回事。"阿西曼德生硬地开口。

"他从来没有过好运，所以才这么说。"托迦顿笑道。

"根本不存在好运，所以我才这么说，"阿西曼德表示反对，"科学已经教导了我们。不存在运气，要么成功，要么失败。"

"好运，"阿巴顿说道，"这不就是谦虚的另一种说法吗？加维尔太谦虚了，他不愿说'是的，艾泽凯尔，我胜过了你，我打下了那座宫殿而你没有'，因为他觉得这样讲不合适。我欣赏谦虚之人，加维尔，但事实在于，你之所以能够站在这里，恰恰因为你是一位天赋超凡的战士。我们欢迎你。"

"谢谢，长官。"洛肯回应道。

"我先给你上第一课，"阿巴顿说，"在四王议会里，我们是平等的。这里不存在阶级之分。在将士们面前，你可以称我为'长官'或者'第一连长'，但在私下里，你我之间无须繁文缛节。我是艾泽凯尔。"

"荷鲁斯。"阿西曼德说道。

"塔瑞克。"托迦顿说。

"我明白，"洛肯回答，"艾泽凯尔。"

"我们这个团体的规矩很简单，"阿西曼德说，"慢慢会给你讲清楚，但其中并没有非常明确系统的职责和任务。你会花更多时间与指挥层共处，还要在战帅身边待命，所以做好准备。你心里有没有一个能够代替你执掌第十连的人选？"

"有的，荷鲁斯。"洛肯说道。

"是维帕斯吧？"托迦顿微笑着说。

"我本有此念，"洛肯说，"但这项荣誉理应属于朱伯。他的资历和军阶都更高。"

阿西曼德摇摇头，"第二课。遵从你的内心想法。如果你信任维帕斯，那么就任命维帕斯，永远不要妥协。朱伯不是小孩子，他会想通的。"

"你会担负新的责任，拥有其他职务，特殊的职务……"阿巴顿说道，"护卫，仪仗，使节，安排会议。你想好了吗？你的生活将会全然不同。"

"我想好了。"洛肯点点头。

"那么我们就该让你正式加入了。"阿巴顿说。他从洛肯身边走过，举步迈向浅池中心，逐渐远离灯笼的光芒。阿西曼德紧随其后。托迦顿拍了拍洛肯的手臂，示意他一同前往。

他们在幽暗池水中围成一圈。阿巴顿要求众人站定静止，让荡漾的余波尽数消退。水面最终平滑如镜。初升月亮的光耀倒影浮现在他们面前。

"这项仪式有一个从未缺席的见证者，"阿巴顿说，"那就是月亮。我们军团名号的标志。每一位新成员都是在月光照耀下被纳入四王议会的。"

洛肯点点头。

"这个假月亮实在糟糕，"阿西曼德抬起头嘀咕道，"差强人意吧。我们必须以月亮的倒影为证。大约两百年前，在四王议会创建初期，他们更喜欢用镜子捕捉月影。今天这是临时手段，水面算是说得过去。"

洛肯又点点头。他之前感到的不安卷土重来，显得越发尖锐烦心。这项仪式散发着令人担忧的意味，如同那些巫师灵媒的愚行。整个过程似乎充斥着迷信和祭拜的元素，仿佛正是辛德曼教导他要奋起对抗的虚妄宗教。

他感觉自己必须在这之前说些什么。"我是怀有信仰之人，"洛肯柔声开口，"那是对于帝国真理的信仰。我不会在任何神殿中屈膝，不会承认任何幽魂。我心中只有切实明晰的帝国真理。"

其他三人看着他。

"我就说他是直性子。"托迦顿开口道。

阿巴顿和阿西曼德笑了起来。

"这里没有幽魂，加维尔。"阿巴顿抚着洛肯的手臂以示宽慰。

"我们可不是要对你施法。"阿西曼德轻笑着说。

"这只是旧习，一种老传统。向来如此罢了，"托迦顿说道，"我们之所以保留至今，只是因为这让整件事显得更有分量。我猜这算是……效仿惯例吧。"

"是的，效仿惯例。"阿巴顿表示同意。

"我们希望这能成为一场特殊经历，加维尔，"阿西曼德说，"我们希望你能时时铭记。我们认为新成员的加入应当具有仪式感和独特感，所以就沿用了当年的方式。或许这只不过是戏剧效果，但对我们而言确实很有意义。"

"我理解。"洛肯说。

"你果真理解吗？"阿巴顿问道，"你要向我们立下誓言，这与你历来的任何临战誓言同样牢不可破。兄弟之间，绝无秘密，现实唯物。这是见证手足情谊的誓言，绝非什么秘法契约。我们并肩站在月光之下，用誓言建立一道唯死可破的纽带。"

"我理解。"洛肯重复道，他感觉傻乎乎的，"我愿意立誓。"

阿巴顿点点头，"那么我们就为你举行仪式了。诵读其他人的名号。"

托迦顿俯首道出了九个名字。自从四王议会创立至今，只有十二人担任过这个非官方的职位，其中三人站在洛肯面前。而他将成为第十三个。

"凯申、麦诺斯、伯拉巴顿、里图斯、希拉库、德拉戴顿、卡拉顿、雅尼波尔、塞扬努斯。"

"殁于荣耀，"阿西曼德与阿巴顿齐声说道，"四王议会寄以哀思。职责唯死可破。"

一道唯死可破的纽带。洛肯暗自思索阿巴顿的话语。死亡是每个阿斯塔特意料之中的共同结局。战死沙场，这绝非是与否的问题，仅仅是早与晚的问题。为了效忠帝国，所有战士最终都会牺牲性命。他们对此早已看淡。这是必定之事，如此而已。今日，明日，一年之后……死亡总会到来。

　　当然，其中也颇具讽刺意味。从各个角度而言，根据所有遗传学和衰老病学专家的看法，阿斯塔特与基因原体一样都是不朽的。岁月不会让他们凋零，时间不会将他们击倒。他们是永生的……无论五千年，一万年，还是更加遥远的未知年代。只有战争的镰刀才能够收割他们的生命。

　　不朽，但绝非无敌。永生仅仅是阿斯塔特强化力量的副产品。是的，他们或许可以永远存活下去，但他们也永远不会得到那样的机会。永生确是阿斯塔特强化力量的副产品，但这种力量是为了投身战场而强化的。他们的不朽之躯注定要马革裹尸，向来如此。短暂而耀眼的生命。正如洛肯即将接替的哈斯特尔·塞扬努斯。只有刚刚退出征战的帝皇才会真正永生不死。

　　洛肯试图想象未来，但难以在心中描绘出任何明晰的模样。死亡会把他们从历史长卷中尽数抹消。即便是伟大的第一连长艾泽凯尔·阿巴顿也无法永保性命。总有一天，阿巴顿在人类疆域中的浴血杀伐最终也会停息。

　　洛肯叹了口气，那将是一个何等哀伤的日子。人们会哭求阿巴顿的归来，但他的身影再也不会出现。

　　他努力猜想自己将如何赴死，传奇般的虚构大战在洛肯的脑海里纷纷闪现。他设想自己立于帝皇身侧，在一场破釜沉舟的惊世之战中抵抗某种无名大敌。原体荷鲁斯当然也会在场。他必须要在，缺少他就会变了味道。洛肯将奋战，献身，或许连荷鲁斯都会为拯救帝皇而牺牲。

　　荣耀，前所未有的荣耀。这一时刻将深深烙印在人类这个种族的心灵深处，化作未来一切的奠基石。这场空前绝后的大战会扮演人类文明的支柱。

　　之后，另一种死亡在洛肯心中闪现。远离同僚与军团，身受致命重伤，孤身躺在某个偏僻无名的星球上，生命像一缕轻烟般淡然消散。

　　洛肯吞咽了一下。无论如何赴死，他都会为帝皇效忠，这份赤诚自始至终不会改变。

　　"名号已经道出，"阿巴顿肃穆地说，"其中我们赞颂最后倒下的塞扬努斯。"

　　"万岁，塞扬努斯！"托迦顿和阿西曼德高喊。

"加维尔·洛肯，"阿巴顿看着洛肯说，"我们请你接替塞扬努斯的位置。你意下如何？"

"我欣然接受。"

"你是否发誓维护四王议会的团结？"

"我发誓。"洛肯说。

"你是否接受我们的兄弟情谊并予以回报？"

"我接受。"

"你是否愿意有生之年都向四王议会开诚布公？"

"我愿意。"

"只要影月苍狼继续以此名号为傲，你是否愿意尽心服务？"

"我愿意。"洛肯说。

"你是否立誓效忠指挥官，也就是我们的基因原体？"阿西曼德问道。

"我立誓如此。"

"你是否立誓效忠统御诸位原体的不朽帝皇？"

"我立誓如此。"

"你是否发誓捍卫人类帝国的真理，无论面对何等邪祟都会奋战到底？"托迦顿问道。

"我发誓。"洛肯说。

"你是否发誓坚定对抗一切敌人，无论内外？"

"我发誓。"

"你是否发誓在战场上为生者杀戮，也为死者杀戮？"

"为生者杀戮！为死者杀戮！"阿巴顿与阿西曼德齐声应和。

"我发誓。"

"以照耀你我的月光为证，"阿巴顿说，"你是否愿意成为阿斯塔特同胞的真诚兄弟？"

"我愿意。"

"无论有何代价？"

"无论有何代价。"

"我们接受了你的誓言，加维尔。欢迎加入四王议会。塔瑞克？照亮我们。"

托迦顿从腰间抽出一支曳光弹朝天发射。一团灼目的伞状白色光束随即迸发。

伴着缓缓飘入池水的散落火花，四位战士欢呼着握手相拥。托迦顿、阿西曼德和阿巴顿轮流与洛肯拥抱致意。

"你现在是我们中的一员了。"托迦顿凑在洛肯耳边说道。

"是的。"洛肯回答。

晚些时候，他们在这座小岛上借着灯笼的微光，在洛肯头盔右眼之上的位置烙印了一个弧形的新月图案。这便是他的职位徽记。阿西曼德的头盔带有半月标志，托迦顿是凸月，阿巴顿则是满月。他们的装备共同展现了各个月相。四王议会便以此为记。

四人坐在岛上，并肩谈笑直至天明。

众人借助照明灯的光线坐在草坪上打牌，梅萨蒂所发起的简单玩法很快就被一名士兵提议的赌钱游戏所取代。之后那个宣讲者梅米德也加入进来，他费了很大力气试图教会大家一种古老玩法。

梅米德洗牌与发牌的娴熟技艺非常惊人。某个士兵嘲弄地吹了声口哨。"咱们可是碰上一位老手了。"那位军官评论道。

"这是个很老的游戏，"梅米德说，"你们肯定喜欢。它能追溯到很多年前，比古老长夜还要早。我研究过，古代美国和法国的部落都热衷于此。"

他让大家试玩了几轮来掌握规则，但梅萨蒂总是记不住各种组合之间谁大谁小。在第七轮里，她以为自己终于玩明白了，并认定梅米德更胜一筹，于是便弃牌认输。

"不，不，"他微笑道，"是你赢了。"

"但你又是四条。"

他将梅萨蒂的纸牌铺开，"即便如此，你看？"

她摇摇头，"这也太复杂了。"

"这些组合，"梅米德仿佛要开讲座，"都对应了当年的不同社会阶层。长剑是贵族战士，杯子是古代祭司，钻石或金币是商人阶级，棍棒则是工人……"

一些士兵呻吟起来。

"你少给我们宣讲。"梅萨蒂说。

"不好意思，"梅米德微笑着说，"无论如何，你赢了。我手里是四条，但你有A、K、Q和J。这是四王牌。"

"你说什么？"梅萨蒂坐直身子问道。

"四王牌，"梅米德一边回答一边将那副老旧的方形纸牌洗好，"这是古代法语里对四张皇家牌面的统称。一副必胜好牌。"

在他们身后，那道高高山脊早已隐没在寂静夜空中，此刻一枚曳光弹突然冲天而起，让四下亮如白昼。

"必胜好牌……"梅萨蒂嘀咕道。无论这是巧合，还是她私下笃信的命运，未来都刚刚向她敞开了怀抱。

那看起来分外光明。

第五章

皮特·伊刚·莫马斯
帝皇圣言录
心怀不满

皮特·伊刚·莫马斯让他们觉得万分荣幸。皮特·伊刚·莫马斯屈尊与他们分享自己对于新至高城的超群设想。63号远征队的指定建筑师皮特·伊刚·莫马斯掀开了初步蓝图的帷幕,为他们讲解这个沦陷城市将如何转化为一座彰显荣耀与赞颂归顺的永恒丰碑。

问题在于,皮特·伊刚·莫马斯只是一个话音模糊的渺小身影。伊格内斯·卡尔卡斯与大批听众一同站在飞扬尘土和燥热阳光中,不耐烦地左摇右晃,伸长脖颈遥望前方。

人群聚集在宫殿北边的一个城市广场里。午后,阳光正盛,众多花岗岩高塔与庭院饱受炙烤。虽然广场四周的高墙提供了些许阴影,但分外燥热的空气还是将这里化作火炉。就连微风都像是一股灼人的尾气,仅仅将细微尘埃卷入空中。四处铺满了那场大战所遗留的粉末灰烬,让明媚阳光下的空气如同烟雾一般。卡尔卡斯的喉咙早已变成旱季里的河床。咳嗽与喷嚏声在他周围此起彼伏。

这个人数只有五百之众的群体是经过了仔细筛选的。其中四分之三属于当地显赫人士——望族贵戚、富商巨贾、前朝官员,这些人代表着63-19统治阶级中宣誓向新秩序归顺的成员。他们受邀至此,前来参与自身社会的重建与重生,当然,这只不过是表面文章。

其余的则是记述者。包括卡尔卡斯在内的很多人最终都获得了许可,首次造访地表,来参加这场活动。卡尔卡斯心想,如果这就是我期待已久的奇妙经历,那么舰队管理层倒不如把通行许可收回去好了。我的梦想决不是挤在这摩肩接踵的烧窑里,听某个老混账发出一些模糊不清的背景噪声。

人群的情绪看起来与他相仿,大家全都燥热烦闷。在受邀出席的当地人脸上，卡尔卡斯看不到丝毫笑容，只有僵硬不变的忍耐。在归顺与死亡之间作出的选择并没有让归顺显得更为美好。他们战败屈膝，失却了自身的文化和生活，面临着被陌生思维所支配的未来。他们此刻唯有忍气吞声，疲惫困苦地熬过这段融入人类帝国的屈辱过程。他们偶尔报以零星掌声，但也仅仅是被精心安插的宣讲者所鼓动起来的。

听众们簇拥着一座为这场活动特意搭建的金属高台，上面摆放着全息投影仪和未来城市的立体模型，以及莫马斯日常运用的各式测量仪器，那些黄铜与钢铁所制的繁复工具显得夸张而荒唐。在卡尔卡斯看来，众多精细庞杂的齿轮与尖刺反倒更容易让人联想起折磨人用的刑具。

折磨这个词非常恰当。

时而浮现于人群头顶的莫马斯身材矮小，衣装笔挺，举手投足之间倍显轻佻。在他深入解说蓝图的时候，台上辅助的宣讲者们便举起摄影机，近距离拍摄立体模型上的对应部分，图像直接转为附带注释的全息投影。然而阳光太过刺眼，严重折损了全息屏幕的画质，让影像变得模糊暗淡，难以辨认。再者，莫马斯的通信麦克有些毛病，导致他的话语断断续续，而成功传出的零碎内容也足以证明此人在公开演讲方面毫无天赋。

"……一直是个崇拜太阳的城市，一座为光辉烈日所竖立的纪念碑，我们今天下午就看得出来，想必，大家都注意到了，这里的灿烂辉煌。一座光之城。黑暗之中的光芒向来是个高尚的主题，当然，我所指的是无知黑暗中的真理之光。我在当地发现的感光技术让我非常着迷，我打算将它们整合进设计理念……"

卡尔卡斯叹了口气。他从没想到自己竟然会盼望宣讲者的登场，但至少那些混蛋知道如何面向公众讲话。皮特·伊刚·莫马斯应该把解说工作交给那些宣讲者助手，自己去端着那台该死的摄影机。

卡尔卡斯的思绪游荡开来。他仰望四周的高墙，那些棱角分明的平整石板背衬苍穹，呈现出饱受阳光炙烤的亮粉，或是遭到阴影覆盖的深灰。他看到无数火焰焦痕与爆矢弹坑点缀在花岗岩墙壁上。远方的宫殿高塔状况更为惨淡，凌乱不堪的石膏墙面状如脱落蛇皮，破损缺失的窗户仿佛空荡眼眶。

在人群所在广场的南边，一架机械神教泰坦傲然屹立，那阴郁凶恶的人形轮廓在高墙之上睥睨众生。它纹丝不动，就像一座瞬间搭成的战神巨像。

这才真正称得上是彰显荣耀与赞颂归顺的永恒丰碑，卡尔卡斯心想。

卡尔卡斯盯着泰坦看了一阵。他此前从未见识过，仅仅看过照片。那宏伟惊人的景象几乎令这场乏味活动值得一来。

他凝视得越久，便越发感觉不安。泰坦如此庞大，如此凶恶，却又如此平静。他知道那个大家伙能动。卡尔卡斯渐渐希望它可以动一动。他开始盼望它突然转过头来或者迈出一步，只要是隆隆启动就好。泰坦的静止状态让他心急如焚。

随后他又担心泰坦若是真的动了起来，自己大概会颇受震慑，很可能要不由自主地惊恐高呼，跪伏于地。

一阵掌声让他吓了一跳。莫马斯显然刚刚说了什么贴切恰当的话语，宣讲者们立刻鼓动人群回以喝彩。卡尔卡斯也顺从地拍了拍自己汗涔涔的手掌。

卡尔卡斯烦透了。他知道自己没法一直站在这里忍受泰坦的凝视。

他最后望了一眼高台。莫马斯还在啰唆，这已经有足足五十分钟了。在卡尔卡斯看来，整场活动中仅有的亮点就站在莫马斯身后。两位披挂黄色盔甲的巨人，两位来自第七军团帝国之拳的阿斯塔特，帝皇的近卫。他们的出席想必是为了让莫马斯显得更具权威。卡尔卡斯猜测，之所以由第七军团代替影月苍狼前来助阵，正是因为他们在构筑堡垒与建立工事方面有着众人皆知的过人技艺。帝国之拳是要塞大师，这些战场工匠的作品坚不可摧，面对敌军的攻势永不动摇。卡尔卡斯能嗅出宣讲者的绝妙手笔：战争的建筑师前来护卫和平的建筑师。

卡尔卡斯一直在等待其中某位战士开口讲话或是上前点评莫马斯的蓝图，然而未能如愿。他们仅仅将爆矢枪端在胸前静静矗立，像那架泰坦一样纹丝不动。

卡尔卡斯转过身，从密集迟钝的人群中挤出去。他走向广场后方。

众多帝国军队士兵在人群外围站岗。他们按照命令全副武装，大汗淋漓，滚滚热浪让他们都变成了病态的淡绿色。

其中一名士兵注意到卡尔卡斯从稍微稀疏的听众之间脱身而出，于是便迈步迎上。

"你要去哪里，先生？"他问道。

"我快要渴死了。"卡尔卡斯回答。

"我听说讲解之后会有饮品,"士兵说。"饮品"这个词让他哽咽了一下,卡尔卡斯明白普通士兵们绝无此等待遇。

"反正我也听够了。"卡尔卡斯说道。

"还没结束呢。"

"我听够了。"

士兵皱起眉头。他的鼻梁挂满了一粒粒汗珠,再往上便是桶状皮帽的厚重边缘。他红彤彤的脖颈与两颊也大汗淋漓。

"我不能让你随意离开。活动范围限制在许可区域里。"

卡尔卡斯露出坏笑,"我还以为你们是负责把麻烦拦在外面,不是把我们拦在里面呢。"

士兵显然不觉得这有什么好笑,甚至都谈不上讽刺。"我们负责保证你们的安全,先生,"他说道,"请你出示许可证。"

卡尔卡斯掏出自己的文件。那几张纸塞在他的长裤口袋里,早已变成了温热潮湿的一团纸团。卡尔卡斯略显尴尬地等着士兵检查证件。他从来不喜欢与权威人士叫板,尤其是在公共场合,不过听众的后脑勺似乎也都不太在意两人的对话。

"你是个记述者?"士兵问道。

"是的,诗人。"卡尔卡斯抢先回答了不可避免的第二个问题。

士兵的目光从证件上转移到卡尔卡斯的面孔,仿佛在搜寻某种清晰可辨的诗人特征,类似于导航者的第三枚眼睛或是奴工的编号刺青。他大概从未见过一个诗人,这没什么的,毕竟卡尔卡斯也从未见过一架泰坦。

"你应该留在这里。"士兵说着将证件还给卡尔卡斯。

"但这毫无意义,"卡尔卡斯说道,"我被派来记录重大事件。结果我什么都接触不到。我甚至听不清那个蠢货到底在说什么。你能想象这一切的荒谬之处吗?莫马斯根本算不上历史,他只是另一种记录者。我获准记述他的记述,而就连这个我都做不到。我理应深入了解的事物都遥不可及,我还不如留在泰拉上用望远镜来看呢。"

士兵耸耸肩,他早就不能跟上卡尔卡斯的话头,"你应该留在这里,先生。为了你的安全着想。"

"我听说城市已经安全了,"卡尔卡斯说道,"我们距离全面归顺只有一两天了，不是吗？"

士兵谨慎地凑上前来，他距离如此之近，以至卡尔卡斯能够闻到高温为对方口气注入的腐臭味道，"你我之间私下讲，那只是官方说法，其实麻烦还不少，暴动分子，忠诚派。无论你赢得多么干净利落，沦陷城市里总会有这种事，偏僻街道不安全。"

"真的吗？"

"他们自称忠诚派，但要我说只是一帮心怀不满的家伙。这些混蛋输光了，他们可不高兴。"

卡尔卡斯点点头，"多谢你的指点。"他说完便转身回到了人群里。

五分钟之后，莫马斯的冗长讲话仍未结束，卡尔卡斯已经绝望了，但此刻一位年迈的贵族女士突然晕倒，引来一阵骚动。士兵们匆忙上前控制情况，将她抬到阴影里。

趁士兵转移注意力的机会，卡尔卡斯快步走出广场，消失在街道之中。

他穿过空旷无人的庭院与高墙之间的小巷，藏身于一片幽深阴影之中。午后高温依旧炽烈无情，但行走起来让他感觉更好受一些。时不时有风沿着街巷吹过，但丝毫不会带来舒适。风中往往夹杂着大量尘埃，卡尔卡斯不得不转过身去，紧闭双眼，等待风势消退。

街道颇为寂静，偶尔有几个佝偻的身影蜷缩在阴暗门廊里，或是躲在破损窗棂后。卡尔卡斯不禁猜想是否有人愿意与自己交流，但他也并不愿意尝试进行接触。这寂静浸润四周，就像服丧默哀一样不应被随意搅扰打破。

他是孤身一人，这一年多以来真正是孤身一人，可以自己决定做些什么。这有种美妙惊人的放纵自由。他想去哪里就能去哪里，于是他立刻运用这项特权，任由自己的双脚决定前路。起初他还将那架依旧静止的泰坦保持在视野里作为参照，但它很快就被众多高塔和楼宇所遮掩，他则毫不在意地让自己迷失了方向。走丢同样令人感到放纵自由。毕竟宫殿的宏伟尖塔永远直刺云霄。如果有必要的话他可以参照它们走到宫墙脚下。

卡尔卡斯一路途经的城区饱受战火践踏。众多损毁的房屋只剩下覆满尘灰的白色瓦砾，或是暴露在外的残存地基。尚未彻底坍塌的那些建筑则往往缺失屋顶，烧成焦黑，倾斜歪倒，或被炸成一副空壳，就像舞台剧的木制场景那样。

有些路面上散布着密密麻麻的枪痕弹坑，时常组成一些奇特的线条与图案，仿佛是有意为之，或是蕴藏着某种关乎生死的深奥密码和伟大真理。燥热的空气中飘散着一股像是焚烧尸体和鲜血与污秽混合后的味道。他闻到的并非焚烧火烟，而是烧焦的物体。那不是鲜血，而是干涸的血迹。那亦非污秽，而是被轰炸击毁震裂的排污系统渗漏所致。

路旁堆放着很多私人财物。各色家具，成包衣物，厨卫用品。主要都是从房屋废墟里回收来的。另有一些精心摆放，显得整齐完好。卡尔卡斯意识到这是居民在离开城市。他们将自己的全部家当打包备好，同时向新的权威系统申请交通工具或是通行许可。

几乎每一条大街小巷的墙壁上都有某种标语或通知。全部手写的内容体现出了多种多样的字体与参差不齐的水平。有些是用沥青涂抹，有些是用颜料或染料书就，另有一些是使用粉笔和焦炭所做的作品——卡尔卡斯猜测后者意味着有人从废墟里取用了烧焦的木料。其中很多难以辨认，或者含义不清。也有很多是大胆而愤怒的涂鸦，对入侵者致以凶狠咒骂，并宣称反抗火花尚未熄灭。它们呼求死亡、起义与复仇。

还有一些详细记录着葬身于此的居民名单，或者哀怨地寻求失踪家人的情况。此外还有充满悲痛的讣告，以及代表着某种神圣含义的精细字句。

卡尔卡斯越发着迷于这些文字，着迷于其多样形式之间的鲜明对比，还有它们所承载的真情实感。自从告别泰拉之后，他第一次真正体会到心中诗兴的觉醒。这令他激动万分。他原本已经开始怀疑，自己昔日是否只顾匆匆登船，不慎将灵感丢在了泰拉，抑或他的才华告病不出，和他最讨厌的那件衬衫一样塞在自己舱室里的旅行箱中，至今从未拆包。

灵感重归脑海，就算是炎炎高温与干枯喉咙也无法阻止卡尔卡斯露出笑容。他心底的文字终究还是被外部的文字所启发，这倒是颇为恰当。

他掏出记事本和钢笔。他是一个传统守旧之人，他笃信伟大诗篇永远无法在数据板的屏幕上书就，这种观点险些令他与帕里萨德·哈德雷拳脚相向，对方是记述者团队中的另外一位"著名诗人"。激烈争执发生在一场意在帮助记述者们相互熟悉的非正式晚宴中，早在他们踏上旅途前来加入远征舰队的航程初期。要是真打起来，卡尔卡斯肯定能赢。他对此确信无疑，即使哈德雷是一名格外高大刚烈的女士。

卡尔卡斯偏爱那种用奶油色厚重纸张装订而成的记事本，他在自己屡受嘉奖的漫长职业生涯早期，曾经深入泰拉的某座极地巢都，找到了一家专精于古老造纸技艺的供应商。那家名叫邦兹曼的公司所生产的五十页四开记事本质量优良，装订在柔软的黑色羔羊皮封面里，并附有一条弹性束带。邦兹曼7号，卡尔卡斯当时还是个面黄肌瘦的毛头小子，但他用第一笔稿酬的绝大部分直接订购了两百件。那批记事本运抵时从头到脚包裹得紧密完好，蜡封盒子里还塞满了绵纸作为缓冲，整口货箱都充斥着天赋才华与无限潜能的味道，至少对他而言是如此。他在使用过程中十分节省，只有将那宝贵纸张写满之后才会翻页。随着名望与收入的迅猛提升，他时常考虑是否应该再订一箱，不过每次看着那尚余大半的记事本，他便打消了此番念头。卡尔卡斯的所有知名作品都在邦兹曼7号的书页上淬炼而成。他的《盛赞统一》，全部十一篇《帝国长诗》以及《海洋诗集》无不如此，其中甚至还包括那广受称赞且屡次再版的《内省与颂歌》，这部在他而立之年完成的作品令他名声大噪，并因此得到了埃塞俄比亚奖章。

在获选成为记述者的一年之前，卡尔卡斯已经低迷沉寂了近十载之久，仅仅依靠往日荣耀勉强糊口，于是他决定购买一批新的记事本，让自己的灵感重获新生。然后他沮丧地发现，邦兹曼早就停业了。

伊格内斯·卡尔卡斯的记事本如今只剩下九本了。他带着全部记事本踏上旅途。除开些许胡乱涂抹之外，本子上还都是白纸一张。

他顶着灼人烈日，身处战乱城市，站在尘土飞扬的街角，从外套口袋里拿出记事本，解开束带。他又找到了自己的老式钢笔——他的传统品味对于记录工具和记录载体有着同样严格的要求——随后开始书写。

笔尖中的墨水几乎要在高温中固结了，但卡尔卡斯不以为意，埋头记录墙上的那些触动他心弦的文字，有时还尽量将字体与格式原样复制下来。

他走街串巷，起初还仅仅选取一两条信息加以记录，但逐渐变得兼收并蓄，几乎把路上所见的任何标语都纳入记事本中。他倍感满足和喜悦。他能真切体会到词句韵脚在自己笔下的文字中升华凝聚。这必将是一篇美妙超凡的作品。缺席多年的灵感重新涌入他的心灵深处，仿佛从未离开过。

他意识到自己彻底忘却了时间。虽然天气依旧十分炎热，但耀眼的太阳已经低垂于天际。他填满了二十页纸，几乎是半个本子。

卡尔卡斯感到一股骤然袭来的惶恐。他今生的才华会不会只剩下这九本了？多年前送来的那批邦兹曼7号会不会就代表着他职业生涯的全部创意？

他在挥之不去的闷热高温中打了个寒战，立刻将记事本和钢笔收好。他孤身站在一个饱受战火摧残的偏僻街角，承受着阳光的无情鞭笞，不知道该何去何从。

自从逃离皮特·伊刚·莫马斯的演讲至今，卡尔卡斯头一次感到害怕。空旷死寂的废墟仿佛用一双双眼睛凝视着他。

他开始原路返回，踩过遍布沙砾的阴影，钻进尘土飞扬的光明。只有屈指可数的几条新标语足以说服他停下脚步，重新取出记事本仔细誊写。

他走了许久，很可能一直在兜圈子，因为这些街道看起来全无区别，此时一家饭馆突然出现在卡尔卡斯面前。它占据着一座大型花岗岩房屋的一层和地下室，并没有挂招牌，然而从中传来的食物香气暴露了它的角色。大门向街道敞开，几张桌子上摆好了餐具。他终于见到两个以上的人了。这些穿着深色斗篷和披肩的当地人与卡尔卡斯此前遇到的零星居民一样显得沉默倦怠。他们独自一人或三三两两地坐在一顶残破的遮阳棚下面，用小杯小碗饮酒进餐。

卡尔卡斯想起了自己干燥的喉咙，而他的肚子也用一阵哀鸣宣告其存在。

他迈步走到遮阳棚下，礼貌地向其他顾客点头致意。没有人回应他。

他在这凉爽的阴影里找到了一个木制吧台，后方的架子上摆着众多玻璃杯和带嘴酒瓶。一位穿着卡其布外套的老迈女士担任酒保，此时正站在吧台背后狐疑地盯着卡尔卡斯。

"你好。"他说道。

那位女士皱着眉头一言不发。

"你能听懂我的话吗？"卡尔卡斯又问。

对方缓缓点头。

"那就好，太好了。据我所知，我们的语言基本相通，只有一些方言口音上的差异。"他止住了话头。

那位女士说了几个字，或许是"什么"，也可能是任何一种咒骂或询问。

"你有食物吗？"他问道。随后他用手比画吃饭的动作。

对方继续盯着他。

"食物？"他追问。

酒保用一串含混粗哑的话语加以回应，卡尔卡斯没能分辨出任何一个字。要么是她没有食物，要么是她拒绝招待，要么是她根本不愿意理会像卡尔卡斯这样的人。

"那么来点喝的吧？"他问道。

没有回应。

他徒劳地模仿喝酒的动作，又伸手指了指那位女士背后的众多瓶子。

酒保转身挑选出一只玻璃瓶，仿佛这是卡尔卡斯特意指定的，其中还盛着四分之三的清澈液体。她把瓶子杵在吧台上，又拿了一个小酒杯摆在旁边。

"好极了，"卡尔卡斯微笑起来，"真是好极了。干得不错。这是当地的酒吗？啊哈！当然是，当然是。本地特产？你不打算回答我，是不是？因为你根本不知道我在说什么，是不是？"

对方的目光空洞无神。

卡尔卡斯拿起酒瓶倒了一杯。浓稠的酒浆缓缓流淌，就像他笔尖里的墨水一样。他放下瓶子，举杯致意。

"敬你身体健康，"他欢快地说，"也敬你们的世界繁荣昌盛。我知道现在的状况很艰难，但相信我，一切都会好的。一切都会非常好的。"

他一饮而尽。这带有甘草味道的烈酒柔滑醇厚，顿时温暖了他的干燥喉咙，在他腹中燃起一团火苗。

"棒极了，"卡尔卡斯说着又给自己倒了一杯，"确实不错。你还是不打算回答我，是不是？我大可询问你的名字和血统，大可询问任何事情，而你只会站在那里盯着我，就像一尊雕塑，是不是？就像一架泰坦？"

他干了第二杯，又倒上第三杯。如今他自我感觉很好，甚至要比站在街角品味灵感回归时的感觉更好。事实上，对于伊格内斯·卡尔卡斯而言，酒向来是一位比灵感更加亲切的同伴，不过他从来都不愿承认这一点，也不愿承认正是对酒的热爱像一袋石块那样拖累了他的事业。饮酒和灵感都是他的挚爱，但两者对他的推动截然相反。

卡尔卡斯喝完第三杯，又给自己斟上第四杯。他浑身充满了暖意，这种暖意要比外面的高温舒适得多。这让他露出微笑，这让他意识到自己造访的冒牌泰拉是多么奇妙超群，多么复杂深邃，多么令人沉醉。他热爱这里，怜悯这里，对这片土地满怀美好善意。这个世界，这座城市，这家饭馆，全都不会被淡忘。

他突然想起一件事，立刻向那位老迈女士致歉，并将手探进口袋，而对方一直像个僵死机仆那样戳在吧台后面盯着他。卡尔卡斯有现金——帝国硬币和塑料钞票。他把钱堆在脏污油亮的吧台上。

"帝国的钱，"他说道，"但你们也收。我是说，你必须得收。我今天早上听宣讲者说了，帝国货币现在是法定通货，取代了你们当地的钱币。泰拉在上，你根本不知道我在说啥吧？我欠你多少钱？"

没有回答。

他抿了一口自己的第四杯酒，将那摞钱推向她。"那么你来决定。你来告诉我。按一整瓶算。"他用手指敲了敲酒瓶，"一整瓶？多少钱？"

他咧嘴笑着，点头示意那位女士收下吧台上的钱。那位女士看了看，伸出一只瘦骨嶙峋的手，拿起一枚五块鹰徽硬币。她仔细检视了一阵，接着朝硬币啐了一口，抛向卡尔卡斯。硬币弹在诗人的肚皮上坠落于地。

卡尔卡斯眨眨眼大笑起来。这欢快震耳的笑声从他胸中隆隆传出，难以抑制。那位老迈女士盯着他，微微瞪圆了双眼。

卡尔卡斯拿起瓶子和酒杯。"我跟你讲，"他说道，"这都给你。全都是你的。"

他转身走开，在饭馆角落里找到一张空桌坐下。他又给自己倒了杯酒，接着四下张望。几个沉默的食客凝视着他，他则笑容满面地点头致意。

他们看起来与人类无异，卡尔卡斯心想。随后他便意识到这个念头是多么荒谬，因为他们毫无疑问就是人类。但同时他们又不是。他们的灰暗衣物，他们的沉闷态度，他们的五官模样，他们坐立俯仰吃喝的动作。他们看起来有一点近似于动物，是受训模仿人类举止的人形动物，只是还并未彻底掌握这门技艺。

"这就是五千年隔绝对一个种族的影响吗？"他放声问道。没有人回答，几个食客还移开了目光。

这究竟是不是五千年隔绝对一个种族的影响？他又喝了一口。双方在生物层面上只有些许遗传差异，然而在文化层面上却天差地别。这些人的生命中有衣食住行吃喝拉撒，就像卡尔卡斯自己一样。他们栖身房屋，建立城市，在墙壁上书写，除了这位老迈女士之外都和他语言相通。然而时间与距离把双方送上了截然不同的道路。卡尔卡斯如今看得很清楚，他们是一支漂离家园的旁系血脉，在这颗与真正的太阳相似又迥异的太阳照耀下成长。就连他们坐在桌边饮酒的样子都略显怪异。

卡尔卡斯突然起身。灵感汹涌而来，将饮酒的乐趣挤到脑后。他抓起空了大半的瓶子，向那位酒保躬身行礼，"多谢，女士。"

随后他摇摇晃晃地回到了阳光下。

他在几条街之外找到了一片被轰炸彻底夷平的空地，于是俯身坐在一块花岗岩上。他小心翼翼地把酒瓶和杯子放好，接着从怀里掏出了填充过半的邦兹曼7号，开始动笔书写，为自己的全新作品构建开篇，这头几行诗句都要归功于墙壁上的信息以及饭馆中的顿悟。起初他行笔如风，但随后便文思枯竭。

卡尔卡斯又喝了一杯，希望能够再次唤醒心底的声音。状如蚂蚁的黑色小虫在他周围的废墟里勤奋穿行，仿佛试图重建它们毁于战火的微型城市。他将一只虫子从记事本上扫掉。更多虫子试探性地爬上他的靴子，展开一场激昂躁动的探险。

想象中的瘙痒让卡尔卡斯站起身来，这里恐怕不适合久坐。他拿好酒瓶与杯子，又啜饮一口，不过首先得把那只漂浮在杯中的虫子捞了出来。

一座颇为高大宏伟的建筑矗立在空地对面。他不禁猜想其功用。他步履蹒跚地穿过废墟径直走去，脚下的松散瓦砾让他不止一次险些摔倒。

这是什么——市政厅，图书馆，还是学校？他信步绕行，欣赏着拔地而起的高墙与精美华丽的石工。这座建筑显然担负着十分重要的角色。它奇迹般地躲过了降临在众多邻居身上的毁灭性的厄运。

卡尔卡斯找到了建筑入口，那对黄铜大门包裹在雄伟的石制拱廊中，并未上锁。他推门而入。

建筑内部那幽深清新的凉爽环境几乎令他发出一声惊叹。这是个不受阻隔的整体空间，粗重的支柱将一座拱顶送上半空，地面则铺着象征冷寂的黑玛瑙，远端的窗户下方是某种石制构造。

卡尔卡斯停下脚步。他将瓶子放在石柱基座旁，手握酒杯沿着建筑中央的过道缓步前行。他知道这种建筑有个统称,他努力回忆。

狭长的窗户纳入一束束经过彩色玻璃过滤的阳光。大厅远端的石制构造是一座讲坛,上面敞开摆放着一本非常厚重也非常古老的典籍。

卡尔卡斯兴奋地伸手触摸那泛黄皱褶的书页。它与邦兹曼7号一样充满魅力。古旧褪色的纸面上覆满了精美细致的黑色字迹与手绘彩图。

这是一座祭坛,卡尔卡斯终于意识到。这个地方,是神殿,是教堂!

"泰拉在上!"他高呼道,话音在这阴凉厅堂里产生的回响顿时让他皱起眉头。历史早已教导过卡尔卡斯何为神殿,何为宗教,然而他从未亲身涉足过这种场所。一个属于魂灵和神性的地方。他感觉到众多魂灵对于他的贸然入侵颇为不悦,接着又被自己的愚蠢逗笑了。世上没有魂灵。整个宇宙里都没有。这是帝国真理的教导。这座建筑里仅有的魂灵便是他的酒杯与肚腹中的醇美佳酿。

卡尔卡斯再次检视书页。这就是关键所在,这标志着他的族群与当地居民之间的核心差异。这些人是愚昧落后的。主流人类文明早已摒弃的迷信被他们固守至今。这里充满了对于来世往生与永恒存在的承诺。荒谬至极的虚妄信仰就扎根于此。

卡尔卡斯知道,归顺于帝国的庞大人口中有一部分,或许是很大一部分在暗自期盼信仰的回归。任何形式、任何体系的神祇都早已消逝,然而人们依旧贪求那种不可言喻的事物。纵然屡遭严惩,各式各样的宗派与教会还是在划归统一的人类疆域中像雨后春笋般遍地浮现出来。其中最为蓬勃兴旺的要数帝国信条,它坚称人类应当将帝皇尊为神圣,人类的神皇。

这种看法滑稽可笑,从官方角度看则是异端邪说。帝皇向来严词拒绝这样的崇拜,彻底否认对于他的神化。有些人认为帝皇只有辞世之后才会成神,然而他的不朽之身通常让这种论点变得毫无意义。无论他具备何等强大威能,无论他身负哪些超凡力量,无论他作为人类种族最光辉伟岸的至高领袖有着怎样的无上荣耀,他依旧是个人。关于这一点,帝皇会抓住任何机会来提醒芸芸众生。帝国官僚机构在日益开拓的辽阔疆域中反复申明此道敕令。帝皇就是帝皇,他伟大超群,永生不朽。

但他不是神,他拒绝一切崇拜。

卡尔卡斯猛灌一口,将酒杯斜放在讲坛边缘。帝皇圣言录,就是这个名字。将皇帝所言尊为经典的地下组织发展迅猛,正在图谋筹建帝皇教派,并由此忤逆他的意愿。据说泰拉议会里某些道貌岸然的高阶成员都在暗中支持。

神皇。卡尔卡斯憋住大笑的冲动。五千年的鲜血，战争与烈火终于抹消了神祇在人类文明中的位置，而现如今达到这一空前成就的那个人却要取而代之，化身为新的神明。

"人类究竟有多么愚蠢？"卡尔卡斯说道，他此刻颇为享受空旷神殿传来的回声，"有多么急切和慌乱？难道我们就非得用神祇的概念才能满足内心吗？难道我们生来就是如此吗？"

他沉寂下来，仔细思索自己刚刚提出的观点。很有道理，逻辑严谨。他不知道酒瓶跑到哪里去了。

确实很有道理。或许这恰恰是人类种族的终极缺陷，或许这是人性中最基本的冲动，是对于高等存在之信仰的需求。或许信仰就像是真空，它癫狂地吸走一切理性思维，妄图填充自己的虚无。或许人类的一项遗传特质便是对精神慰藉的需求和渴望。

"或许我们身负诅咒，"卡尔卡斯面对空旷的神殿说道，"我们贪图虚妄事物。世上并不存在神祇、魂灵或恶魔。于是我们凭空捏造，聊以慰藉。"

神殿似乎毫不理会他的胡言乱语。他捏起杯子，踱回了之前放下酒瓶的位置。再来一杯。

他随后走出神殿，继续在刺眼的阳光下穿行。滚滚热浪焦灼逼人，他不得不又灌了一口酒。

卡尔卡斯脚步虚浮地逐渐远离神殿，走出几条街之后突然听到了火焰炙烤墙壁的呼啸声响。他发现那是一队裸露上身的帝国士兵，他们正在用火焰喷射器抹除一面墙壁上的反帝国标语。他们显然是沿着街道一路工作至此，因为所有墙面都披覆着焦黑痕迹。

"别这样。"他开口说。

士兵们转过头看着他，手里的火焰喷射器继续咆哮。从卡尔卡斯的衣着举止判断，他显然不是当地人。

"别这样。"他重复道。

"上面的命令，先生。"一个士兵回答。

"你在这里干什么？"另一个士兵问道。

卡尔卡斯摇摇头，转身离开。他步履蹒跚地在宽街窄巷间乱逛，对着瓶口直接喝酒。

他找到了一片与之前颇为相似的空地，于是一屁股坐在一块花岗岩上。他掏出记事本，重新审视自己写下的开篇诗句。

糟透了。

他一边读一边呻吟，最后愤怒地将那些宝贵的纸页一把扯掉。奶油色的厚纸被他团成球扔进残破瓦砾之间。

卡尔卡斯突然意识到一双双眼睛正从周围那些阴暗的门廊和窗户背后盯着他。他难以分辨出清晰的轮廓，然而他知道当地居民在观察自己。

他站起身，迅速将刚刚抛弃的纸团捡了起来，他觉得自己没有权力让这片废墟变得更加脏乱。他随后快步前行，躲避那些朝他投来讥笑与石块的瘦弱男孩。

卡尔卡斯惊讶地发现自己回到了饭馆所在的街道。里面空无一人，但他还是很高兴，因为手中酒瓶已经一滴不剩了。

他步入凉棚，没有人影。就连那位老迈女士都不见了。他的帝国货币还堆在吧台上，原封不动。

看到那堆钱之后，卡尔卡斯认为自己理应从吧台后面再拿一瓶。他握着酒，小心谨慎地坐在一张桌子旁，自斟自饮。

他在那里坐了不知多久，突然听到一个声音询问他是否还好。

伊格内斯·卡尔卡斯眨眨眼抬起头。那群奉命烧灼城中墙壁的帝国士兵涌进了饭馆，酒保也重新现身，为他们呈上酒水和食物。

队伍里的军官正俯视着卡尔卡斯，他的部下则纷纷落座。

"你还好吗，先生？"他问道。

"是的，是的，是的，是的。"卡尔卡斯含混地回答。

"我恐怕要说，你看起来不太好。你应该在城市里随便走动吗？"

卡尔卡斯用力点头，同时伸手去掏通行证。证件不在衣兜里。"我该来的，"他只好解释道，"该来的。上面命令我来。来听伊特·皮刚·莫马斯。该死，不对，说错了。来听皮特·伊刚·莫马斯讲解他对于新城的规划。所以我在这里。我该来的。"

军官谨慎地审视，"你说是就是吧，先生。据说莫马斯的重建蓝图很棒。"

"喔，是的，棒极了，"卡尔卡斯回答，他伸手去拿酒瓶，却摸空了，"他妈的棒极了。一座纪念凯旋的永恒丰碑……"

"先生？"

"这不会长久，"卡尔卡斯说，"不，不。不会长久。不可能的。一切都不会长久。这位朋友，我看你是个明智的人，你认为呢？"

"我认为你该回去了，先生。"军官轻声说。

"不，不，不……关于这座城市！这座城市！它不会长久，皮特·伊刚·莫马斯也没用。尽归尘埃，万物皆然。依我之见，这座城市在被我们炸烂之前原本就挺棒的。"

"先生，我想——"

"不，你不去想，"卡尔卡斯摇着头说，"你不去想，谁都不去想。这座城市本该永远屹立，结果我们跑来把它夷平了。让莫马斯来重建吧，但是这还会发生，一遍又一遍。人类的造物注定消亡。莫马斯说他计划建造一座永远赞颂人类的城市。你猜怎么着？我打赌当年兴建这座城市的建筑师也是这么想的。"

"先生——"

"人力所为终将崩塌。你记住我的话。这座城市，莫马斯的城市。整个帝国——"

"先生，你——"

卡尔卡斯站起身来，眨着眼睛摇动手指，"你别叫我'先生'！我们建立的帝国转瞬之间就会倾覆！你记住我的话！这不可避免——"

痛苦突然劈开了卡尔卡斯的面孔，他困惑地倒在地上。他勉强分辨出一阵狂乱的呼吼和跑动，随后便感觉到靴子和拳头的冲击一次次传来。被他的言语激怒的士兵们对他拳打脚踢。高声呼喊的军官试图将部下拉开。

骨骼断折，鲜血从卡尔卡斯的鼻孔里喷涌出来。

"记住我的话！"他呛咳着继续说道，"人类建立的一切都不会永存！你们问问那些该死的当地人就知道了！"

一只靴子轰然砸在他胸口。他嘴里顿时充满了血腥味。

"走开！走开！"军官徒劳地喝止怒气上头的部下。

等到士兵们终于被劝服的时候，伊格内斯·卡尔卡斯已经不再大放厥词了。也不再喘气了。

第六章

谏言

答得好

两神一室

托迦顿在战略室背后的那座高大前厅里等着他。

"你来了。"他咧嘴一笑。

"我来了。"洛肯说。

"到时候会有个问题,"托迦顿压低声音说道,"看似一件小事,也不会明显是直接抛给你的,但你要准备好去回答。"

"我?"

"不,我是跟自己说话呢。是的,是你,加维尔!你就把这个当作入门测试吧,来。"

托迦顿所说的事情让洛肯有些不安,但他很感激对方的提点。他跟着托迦顿穿过前厅。这个狭长高大的空间令人心悸,嵌在两旁舱壁中的雕花廊柱飞扬而起,像巨树枝干般延展分叉,撑起两百米之上的那块玻璃天顶,点点星光从中透射下来。深色木板覆盖着廊柱之间的墙壁,数百万行姓名与编号密密麻麻地手书其上,皆为精致优美的镶金笔迹。这些是亡者的名号:自伟大远征开启至今,在旗舰参与的众多军事行动里,所有为国捐躯的阵亡将士都位列于此,无论其隶属阿斯塔特军团、帝国军队、远征舰队还是泰坦军团。墙上铭记的无数不朽英雄分组排列,抬头注释则标明了那些重大战役与光辉凯旋对应的星球名称。这座前厅的独特名号恰恰取材于此:荣耀与哀悼之路。

前厅墙壁已有三分之二被金灿灿的名号所填满。随着两位身着珠白色锃亮铠甲的连长向战略室迈进,沿途的木板最终没有再刻着名字。两人从几名戴着兜帽的讣告工身旁走过,后者挤在名单末端的位置,用蘸金笔小心翼翼地在暗色木板上书写新的姓名。

最近的阵亡名单,至高城战斗中牺牲的将士。

讣告工们停下手中的工作，向两位连长俯首行礼。托迦顿并未予以理会，洛肯则转过身检视那些尚未书写完成的名字。其中几个是与他生死永别的巫师小队兄弟。

他能闻到讣告工所用金彩的刺鼻油料味道。

"跟上了。"托迦顿低哼一声。

漆成金红的高大木门矗立在前厅末端，此刻紧紧关闭。阿西曼德与阿巴顿正站在门前等待。他们同样全副武装，将覆有顶饰的头盔夹在左臂下面展露容严。阿巴顿厚重的洁白肩甲上披着一袭黑色狼皮。

"加维尔。"他微笑着说。

"让他等太久不好，"阿西曼德嘀咕道。洛肯不确定小荷鲁斯所指的究竟是阿巴顿还是指挥官，"你们两个在闲聊什么？你俩简直就是一对长舌妇。"

"我只是在问他有没有把维帕斯安排好。"托迦顿简洁地回答。

阿西曼德垂下眼睛瞥了洛肯一眼，那对瞳距较宽的双目显得阴沉慵懒。

"我向塔瑞克保证都安排好了。"洛肯补充道。托迦顿的提示显然是说给他一个人听的。

"我们进去吧。"阿巴顿说。他抬起覆有铠甲的双手，推开了金黄与猩红两色的大门。

一条长约二十米的典礼大道在他们面前铺展开来，两旁那些乌黑的石雕廊柱上镶着工艺精美的银丝纹路。由四十名帝国士兵组成的仪仗队肃立于路旁，他们都是直属瓦尔瓦鲁斯的近卫军。他们穿着全套制服，英气逼人：配有黄金纽扣的乳白色大衣，高大的银色头盔与面甲，猩红的帽章和绶带。随着四王议会成员从门外现身，近卫军们立刻按顺序高高举起华丽的动力长枪。一柄柄长兵器的锃亮锋刃如同多米诺骨牌般沿着典礼大道依次交叉，组成一道恰好保持在四位连长脚步前方的兵器海洋。

最后两名士兵以完美的纪律目视前方立正行礼，四王议会从他们身旁走过，踏上战略室所在的甲板。

战略室位处一座宽阔的半圆形平台，俯瞰着旗舰舰桥的阶梯式结构。主指挥层远在下方，其中有数百名身着军服的工作人员和光亮洁净的辅助机仆往复穿梭，微若蝼蚁。众多次级平台如蜂巢般在四面八方堆叠累加，越过战略室向外延伸，直抵战舰顶部，每一层黑钢甲板都承载着大批忙碌的帝国舰队人员、操作员、计算官和星语者。舰桥空间前端部分是一块经过加固支撑的巨型舷窗，光辉璀璨的星辰与漆黑如墨的太空皆清晰可见。影月苍狼和帝国之拳的战旗悬挂在拱顶两侧，位列中央的战帅旗帜上绘有一只投来凝视的眼睛。那面宏伟旌旗上用金线绣以如下宣言："吾乃帝皇戒卫，泰拉之眼。"

洛肯自豪地回忆起，这枚尊贵徽记是在乌兰诺大捷中授予战帅的。

服役数十年来，洛肯仅有两次机会造访复仇之魂号的舰桥：第一次是被正式提升为上尉军阶，第二次则是荣膺第十连的连长职位。这个宽广宏大空间一如既往地令他屏息。

战略室所在甲板的中央承载着一块圆形石板，那直径为十米、厚约一米的粗糙巨石显得平淡无奇。这是因为指挥官向来不愿设立任何形式的王座。战略室背后的众多露台在头顶上方次第排列，铺满了倾斜爬升的舱壁，它们投下的阴影笼罩着圆石周围的钢铁走廊。洛肯仰首看到一群群高阶宣讲者、战术军官、远征队舰长以及其他重要人员聚集于此，旁观事态。他举目搜寻辛德曼，然而并未找到对方的面孔。

若干身影静静围绕在高台附近。担任远征队领袖的海克托·瓦尔瓦鲁斯总司令是个身披红袍、一丝不苟的高大贵族，他正与两名穿着庄重军服的副官讨论数据板上的内容。舰队指挥官博阿斯·科门努斯则默然等待，用钢铁手指敲打着石台边缘。他身材矮胖如熊，那老迈松弛的躯体被一副工艺超群的银铁外骨骼包裹，外骨骼上覆有一层层厚重深暗的蓝色衣袍。他的自然眼睛因衰老早已被一对打磨精细的视觉镜头取而代之，在机械框架中轻吟旋动。

远征队星语者领袖英梅星肃立于舰队长左侧，那位瘦削目盲的女士仿佛是个兜帽遮面的白衣幽灵，她身旁依次是导航者家族族长、首席导航者、通信主官、书记主官、高阶战术官、诸位高阶传令官，以及其他几名重要官员。

洛肯注意到，他们都在高台边缘留下了一件个人物品：手套、帽子或指挥杖。

"我们要不露声色，"托迦顿说着拦住了洛肯，两人停留在露台所投下的影子里，"旁观待命，这就是四王议会的角色。"

洛肯点点头，与托迦顿以及阿西曼德一同站在这颇具标志性意义的阴影中。阿巴顿则迈入光明，在高台一旁就位，站在了瓦尔瓦鲁斯和科门努斯之间，前者愉快地点头示意，后者则未作理会。阿巴顿将头盔放在石板边缘处。

"摆放在高台上的个人物品表明了其拥有者开口讲话的意愿，"托迦顿告诉洛肯，"艾泽凯尔作为第一连长有权发言。此时，他便以第一连长的身份出现，而非四王议会成员。"

"我是不是永远也别指望把这些都搞清楚？"洛肯问道。

"没戏，"托迦顿说。随后他露出坏笑，"放心吧，你会的。你当然会搞清楚的！"

洛肯察觉到了另一个远离人群孑然而立的身影。对方潜藏在战略室甲板的护栏旁，凝望着深渊裂谷般的舰桥。细看之下，他远非常人，更像一台机器。那具金铁打造的机械躯体精美绝伦，工艺超凡，上面仅仅残存着旧日肉身的些许模糊痕迹。

"那是谁？"洛肯低声问道。

"瑞古拉斯，"阿西曼德简洁作答，"机械神教技师。"

原来机械神教技师就是这副模样，洛肯心想。正是这样的人才能驾驭那些所向披靡的泰坦驰骋沙场。

"安静了。"托迦顿拍了拍洛肯的手臂。

平台对面那两扇包覆铁甲的玻璃门随即滑开，洪亮笑声隆隆传出。一个充满活力的伟岸身影在谈笑间昂首而来，旁边一个渺小卑微的身影则匆忙跟上前者的步伐。

全员立刻俯首行礼。洛肯单膝跪地，他能清楚地听到头顶上方那些平台里众人躬身致意的衣袍摩擦声。博阿斯·科门努斯缓缓屈膝，因为他的外骨骼都已老旧不堪。瑞古拉斯技师同样缓缓屈膝，但这不能归咎于僵硬难折的机械身体，而是因为他并非心甘情愿。

战帅荷鲁斯微笑着扫视四方，随后一步跃上高台。他站在石板正中，缓缓转身。

"我的朋友们，"他说道，"礼数已至。快起身吧。"

众人纷纷挺直身躯，直视战帅。

战帅光辉夺目，一如既往，洛肯心想。这是一位魁梧而灵敏的现世半神，容身于金白色战甲和层叠皮毛之下。他头颅光洁，刀劈斧凿的高贵面孔被不同恒星的光芒晒得黝黑，瞳距较宽的双眼神采奕奕，牙齿洁白闪亮。他对每一个人报以微笑,点头示意。

　　他全身上下蕴藏着无比强大的生命活力,就像一股凝聚淬炼的自然威能,是囚禁在人形身躯里的飓风、雷暴或山崩。他站在石台中央慢慢环视四周,露齿而笑,向诸多同僚挚友亲切致意。

　　原体看到了止步于露台阴影的洛肯,他的笑容似乎在须臾之间更显诚挚。

　　洛肯在惶恐中全身一颤。这令人欢欣和警醒。唯有战帅才能让阿斯塔特品味此般感受。

　　"朋友们,"荷鲁斯开口道。他的声音像浓稠蜂蜜,像坚硬钢铁,像低沉耳语,像所有这些糅合在一起,"63号远征队亲爱的朋友们和战友们,莫非又到了这个时候?"

　　甲板四下与头顶平台中回荡起笑声。

　　"又到了简报时间,"荷鲁斯轻笑一声,"各位今日出席,甘心忍受一场枯燥无味的会议,为此我要向大家表示敬意。我保证不会无谓地耽搁你们。但首先……"

　　荷鲁斯从高台上一跃而下,弯腰搂住方才同行之人的瘦小肩膀,恰似一位慈祥父亲向诸位兄长介绍幼子。在原体的搀扶下,那个和他并肩走出内厅的人急忙挂起一副僵硬扭曲的笑容,与其说是倍感荣幸,反倒更像满面愁苦。

　　"在我们开始之前,"荷鲁斯说道,"我要先聊一聊我的这位好朋友,皮特·伊刚·莫马斯。我何德何能……不好意思,人类种族何德何能,居然迎来了一位技艺超群并且天赋异禀的建筑师。皮特一直在给我描述他对于新至高城的设计意图,那真是妙极了,妙极了,妙极了。"

　　"说真的,大人,我……"莫马斯双唇翕动,颤颤巍巍地开口。这位指定建筑师在无上荣耀和万众瞩目之下已经开始全身颤抖。

　　"我们的尊主帝皇本人派遣皮特来此,"荷鲁斯宣称,"他了解此人的价值。你们要明白,我并不渴望征伐。征伐本身是很糟糕的,对不对,艾泽凯尔?"

　　"没错,大人。"阿巴顿低声说。

　　"如果我们眼中唯有征伐,那么又如何能够将散布星海的人类文明化作一个和谐整体?每一个与我们重逢的失落殖民地都应当大有改观,应当被帝国真理所启迪,摇身一变成为这片辽阔疆域中的璀璨明珠与繁荣国度,这正是我们职责所在。这支远征队——所有远征队——都必须着眼未来,并时刻铭记我们在身后留下的每一个脚印都应该恒久不变地表明我们的意愿，这在当前局面中尤为重要，因为我们在宣扬自身理念的过程中被迫引发了创伤。我们必须留有馈赠。无论是帝国城市，还是颂扬崭新年代的建筑，抑或追忆那些为国捐躯之英烈的纪念碑。皮特，我的朋友皮特，他对此深有理解。我敦促你们都花些时间去造访他的工作室，阅览他的精妙蓝图。我也期待他的天才远见能够体现在未来远征中我们建立的所有新城市身上。"

掌声顿时响起。

"所……所有新城市……"莫马斯突然呛咳一声。

"皮特当仁不让，"荷鲁斯高喊道，他并未理会建筑师的沉闷惊呼，"我完全认同他通过建筑来表达赞美的思维方式。他知道如何运用钢铁、玻璃和岩石来体现伟大远征的精神实质，在这一点上我相信他的深刻理解无人能及。我们所树立的事物远比我们所摧毁的事物更为重要。我们理应馈赠子孙万世，令后人作出如此评说，'这实为优良功绩。这充分诠释了何为帝国，倘若没有此等伟业，我们必将荣光暗淡'。若论这项职责，皮特当仁不让。我们应当为他喝彩！"

这庞大厅堂里爆发出震耳掌声。下方指挥层中的很多军官也加入进来。皮特·伊刚·莫马斯在一位副官的引领下退出战略室，他的目光都已经略显呆滞空洞了。

荷鲁斯重新跃上高台，"那么我们开始吧……尊敬的技师？"

瑞古拉斯迈向石台，将一枚抛光齿轮轻轻摆放在边缘。他开口时发出的合成语音冰冷非人，仿佛一股扫过钢铸丛林的电子微风，"战帅大人，机械神教对于这颗星球深表满意。我们目前继续对当地科技进行热切研究。我们的铸造间正在对各色重力武器和相位武器展开逆向工程。根据最新报告，已有三份未知的标准化生产模板重现于世。"

荷鲁斯拊掌大笑。"荣耀归于不知疲倦的机械神教兄弟！我们正在慢慢拼凑整合人类种族的失落知识。帝皇必将感到欣慰，我相信你远在火星的上级也是如此。"

瑞古拉斯点点头，拾起齿轮从石台旁退下。

荷鲁斯环视四周，"拉克里斯？我亲爱的拉克里斯呢？"

大腹便便的公选总督拉克里斯身披浅灰衣袍，他早已将指挥杖摆放在石台边缘。此刻他一边进行汇报，一边在手里不住地把玩权杖。荷鲁斯耐心聆听，不时点头以表鼓励。拉克里斯的发言冗长无比，脱离实际。但洛肯对他颇感怜悯。作为瓦尔瓦鲁斯总司令麾下的一位将帅，拉克里斯获选担任了63-19的监管总督，统领所有占领部队，负责推动这个世界尽快转化为帝国的一员。拉克里斯戎马一生，获选总督想必是极大荣誉，但显而易见的是，他对于滞留在此的惨淡未来颇感惊讶。远征舰队不日便会再度出发，留下他孤身履行职责，这萦绕脑海的苦楚念头令他脸色苍白，倍显病态。拉克里斯生于泰拉，而洛肯明白，待舰队扬帆启航之后，拉克里斯便会孑然一身，像困居孤岛的遇难海员般孤独绝望。总督职位本该是赋予军旅英雄的终极奖赏，然而在洛肯眼中，这是种相当糟糕的命运：成为一个世界的主宰，同时被流放于此。

永难归还。

伟大远征可不会急于回访早已征服的星球。

"……事实上，指挥官，"拉克里斯说着，"这个世界或许还要花费数十年才能达到与帝国整体持平的状态。反抗十分严重。"

"我们距离归顺还有多久？"荷鲁斯向众人发问。

瓦尔瓦鲁斯开口作答："真正的归顺吗，大人？那还要数十年，就像我的好朋友拉克里斯所说。至于功能上的归顺？这就是另外一回事了。南半球有一股暴乱分子，我们始终难以铲除。在这个问题得到解决之前，整个世界都无法通过认证。"

荷鲁斯点点头，"那么如有必要，我们就停留在这里，直到完成工作。我们必须推迟一切继续前进的计划。真是可惜……"原体低头沉思，笑容随即消失。"除非我们有其他方案？"

他带着疑问看了看阿巴顿。阿巴顿略加迟疑，并迅速瞥了一眼背后的阴影。

洛肯意识到这就是那个问题。此刻原体在寻求远征队官方指挥层之外的谏言，等待他的亲信内环提出非正式的建议。

托迦顿用手肘轻推洛肯，但这并无必要。洛肯已经迈入光明，站在了阿巴顿身后。

"战帅大人。"洛肯开口道，他几乎被自己的声音吓了一跳。

"洛肯连长，"荷鲁斯欣喜地说，"我向来欢迎四王议会的看法。"

包括瓦尔瓦鲁斯在内的众人纷纷低声表示认同。

"大人，这场战争的初期阶段完成得干净利落，"洛肯说道，"先头部队的外科手术式的突击斩落了敌人的首脑，让双方都得以摆脱长期全面战争所导致的损失与困苦。但是针对反抗势力展开的游击战会不可避免地成为一项艰巨漫长且耗费甚高的工作。或许数年之内都难见成效，那不仅会消磨瓦尔瓦鲁斯总司令的宝贵军力，同样会影响公选总督的顺利上任。这是63-19无法承受的，也是远征队无法承受的。如果我言论出格，那么恳请诸位原谅，但我要说，先头部队本应在一击之下将这个世界彻底征服，然而并非如此。这项工作远未完成，请下令让军团来进行收尾。"

低沉的议论声顿时四起，"你要让影月苍狼再次出动吗，连长？"荷鲁斯问道。

洛肯摇摇头，"不必派遣整支军团，大人，第十连即可。昔日我们率先突破，并因此领受颇多谬赞，但工作远未完成。"

荷鲁斯点点头，仿佛深有感触，"瓦尔瓦鲁斯？"

"军队一向欢迎高贵军团的协助。正如连长所说，反抗势力或许会让我的部下饱受积年累月的困扰，敌方在坦然赴死之前必将引发严重伤亡。一支影月苍狼连队则能够将他们彻底碾碎，结束所有暴乱。"

"拉克里斯？"

"这个应急方案能让我轻松很多，"拉克里斯说。他微笑起来，"或许这是杀鸡用牛刀，但足以儆猴。整件事情会得到迅速解决。"

"第一连长？"

"四王议会成员意见统一，大人，"阿巴顿说道，"我敦促远征队尽快了结此处事务，容许63-19的生活重回正轨，也让我们继续展开远征。"

"那便如此了，"荷鲁斯重新露出笑容，"传我命令。连长，即刻整编第十连，完成临战誓言。我们将翘首盼望你的凯旋消息。感谢你能够开诚布公，快刀斩乱麻。"

一阵赞许的掌声四下响起。

"那么我们可以放眼未来了，"荷鲁斯说道，"我们要着手安排下一阶段的工作。在我向万众挚爱的帝皇传信之后……"荷鲁斯看了一眼目盲的星语者领袖，对方则默默点头示意。"……他会得知我们的远征步伐将要继续迈进，他必感欣慰。我们应当讨论面前现有的选择。我原本打算亲自介绍相关情报，但某个人坚决认定他能够胜任此事。"

覆甲玻璃门二度打开，吸引了在场所有人的目光。原体带头鼓掌，喝彩声迅速积聚，席卷了整座舰桥，与此相伴的是马罗格斯特一瘸一拐地步入战略室。这是战帅侍从由地表生还之后首次正式亮相。

马罗格斯特是一位影月苍狼老兵，此外更是"荷鲁斯之子"。他当年也曾执掌连队，或许有朝一日还能坐上第一连长的位置，但半途被战帅擢升为侍从。这项职责与马罗格斯特的缜密心思和聪明才智颇为相符，他的精明头脑加上丰富经验早早为他赢得了"扭曲者"的称号。对此他毫不介怀。军团或许可以在沙场上护卫原体，但马罗格斯特会在政局中加以辅佐，时刻为战帅提供指引和建议，作出对策，他对于远征队权力阶梯中的一切细节与暗流都明察秋毫。他的人缘向来不算好，因为他难以接近，就算以阿斯塔特的孤高标准作评判也依旧堪称拒人千里，同时他也从未试图与旁人交好。大家往往将他视为一股中立力量，一种媒介，唯独忠于战帅本人。谁也不会愚蠢到低估马罗格斯特。

但近来发生的事态却突然让他广受欢迎，几乎是令人爱戴。据信牺牲的他最终得以生还，而考虑到塞扬努斯之死，马罗格斯特的归来似乎是一种补偿和慰藉。记述者悠弗拉迪·奇勒的作品更是为他塑造了这一伤痕累累的高大英雄形象，关于他意外获救的照片在舰队上下广为传阅。此刻所有参会人员都带着激昂狂喜对他表示欢迎，高声庆贺他的韧性与坚定。灾祸苦难将他重铸成了一位备受敬爱的英雄人物。

洛肯相信马罗格斯特深谙其中的讽刺意味，也愿意对此善加利用。

马罗格斯特步入大厅。他的伤势非常严重，至今难以重新披挂军团战甲，只能穿上一件背后印有狼首图案的白色长袍。脖子下方的一枚金色玺戒扣住了他的披风，上面配有战帅专用的凝视眼眸徽记。他步履蹒跚，挂着一根金属长杖，变形的脊柱让他后背隆起。他的面孔显得越发瘦削苍白，沟壑纵横，一块块合成凝胶覆盖着他脖子与左脸的撕裂伤痕。

洛肯震惊地发现，如今马罗格斯特变成了名副其实的"扭曲者"。那旧日里的嘲弄外号突然显得粗鄙无礼。

荷鲁斯走下石台，将侍从拥入怀中。瓦尔瓦鲁斯与阿巴顿也都前去给予热情拥抱。马罗格斯特微笑着向他们点头示意，并朝高高在上的平台挥手，感谢众人的欢迎。

随着掌声逐渐停息，马罗格斯特倚靠在高台边缘，按照仪式规矩将手杖摆放其上。战帅却并未回到自己的位置，而是退居一旁，让侍从成为舞台上的焦点。

"最近这些天，"马罗格斯特开口了，他的刚劲声音掺着疲惫，更显脆弱，"我享受了一段颇为奢侈的休假。"笑声四起，众人再次鼓掌喝彩了一阵。

"卧床休息，"马罗格斯特继续说道，"这本是军旅生涯中的噩梦，却让我受益良多，因为我得到了充足的机会去仔细审视数月以来前方斥候搜集回传的情报。然而无论它有多么美好，卧床休息总得有个限度。我坚持要求在今天向诸位呈现这些信息，因为帝皇在上，我可从来没有想象过自己会死于懒散。"

赞许的笑声回荡起来。洛肯也露出微笑。马罗格斯特确实在充分利用自己的新形象。他几乎……招人喜欢。

"整体而言，"马罗格斯特举起一根控制棒示意，"目前有三个令我们感兴趣的地区。"他的动作激活了隐藏于甲板之下的全息投影仪，清晰逼真的光影形象随之浮现于战略室半空，令上方平台中的所有人都能够看到。首先出现的旋转图像是舰队当前所在的世界，四周环绕着众多关于轨道和星球的明亮图释。接下来星球的形象迅速缩小，视野转变为整个星系的布局，这份三维星图在空中悬浮转动，同样批注着大量注解。随后星系也化作了浩瀚星海中的一个高亮光点。

"第一，"马罗格斯特说道，"这个区域，代号858-17，是邻近我们当前位置的一个星团。"星图中的特定部分应声点亮，"这是最显而易见，也最方便快捷的下一站。斥候舰船回报称，有十八个值得探查的星系，其中十二个具备资源开采潜力，但没有生命或殖民迹象。探索工作尚未有定论，但在此初期阶段，容我大胆提出，这片区域不必令远征队费心。这些星系在认证分类之后应当纳入列表，交给那些随后到来的先驱者展开殖民工作。"

他再次挥动指挥棒，另一片星图随之点亮，"第二个区域，预计有……舰队指挥官？"

博阿斯·科门努斯清了清嗓子，顺从地开口："九周的标准航行距离，银河旋臂方向，侍从。"

"旋臂方向九周，谢谢，"马罗格斯特回应道，"我们刚刚开始探查这片区域，但早期情报已经探明了至少一个先进文明的迹象，且对方具备星际航行能力。"

"是现存的吗？"阿巴顿发问。帝国远征队往往会在广漠星海中发现那些消逝社会的残存印痕。

"为时尚早，难有定论，第一连长，"马罗格斯特说，"不过斥候报告称发现了若干文物遗迹，与我们五年前在793-15遇到的颇为相似。"

"如此说来，不是人类？"瑞古拉斯技师问。

"为时尚早，难有定论，先生，"马罗格斯特重复道，"这片区域已经获得了代号，但它另有一个追溯至古代泰拉的名字，我猜诸位愿意听一听。它叫射手座。"

"那可畏的人马射手。"荷鲁斯饶有兴味地咧嘴一笑。

"正是如此，大人。这个区域想必需要进一步的探查。"跛脚的侍从又抬起指挥棒，召唤出第三片耀眼星辰，"我们的另一个方案，还是旋臂方向。"

"十八周，标准航行。"博阿斯·科门努斯不等侍从发问，直接开口。

"多谢，舰队指挥官。斥候尚未探索这里，但我们已经接到了圣血天使连长齐塔斯·弗洛姆麾下140号远征队的消息，称帝国力量的前进势头在此遭遇了抵抗。报告内容很零乱，但可以确定的是战争已经爆发。"

"人类抵抗？"瓦尔瓦鲁斯问道，"那是某个失落的殖民地吗？"

"是异形，先生，"马罗格斯特简洁作答，"具备一定战斗力的外星种族。我已经向140号远征队致函，询问他们目前是否需要我们的协助。他们的军力相较我们要小得多。我尚未得到回复。但我们或许应当将这个区域视为首要目标，准备前去支援帝国同僚。"

自从简报开始之后，战帅头一次彻底抹消了脸上的笑容，"我会与我的兄弟圣吉列斯讨论此事，"他说道，"我不会任由他的子嗣战死沙场，孤立无援。"荷鲁斯看着马罗格斯特，"谢谢你，侍从。我们感激你的坚定努力和言简意赅。"

掌声回响了一阵。

"最后一件事，大人，"马罗格斯特说道，"我希望澄清一件私人事务。据我所知，近年来很多人称我为"扭曲者"马罗格斯特，这背后的……性格因素想必在场的诸位都了然于胸。但我一向喜欢这个称号，也许这会让你们感觉古怪。我热爱政治的艺术，对此我毫不掩饰。而我事后得知，我的一些下属认为这个绰号如今显得粗鲁无礼，并试图加以禁止。他们担心我会遭到羞辱，会因此伤心。我要告诉各位，并非如此。我的躯体已经残破不堪，但心灵并无损伤。如果大家出于礼貌停用这个绰号，我反而会感觉被冒犯。我并不在乎同情，更不想要怜悯。如今我身已扭曲，思维却缜密依旧。不要想方设法照顾我的情绪。我希望保留往日的名号。"

"说得好。"阿巴顿猛力鼓掌，高声喊道。参会者顿时一同起立喝彩，与此前欢迎马罗格斯特出场时同样声势如潮。

侍从拿起平台边缘的手杖，撑住身躯，转向战帅。荷鲁斯抬起手以示肃静。

"感谢马罗格斯特为我们展现这些可选目标。接下来需要善加筹谋。我们就此散会，但我要求诸位向我提供政策建议和战略方案，截止在战舰时间一天之内。我敦促你们仔细探讨各种可能性，并呈交评估结果。我们后天同一时间继续讨论。解散。"

简报会议告终。上层平台伴着嘈杂人声散去，缓缓清空，战略室里的参会者则三三两两地分头讨论。战帅与马罗格斯特以及机械神教技师在一旁低声交谈。

"干得漂亮。"托迦顿对洛肯耳语。

洛肯长出一口气。他此刻才意识到，自从奉命出席简报会议之初，他心中就积聚着一团越发沉重的紧张感。

"是啊，讲得好，"阿西曼德说，"我很欣赏你的评估，加维尔。"

"我只是临场发挥。想到什么就讲什么。"洛肯承认道。

阿西曼德皱着眉头，仿佛在确定洛肯是否在开玩笑。

"你在这种场合里难道不会变得谨小慎微吗，荷鲁斯？"洛肯问。

"一开始想必是的，"阿西曼德轻描淡写地回答，"你经历过一两次之后就习惯了。而且我发现盯着他的脚也有好处。"

"他的脚？"

"战帅的脚。如果和他目光对视的话，就很容易大脑空白。"阿西曼德微微一笑。这是小荷鲁斯第一次向洛肯展现出亲近感。

"多谢。我一定记住。"

此时阿巴顿走入了平台的阴影里，"我就知道我们选对人了，"他握住洛肯的手，"开门见山，这正是战帅想要的。干净利落的评估。干得不错，加维尔。接下来你只需要把事情办好了。"

"我会的。"

"需要帮忙吗？我可以把加斯塔林小队借给你。"

"谢了，但第十连能够完成任务。"

阿巴顿点点头，"我会告诉法库斯，他的'寡妇制造者'纯属多余。"

"请别那样说，"洛肯厉声道，他完全不想冒犯率领第一连精锐终结者的法库斯·齐伯尔上尉。四王议会的其他成员顿时放声大笑起来。

"瞧你那副表情。"托迦顿说。

"艾泽凯尔想逗你真是太容易了。"阿西曼德轻笑道。

"艾泽凯尔知道，他很快就会长出一层厚脸皮的。"阿巴顿说。

"洛肯连长？"公选总督拉克里斯迈步走近。阿巴顿、阿西曼德和托迦顿侧身给他让出位置。"洛肯连长，"拉克里斯说道，"我只是想说，先生，我只是想说很感激你。你和你的连队能将这件事包揽下来，而且如此开诚布公。瓦尔瓦鲁斯大人的士兵已经尽其所能了，但他们只是凡人。若无果断行动，帝国对于这里的执政统治就难有宁日。"

"第十连会解决问题，总督大人，"洛肯说，"我作为阿斯塔特向你保证。"

"因为帝国军队没这个本事吗？"几人转头看到那身材挺拔、英气逼人的瓦尔瓦鲁斯总司令也在一旁。

"我——我没有那个……"拉克里斯结结巴巴地辩解。

"无意冒犯，总司令。"洛肯说。

"不必介怀，"瓦尔瓦鲁斯向洛肯伸出手，"泰拉的老习惯，洛肯连长……"洛肯握住对方的手。"我近来已经熟悉了。"他说道。

瓦尔瓦鲁斯微笑起来，"我想欢迎你加入我们的内环，连长。你今日所言也并无出格之处，切勿担心。我的人在南半球遭受着屠杀。一天又一天。我相信，我麾下的士兵放在所有远征队里都算得上出类拔萃，但我也很清楚他们毕竟只是凡人。我明白有些时候普通士兵即可，但有些时候只有阿斯塔特才能胜任。目前情况正属于后者。请你方便的时候到我的作战指挥部来，我很乐意向你全面介绍情况。"

"谢谢，总司令。我今天下午就去见你。"

瓦尔瓦鲁斯点点头。

"请你见谅，总司令，"托迦顿说道，"四王议会另有职责。战帅即将告退，他在召唤我们。"

四王议会穿过那对覆甲玻璃门，紧随战帅脚步走入他的私人舱室，这个宽敞明亮的房间位于旗舰左舷一侧，深藏在层层叠叠的阶梯式平台之下。一整面墙由玻璃构成，直面璀璨星海。马罗格斯特与战帅径直前行，四王议会则依旧止步于阴影，随时待命。

此刻，由头顶平台引入房间的钢铁旋梯上出现了另外三人，洛肯绷紧身躯看着他们迈步走下。当先两位都是帝国之拳阿斯塔特，他们的明黄铠甲几乎金光闪闪。第三人则更为高大，他是另一位神明。

罗格·多恩，帝国之拳基因原体，荷鲁斯的手足兄弟。

多恩向战帅热情致意，两人与马罗格斯特一同坐在面向玻璃墙的黑色皮面长椅上。机仆随即送来了饮品。

从各个角度而言，罗格·多恩都与荷鲁斯同样伟岸。他和麾下的帝国之拳已经与远征队同行了数月之久，但不日便要分道扬镳。他们另有职责，即将踏上自己的征途。洛肯听说，原体多恩是受荷鲁斯之邀来此的，以便他们深入探讨战帅这一角色的责任重心和职权范围。自从荣获"战帅"头衔之后，荷鲁斯便为此向诸位兄弟广求观点与建议。升任战帅令他脱颖而出，跃居众人之上，也引发了或多或少的抗拒和愤懑，种种负面情绪大多源自那些不甘心重任旁落的原体。就算是基因原体也难以逃过手足之间的竞争与对抗。

荷鲁斯与兄弟们对话交好，抚平疑惧，消除顾虑，巩固关系，在整体上确保了大家的竭诚合作，而这背后想必有着马罗格斯特的精明手段和睿智引导。战帅不希望任何人感觉遭到了怠慢或轻视。他不希望任何人感觉自己的存在无足轻重。有些人自始至终欢庆荷鲁斯的当选，例如圣吉列斯、洛加和弗格瑞姆。另一些人则对于新秩序报以愤怒或敌视，例如安格隆与佩图拉波，而多亏战帅的高超手段才令他们的怒火和嫉妒得以平息。此外还有几位早已心知肚明，因此对于事态发展并不意外，例如鲁斯和莱恩。

其余兄弟们毫不迟疑地接受了帝皇的决断，将这视为理所应当的正确选择，例如基里曼、可汗和多恩。荷鲁斯向来是同侪之首，光辉夺目，恩宠加身。众人毫不质疑他究竟能否胜任于此，因为没有哪位原体能够比肩荷鲁斯的过人成就，也难以企及他和帝皇之间的紧密纽带。正是这些稳重品格坚定的兄弟受荷鲁斯的格外倚仗。多恩和基里曼都是最为忠贞热忱的帝国品格的化身，他们用无与伦比的奉献精神和才华率领麾下军团展开远征。荷鲁斯渴求他们的认同，就像一位年轻人希望可以满足成功前辈的期待。

在诸位原体之中，罗格·多恩的军事头脑或许无人可出其右。他具备罗保特·基里曼的严谨自律，莱恩的英勇气势，同时也具有灵活的思维，常有神来一笔，这令他能够赢得众多凯旋桂冠，令黎曼·鲁斯和多恩为之狂热。多恩在伟大远征中的功绩仅次于荷鲁斯，但相比之下多恩更显稳重内敛，荷鲁斯则表现得抢眼惊艳，而这恰恰是荷鲁斯当仁不让地升任战帅的原因。多恩的军团承袭了他的耐心与性格中的刚硬，在攻城技艺和防守策略方面声名远播。战帅曾经说过，他与多恩在攻守两端各自难有匹敌。"如果我要围困一座由你驻守的堡垒，"荷鲁斯近期在一场宴席上开了个玩笑，"那场战争必定要永恒延续下去，强悍攻势与坚固防线不分胜负。"帝国之拳是一面无可撼动之盾，影月苍狼则是一柄无坚不摧之矛。

在客居 63 号远征队的数月之中，多恩一直不动声色，安居幕后。他与战帅多次密谈许久，但洛肯只是偶尔看到他旁观演习训练或研究部队备战。洛肯尚未得到和多恩会面交谈的机会。今日是他们之间距离最近的一次。

洛肯仔细观察低声谈话的多恩与战帅，两个现身凡尘的神话形象共处一室。仅仅是亲临此处，目睹他们如常人一般坐立谈吐，洛肯便已然倍感荣幸。他们身旁的马罗格斯特显得分外渺小。

原体多恩穿着一套极具埃及风格的华美精细的锃亮铠甲，那深红和暗金两色的披挂与荷鲁斯身上的夺目洁白形成鲜明对比。金属打造的展翅雄鹰环绕着多恩的额头，并装点于胸甲和肩甲之上，包裹他四肢的盔甲则雕刻着众多鹰徽与桂冠图案。他的宽厚肩膀上垂着一袭镶有金边的红色天鹅绒披风。他面孔棱角分明，神情严肃，就算在荷鲁斯开玩笑时依旧不起波澜，他留着像掺着浅灰色苍白的短发。

从上方平台护送多恩来此的两名阿斯塔特走到四王议会身旁，一同随侍。他们与阿巴顿、托迦顿以及阿西曼德都颇为熟识，而洛肯只是在旗舰上远远见过两位。阿巴顿作了介绍，一位是披着黑白两色夺目战袍的帝国之拳第一连长西吉斯蒙德，另一位是第三连连长埃弗雷德。战士们相互行鹰徽礼，庄重致意。

"我欣赏你的直率。"西吉斯蒙德随即对洛肯说。

"我很荣幸。你们是在上层平台旁观的？"

西吉斯蒙德点点头，"剿灭敌人，完成工作，继续迈进。面前的任务依旧繁重，我们没有资本来拖延脚步或者浪费时间。"

"还有很多世界在等待纳入归顺，"洛肯同意道，"终有一天，我们会功成身退。"

"不，"西吉斯蒙德直白地说，"远征永无停歇。你不明白吗？"

洛肯摇摇头，"我并不——"

"永远不会，"西吉斯蒙德加强了语气，"我们的扩张与发现相伴相随。一个又一个世界。总会有新的征服目标。空间是无限的，我们开疆扩土的欲望也是如此。"

"我恐难苟同，"洛肯说道，"终有一天，战争会停息，和平年代会得以建立。这正是吾辈大业的核心目标。"

西吉斯蒙德咧嘴一笑，"是吗？或许吧。我认为我们给自己立下了一项永无止境的任务。这是人类本质使然。总会有新的目标与新的视野。"

"想必你能构思一幅未来景象，兄弟，届时所有世界尽归帝国，宇宙大统。难道这不正是我们奋力实现的梦想吗？"

西吉斯蒙德盯着洛肯的面孔，"洛肯兄弟，对于你的种种赞美我早有耳闻。我没有想到会在你身上看到如此的幼稚。我们将戎马一生，为帝国打下辽阔疆域，之后我们恐怕又要用余生来捍卫这片疆域的完整安定。星辰之间的黑暗太空群敌环伺。就算帝国一统宇宙,和平也不会降临。我们有责任继续征伐，守护吾辈的奋战成果。和平是一个虚幻的愿望。或许有一天，我们的远征将会冠以其他名号，但它永远不会真正结束。在遥远的未来，只有战争。"

"我认为你错了。"洛肯说。

"看看你多么天真，"西吉斯蒙德讥讽道，"我本以为影月苍狼是最积极好斗的。这就是你们想为其他军团留下的印象，不是吗？人类种族最英勇可畏的战士？"

"我们是什么样的名自有公论，先生。"洛肯说。

"帝国之拳也是如此，"西吉斯蒙德回答，"我们如今要争论这个吗？探讨一下哪支军团最为凶猛？"

"那么答案一向都是芬里斯的野狼，"托迦顿插嘴道，"因为他们根本就是精神不正常。"他咧嘴一笑，试图缓解这逐渐积聚的紧绷气氛。"当然，如果仅在神志清醒的军团里作比较，问题就要复杂多了。原体罗保特的极限战士很有竞争力，但他们实在多得数不过来。怀言者，白色疤痕，帝国之拳，喔，都是功绩显著。然而说到影月苍狼，伙计，影月苍狼。若是真刀真枪地来一场，西吉斯蒙德？你真以为你们有戏？你们这群从头黄到脚的穷酸小子还指望能够抗衡精锐中的精锐？"

西吉斯蒙德笑了起来，"随便怎么说，你心里舒服就好，塔瑞克。泰拉保佑我们永远不会把这件事检验清楚。"

"西吉斯蒙德兄弟对你有所保留，加维尔，"托迦顿说，"他的军团就要错过一切荣誉了。他们即将退场。他可是恼火得很。"

"塔瑞克这是曲解事实，"西吉斯蒙德低哼一声，"帝国之拳接到帝皇旨意，即将返回泰拉建立防线。我们获选担任他的近卫。恼火的到底是谁啊，影月苍狼？"

"反正不是我，"托迦顿说，"在我征战四方赢得荣耀的时候，你们就负责百无聊赖地看家护院。"

"你们要退出远征？"洛肯问道，"我有所耳闻。"

"帝皇希望我们巩固驻守泰拉宫殿。这是他在乌兰诺大捷时的原话。最近两年以来，我们一直在着手了结未尽事务，以便遵从他的意愿。是的，我们要返回泰拉的家园。是的，我们会错过远征的剩余阶段。但是我相信，当我们完成职责，获准告别地球的时候，还会有很多值得投身的伟大征伐。你们不可能把战火燃尽，影月苍狼。等到帝国之拳再次驰骋银河的那一天，你们的名号就早已被群星所遗忘了。"

托迦顿开玩笑地将手搭在链锯剑剑柄上，"瞧瞧这副傲慢轻狂的样子，西吉斯蒙德，你难道是等不及被我抽打一顿了？"

"我不确定，你说呢？"

罗格·多恩的伟岸身躯突然出现在他们背后，"西吉斯蒙德需要被抽打一顿吗，托迦顿连长？或许是的。但看在战友情谊的份上，放过他吧。他很容易破相。"

众人大笑起来。罗格·多恩也微微扬起嘴角，露出一道转瞬即逝的微笑。

"洛肯。"他挥手示意。洛肯跟随高大的原体走到房间一角。西吉斯蒙德与埃弗雷德继续和四王议会的其他成员玩闹斗嘴，荷鲁斯则与马罗格斯特展开热切讨论。

"我们奉命返回家园世界，"多恩随口说道。他的嗓音极其低沉，却又出人意料地颇为柔和，就像远方海滩上的潮起潮落，其中蕴藏着深厚坚实的能量，像一股紧绷的钢索一样充满张力，"帝皇命令我们巩固帝国心脏的防线壁垒，而我怎么能够质疑帝皇的需求？我很高兴他看到了第七军团的独特天赋。"

多恩俯视洛肯，"你还不习惯面对我这样的人，是不是，洛肯？"

"的确，大人。"

"我喜欢这一点。艾泽凯尔和塔瑞克那些家伙已经与你们的指挥官相处甚久，觉得稀松平常了。但你不一样，你明白基因原体绝非常人，甚至远超阿斯塔特。我所说的不是体能臂力。我所说的是肩头责任。"

"我明白，大人。"

多恩叹了口气，"帝皇无人能及，洛肯。这个空寂宇宙里没有与他做伴的神祇。所以他创造了我们这些半神，勉强和他相提并论。我至今都难以完全接受自己的本质。这让你感到惊讶吗？我深知自己具备何等能力，被寄以何种期许，并因此战战兢兢。有时，我的存在本身都会令我惊惶。你认为你们的尊主荷鲁斯也会有这种感觉吗？"

"我认为不会，大人，"洛肯说道，"自信正是他最为显著的品质之一。"

"我想也是，这让我很欣慰。战帅一职非荷鲁斯莫属，但无论是谁都需自省，尤其是无比自信的基因原体。他必须得到近臣挚友的劝诫和引导。"

"你是指四王议会？长官。"

罗格·多恩点点头。他透过强化玻璃墙遥望那茫茫无际的闪烁星海，"你知道我一直垂青于你吧？你知道我曾经开口支持你获选？"

"我听说了，大人。我万分荣幸，愧不敢当。"

"我的兄弟荷鲁斯身边需要一个诚实的声音，一个真正理解吾辈大业与责任之重的声音，一个尚未对于半神存在感到倦怠索然的声音。西吉斯蒙德和埃弗雷德就为我扮演这种角色。他们负责维持我的诚朴正直。你也要为你的原体作出同样贡献。"

"我定当尽力——"洛肯开口道。

"他们考虑过卢克·赛迪瑞和亚克顿·克鲁兹。你知道吗？这两个名字都被提起过。赛迪瑞是个好战的杀手，正像阿巴顿。只要能够投身沙场，他什么都会同意。至于克鲁兹，我记得你们管他叫'耳旁风'？"

"是的，大人。"

"克鲁兹是个马屁精。只要能够保住荣宠，他什么都会同意。四王议会需要一个坚定有力的反对观点。"

"一个否匠。"洛肯说。

多恩脸上闪现出了真正的笑容，"是的，没错，正如古老王朝的传统！一个否匠。你的见识不错。我的兄弟荷鲁斯需要听到理性的声音，如此才能避免急躁冒进，恰当地代替帝皇引领远征。我们的其他几位兄弟对于荷鲁斯被皇帝选定颇有微辞，需要让这些人看到他沉着稳健地掌控大局。所以我推举了你，加维尔·洛肯。我思考过你的功绩与性格，我相信你能为四王议会注入最理想的元素。我无意冒犯，洛肯，但你作为一名阿斯塔特保有着某种人性。"

"大人，你的赞美已经让我热血上头，我害怕自己的头盔都要炸开了。"

多恩点点头，"这是我不好。"

"你刚刚讲到责任，我突然能够感受那种可怕的重担了。"

"你很坚强，洛肯。你是阿斯塔特。你要尽力承受。"

"我会的，大人。"

多恩从强化玻璃窗前转过身，再次俯视洛肯。他将两只巨手轻轻按在洛肯肩头，"做你自己。只需做你自己就好。你要坦承心中所想，因为你得到了这个千载难逢的良机。如今远征大业前途光明，我便可以安心返回泰拉了。"

"我担心自己会辜负你的信任，大人，"洛肯说道，"我刚刚呼吁开战，正像赛迪瑞一样狂热——"

"我听到了你的发言。你提出的观点很合理，这些已经是你的职责了。有时候你必须大胆谏言，但有时候你也应当任由战帅所利用。"

"利用？"

"你明白荷鲁斯今天早上为你设定了什么样的角色吗？"

"大人？"

"他安排了四王议会前去提供支持策应，洛肯。他刻意为自己树立一个和平使者的形象，这在帝国全境广受欢迎。今天早上，他希望能够有除了他之外的另一个人站出来，开口提议将军团投入战场。"

第七章

临战誓言
奇勒拍照
恐吓战术

"请大家跟紧了，"宣讲者说道，"谁也不要脱队，只能留下文字记录，除非事先得到许可。明白吗？"

他们都说明白了。

"我们获准参观十分钟，时限非常严格。这可是一项货真价实的殊荣。"

这位三十余岁、脸色蜡黄的宣讲者名叫埃蒙特，他停下脚步，开口向众人提出最后一条建议，悠弗拉迪·奇勒觉得此人的优美嗓音无比动听，"这个地方也很危险，这是备战区域。要小心脚下，千万注意周围环境。"

宣讲者转身带领几人沿着宽阔通道走向一扇巨型防爆门。机械工具的轰鸣声从大门内隆隆传来。旗舰上的这片区域是记述者们从未获准造访的。大多数军事领地都有着严格管控，极少对外开放，而登机甲板更是绝对禁止闲杂人等涉足。

今日访客一共有六个人。包括奇勒，名叫希曼·萨克的另一位摄影师，名叫弗朗西斯科·特维尔的画家，交响乐作曲家托勒缪·凡·克拉斯坦，以及两位纪录片导演，分别是阿维乌斯·卡尼斯和波洛丁·弗洛拉。卡尼斯和弗洛拉已经针对"主题与手法"在轻声争辩。

所有记述者都穿着能够应付恶劣气候的厚实衣物，也携带了工具包。但奇勒认为这大抵是多此一举。他们所盼望的那份许可不会下达。他们能够来到这里已经很幸运了。

她将背包甩到肩头，把自己最喜欢的那部相机挂在脖子上。走在队伍前方的埃蒙特停下脚步，将众人的许可证件交给两位在门口站岗的影月苍狼。

"侍从的许可。"奇勒依稀听到。与那些全副武装的巨人相比，穿着米色长袍的埃蒙特显得羸弱渺小。他不得不仰起脑袋直视对方。阿斯塔特仔细检查各类文件，伴着盔甲内置通信器的短促电流声相互交谈了一阵，随后点点头为他们放行。

登机甲板是一个庞大狭长的隧道形空间，从头到尾都铺满了弹射坡道与货运铁轨，奇勒必须提醒自己，这还仅仅是旗舰上六座登机甲板的其中之一。在五百米之外的大厅更远处，朦胧闪烁的整域力场将辽阔太空隔绝在外。

这里的震耳噪声令人难以忍受：机动工具敲打碾压，高大吊臂呻吟转向，货运车辆隆隆开动，沉重舱门轰然关闭，反应堆引擎在测试运行中迸发出尖锐的呼啸与灼目的光焰。到处都是繁忙景象：甲板地勤匆忙就位，钳工与匠人做着最后的检查和调整，机仆为燃料管道解锁。一长串香肠般的弹药车嗡鸣着从身边驶过。灼热的空气中充斥着油料与烟尘的味道。

六架风暴鸟安坐在他们面前的弹射架里。这些装甲厚重的流线型载具可以驰骋太空，同时也能在星球大气层里一展身手。它们展开双翼排成两列，仿佛是伺机待发的猎隼。它们全身洁白，机身上覆有狼首徽记与荷鲁斯之眼图案。

"……被人们叫作风暴鸟，"宣讲者一边说着一边引领众人前行，"但实际的型号名称是'战鹰四型'。大多数远征部队都逐渐开始依赖体积较小的标准化量产机型'雷鹰'，比如在我们左手边那块停泊区域里，用帆布罩住的几架就是，但我们的军团刻意让这些古老的重型战机继续服役。它们投送影月苍狼进入战场的历史要追溯到伟大远征的初期，事实上还要更早。它们生产于泰拉的印度尼西亚区，曾在统一战争里参与打击泛太平洋部落。今天的行动会用到十二架。六架在这里，另外六架在战舰尾部的二号登机甲板。"

奇勒举起相机为前方那两列风暴鸟拍下几张快照。最后，她还蹲在地上，采取仰视角度记录下那些威武惊人的飞扬机翼。

"我说了不能擅自记录！"埃蒙特快步走来厉声说道。

"我根本没想到你是认真的，"奇勒毫不迟疑地回答，"我们只有十分钟。我是个摄影师。你打算让我怎么办？"

埃蒙特显得慌乱无措。他刚要开口说点什么，却发现卡尼斯与弗洛拉已经逐渐脱队，并因为某些鸡毛蒜皮的小事争吵不休。

"集体行动！"埃蒙特喊道，他冲过去将那两人护送回来。

"拍到好东西了？"萨克凑过来问。

"拜托，你说呢？"奇勒回应道。

对方笑着从背包里取出自己的相机。"我没有你胆子大，不过你说得没错。咱们来这里如果不是为了工作，还能干什么？"

他也拍摄了几张照片。奇勒挺喜欢萨克的。此人易于相处，在泰拉也有着成绩斐然的事业。但奇勒不认为对方能够在此有所建树。萨克在取景构图方面确实目光独到，技艺超群，却局限于人像拍摄，而这里是奇勒的地盘。

两位纪录片导演已经把埃蒙特夹在中间，用一个个刁钻问题施以轮番轰炸。奇勒不禁猜想梅萨蒂·欧丽顿到底在干什么。为了这六个参观名额，众多记述者之间的竞争颇为激烈，梅萨蒂也赢得了一个名额，这背后除了奇勒的美言相助之外，据说还有某位军团高层的特许，然而梅萨蒂今天早上却没有按时前来集合，让那个位置最终落在了波洛丁·弗洛拉手里。

奇勒没有理会宣讲者的指示，自顾自地前行，用相机追逐那些抢眼画面。印在一块制动踏板上的影月苍狼徽记；两个浑身油污的机仆试图修补一条泄漏管线；气喘吁吁的地勤人员站在刚刚完成装货的弹药车旁抹去满头汗水；悬挂在机翼下方的自动炮闪着钢铁寒光。

"你是故意要让我丢掉工作吗？"埃蒙特终于赶上了她。

"不是啊。"

"我真的必须请求你和队伍一起行动，女士，"宣讲者说，"我知道你现在是个红人，但也要有限度。自从地表的那件事之后……"

"什么事？"奇勒问道。

"就在几天之前，你想必听说了吧？"

"没有。"

"某个记述者在造访地表的时候趁卫兵不注意私自开溜，结果遇到了大麻烦，闹得沸沸扬扬的，高层很是不满。首席宣讲者花了很大力气才避免所有记述者遭到集体停职。"

"有那么糟吗？"

"细节我也不清楚。拜托你，就算是为了我，也不要擅自行动。"

"你有这么美妙的嗓音，"奇勒说道，"想让我为你做什么都行。我全听你的。"

埃蒙特顿时脸红起来，"我们继续参观吧。"

他转过身去，奇勒则举起相机抓拍了一张，记录下这位不修边幅的宣讲者埋头前行的模样，背景里是众多繁忙的船员与造型凶恶的战机。

"宣讲者，"她高声问道，"我们获准参与空降了吗？"

"恐怕没有，"对方愁眉苦脸地说，"抱歉。我没有接到通知。"

一阵明亮号声在庞大甲板中回响起来。奇勒听到——也感觉到——鼓点般沉重的轰鸣，仿佛有人在用战锤一次次敲打钢板。

"都到这边来。快！这边来！"埃蒙特喊道，他努力将记述者们集结到甲板空间的边缘处。

鼓点逐渐逼近，越发震耳。那是脚步声——披覆铁甲的行军步伐发出的声音。

三百名全副武装的阿斯塔特组成完美队列，举止划一，通过风暴鸟的停泊区，登上登机甲板。带队行进的旗手高高举起第十连壮丽的连队旌旗。

奇勒不禁屏息。如此声势浩大，完美无瑕，威武逼人，严整划一。她用颤抖的双手举起相机开始拍照。身披白色铠甲的巨人，即刻准备投身战场，他们每一个人都缜密而冷静，像复制产品般全无分别。

伴着一声号令，阿斯塔特停下脚步，立正。他们顿时变成了一组雕像，众多侍从快步穿梭其间，将战士们分别引向各自的运输机。

一支支小队流畅地依次转向，步入机舱。

"他们想必已经立下了临战誓言。"埃蒙特压低嗓音向众人说。

"解释一下。"凡·克拉斯坦请求道。

埃蒙特点点头，"所有帝国士兵在入伍之初都立誓效忠帝皇，阿斯塔特也不例外。没有人能够质疑他们始终如一的忠诚与奉献，然而在每次出征之前，阿斯塔特都会针对当前任务单独立下一道誓言，这就是所谓的'临战誓言'。他们立誓达成此次行动的特定目标。你们可以将其大概理解为重申信条吧。这是仪式性的再次立誓。阿斯塔特最喜欢的就是仪式了。"

"我不明白，"凡·克拉斯坦说，"他们已经立誓过了，但——"

"他们早已立誓维护帝国真理，秉承帝皇之光，"埃蒙特继续解释道，"但临战誓言是针对某一次特定行动的，恰如其名，所以内容就更为详细准确。"

凡·克拉斯坦点点头。

"那是谁？"特维尔伸手指着远方。那是一位身覆连长披风的高阶阿斯塔特，他在队列上下巡行，看着战士们鱼贯踏上空降船。

"那是洛肯。"埃蒙特说。

奇勒举起相机。

洛肯摘掉了带有梳状顶饰的头盔。金色短发之下是一张点缀雀斑的苍白面孔。他的灰色双眸中透出坚毅。梅萨蒂曾经与奇勒谈及洛肯。若谣言属实，那么此人如今已经不可小觑了，位列四王之一。

奇勒拍摄了洛肯与部属交谈，以及他挥手示意机仆离开停机坪的场景。这是个上佳的拍摄对象，根本不必考虑构图，也无须事后剪裁。洛肯自然而然地统治着每一个画面。

怪不得梅萨蒂对他如此着迷。奇勒再次猜想梅萨蒂·欧丽顿究竟为何错失良机。

此刻洛肯迈步走开，他麾下的战士已经登机完毕。他与旗手轻声交谈，充满感情的摸了摸战旗下摆。又是一张绝佳照片。随后洛肯突然转过身，空荡荡的甲板对面则走来了几个全副武装的身影。

"这真是……"埃蒙特低声说，"这真是不一般。我希望你们都能明白自己有多么幸运，居然能亲眼看到这个。"

"看到什么？"萨克问。

"最后一个立下临战誓言的是连长。他的两位同僚连长负责聆听见证，但是，老天啊，四王议会的其余成员也来旁观他立誓了。"

"那就是四王议会？"奇勒问道，她手中的相机快门闪个不停。

"第一连长阿巴顿，托迦顿连长，阿西曼德连长，以及赛迪瑞和塔苟斯特连长。"埃蒙特声如细蚊，不敢抬高嗓音。

"哪个是阿巴顿？"奇勒用镜头追逐着目标。

洛肯俯身跪地。"没必要——"他开口道。

"我们想办得隆重点，"托迦顿回答，"卢克？"

第十三连连长卢克·赛迪瑞取出了写有临战誓言的蜡印纸条。"我前来聆听你的誓言。"他说道。

"我前来见证你的誓言。"塔苟斯特说。

"我们前来哄你开心。"托迦顿补充道。阿巴顿和阿西曼德轻笑一声。

塔苟斯特与赛迪瑞都不是"荷鲁斯之子"。第七连连长塔苟斯特的面孔棱角分明，一道深重伤疤横贯额头。卢克·赛迪瑞则是个满头金发的英俊浪子，这位战功显赫的沙场宿将脸上笑容永驻，双眼碧蓝明亮，微微半张的嘴唇仿佛时刻准备开口噬咬。赛迪瑞举起纸条。

"加维尔·洛肯，你是否接受这项职责？你是否保证身先士卒，率领部下在战场上赢得荣誉，无论战况何等凶险，敌人何等狡诈？你是否立誓剿灭63-19的暴乱分子，无论他们如何负隅顽抗？你是否发誓为第十六军团与帝皇带来荣耀？"

洛肯将手掌按在塔苟斯特平平端起的爆矢枪上。

"为这项职责，以这把武器之名，我发誓如此。"

赛迪瑞点点头，将誓言纸条递给洛肯。

"为生者杀戮，兄弟，"他说道，"也为死者杀戮。"赛迪瑞说完便转身离去。塔苟斯特收起爆矢枪，行了一个鹰徽礼，也随之离开。

洛肯站起身，将自己的誓言纸条固定在右侧肩甲边缘。

"把这件事办好，加维尔。"阿巴顿说。

"很高兴你提醒我一句，"洛肯面无表情地回答，"我原本打算搞成一团糟的。"

阿巴顿猝不及防地愣了一下。托迦顿和阿西曼德大笑起来。

"他已经长出那层厚脸皮了，艾泽凯尔。"阿西曼德窃笑着说。

"这可是你自找的。"托迦顿补充道。

"我知道，我知道，"阿巴顿恶狠狠地说。他瞪着洛肯，"不要让指挥官失望。"

"我会吗？"洛肯答道，随后转身登上风暴鸟。

"我们的时间到了。"埃蒙特说。

奇勒不在乎。最后那张照片无与伦比。四王议会的三位成员、赛迪瑞和塔苟斯特肃穆围立，洛肯则俯首跪地。

埃蒙特领着记述者们离开登机甲板，转移到了毗邻弹射舱门的一块观察甲板，在这里他们可以目睹风暴鸟展翅出击的景象。大家已经能够听到风暴鸟的引擎从背后传来越发高亢的呼啸声，战机测试运行时的隆隆震颤沿着登机甲板四下扩散。众人穿过漫长的出入通道，而伴随着若干舱门的紧紧闭合，那震耳咆哮也逐渐淡去。

观察甲板是个狭长大厅，整整一面墙壁都是强化玻璃。甲板的内部照明度已经被调低，便于他们观察窗外的无尽黑暗。

这是一幅令人震慑的景象。他们俯瞰着登机甲板的深渊巨口，无数闪烁不已的引导灯环绕在那庞大舱门周围。旗舰的主体舰身在大家头顶扶摇直上，恰似一座锯齿交错的哥特式城塞。远方则是深邃幽暗的太空。

小型辅助舰只与货运飞船往复穿梭，其中一些在旗舰上起落，另一些则前去造访远征舰队的其他成员。站在观察甲板里的众人能看到五艘大型战舰，那些身材修长的星海巨兽停泊在数千米之外的高层轨道锚点。它们都是漆黑剪影，但遥远恒星的朦胧光芒为它们起伏不平的外部装甲镀上了一层金色轮廓。

那个世界在舰队下方转动：63-19。远征队位于星球背面，但晨昏线恰好化作一道淡灰色的光明新月，缓缓向前匍行。奇勒尚可在沉眠未醒的幽暗大地上分辨出星星点点的城市灯火。

她明白，无论这幅景象多么壮观，拍摄照片只能是浪费时间。在玻璃、距离和特殊光源的影响下，清晰度肯定糟透了。

奇勒在远离旁人的位置找到一张座椅，开始重新审视自己刚刚拍下的照片，将它们依次显示在相机屏幕上。

"介意给我看看吗？"一个声音问道。

奇勒抬起头，在甲板的昏暗灯光下仔细辨认对方。是首席宣讲者辛德曼。

"没问题。"她说着站起身来，把相机举到对方面前，轮流展示一张张照片。辛德曼好奇地探着头。

"你真是慧眼独具，奇勒女士。喔，这张棒极了！辛苦劳作的地勤人员。我认为这张照片的震慑人心之处在于它十分自然，或者说直白。我们的图片档案里已经有太多高贵人物和庄重场合了。"

"我喜欢在别人不注意的时候拍摄。"

"这张堪称绝妙。你完美地捕捉到了加维尔的模样。"

"你和他有私交吗，先生？"

"何出此问？"

"你直呼其名，不带尊称或军衔。"

辛德曼微笑起来，"我想洛肯连长大概算是我的朋友吧。至少，我是这样认为的。在阿斯塔特身上你永远都说不好。他们与凡人的相处颇为奇特，不过我们确实相处甚久，时常讨论一些特定话题。"

"你是他的导师？"

"他的讲师。二者区别很大。我懂得一些他不懂的事情，所以我能够扩展他的学识，但我不敢妄称能够左右他的思想。喔，奇勒女士！这张真是棒极了！要我说是最好的。"

"我也觉得。我很满意。"

"他们并肩围立，加维尔谦卑跪地，你还把连队旌旗设作了背景。"

"那只是巧合了，"奇勒说，"他们站在什么东西旁边不是我说了算的。"

辛德曼轻轻握住她的手。能够一览奇勒的作品显然令宣讲者十分感激，"单单这张照片就足以名垂千古，对此我毫不怀疑。只要帝国存续不灭，它就会一直出现在历史教科书里。"

"这只是张照片罢了。"奇勒说。

"这是一个见证。这是记述者的能力与作为的完美体现。我阅览过记述者们至今产出的很多作品，都已经纳入了远征队的档案库。其中一些……怎么说呢，比较零乱。这恰恰印证了很多人的观点，他们认为记述者项目纯粹是对时间、资源和战舰舱室的浪费，然而也有一些作品质量超群，我要把你的照片归入后者。"

"你太客气了。"

"我是很诚实的，女士。而我相信如果人类不能恰当有效地记录和见证自身作为，那么一切伟大成就都会蒙上阴影。说到诚实，请随我来。"

他领着奇勒与众人会合。另一个身影也步入了观察甲板，此刻正与凡·克拉斯坦面对面交谈。那是原体侍从马罗格斯特，他转过身来看着辛德曼。

"凯瑞尔，不如你来说？"

"这都是你的功劳，侍从。请你来讲吧。"

马罗格斯特点点头。"我们与远征队高层进行过几番沟通，最终为你们六人争取到了这个机会，可以跟随突击部队前往地表并目睹整场行动。你们会搭乘一艘辅助舰船登陆。"

记述者们惊喜地欢呼起来。

"关于是否允许记述者参与到军事层面的行动之中,我们一直存有争议,"辛德曼说道,"平民在战区的人身安全尤其关键。同时,不瞒各位说,你们即将目睹的事物也令人担忧。上阵杀敌的阿斯塔特会显得格外凶恶慑人。很多人提出,我们不应对此公开宣传,这有可能损害大远征的正面形象。"

"我们两人另有看法,"马罗格斯特说,"真相绝非谬误,即便是丑陋或惊人的真相也不例外。我们对于自身作为与行事手段理应开诚布公,并容许像在场诸位这样的人进行审视和监督。一个成熟的文明必须建立在诚实的基础之上。同时我们也要进行大力颂扬,然而若非亲眼所见,谁又能对阿斯塔特的英勇进行颂扬呢?我坚信正面宣传带走的深远影响,这在很大程度上要归功于奇勒女士,感谢她能够记录下我的困窘经历。图片与文字之中蕴含着振奋人心的力量,无论其内容是帝国的凯旋还是帝国的苦难。这都能传达出一种众志成城的思想,从而帮助人类社会凝聚升华。"

"今日的小规模行动也很理想,"辛德曼补充道,"鲜有这种动用阿斯塔特的镇压任务。这次任务理应一两天之内就会结束,仅有轻微的误伤风险。但我要强调,这依旧很危险。你们必须时刻遵从指示,永远不要与护卫人员分散。我也会一同前往——这是战帅下达的命令。无论什么时候都要听我的话,照我说的做。"

所以我们还是会受到审查和限制,奇勒心想。只能看到他们想让我们看到的事物。无所谓了,这毕竟是个天赐良机。难以相信梅萨蒂居然错过了。

"快看!"波洛丁·弗洛拉喊道。

他们都转过身去。

风暴鸟出击了。它们像一枚枚巨型铁镖般冲出舱门,机身装甲映射着恒星光辉。战机庄严地在黑暗太空中俯冲转向,踏着引擎喷吐出的蓝焰轨迹列队扑向下方星球。

洛肯紧握头顶上方的低垂护栏,带队沿着风暴鸟的脊部上的通道前行。在他左右两侧是一张张面朝机尾方向的笼状座椅,众多影月苍狼战士已经就座,他们的头盔面甲显得冰冷淡漠,武器枪械都锁在储物柜里。风暴鸟颠簸颤抖着径直切入上层大气。

他来到了驾驶舱,扯开机首舱门。两名背靠背的飞行军官审视着铺满舱壁的控制面板，而固定在机首掌舵岗位的两个驾驶机仆则面向前方。机舱颇为昏暗，仅有的照明来自仪器指示灯以及透过细窄舷窗洒入的朦胧光亮。

"连长。"一个飞行军官抬起头来。

"通信频道出什么毛病了？"洛肯问，"已经有数人向我汇报了信号故障。串频和杂音。"

"我们也发现了，长官，"对方的双手在控制台上飞舞，"其他风暴鸟传来了类似的报告。我们认为是大气层干扰。"

"干扰？"

"是的，长官。我联系过旗舰，他们并没有遇到这个问题。有可能是地表传来的回声。"

"似乎越来越严重了。"洛肯说。他再次启动头盔中的通信连线。那嘶鸣杂音并未消退，而且如今显得不再平直均匀，仿佛暗藏了某些含混字句。

"那是什么语言吗？"他问道。

军官摇摇头，"说不好，长官。从读数来看是背景干扰。或许我们碰巧捕捉到了某座南部城市的广播，甚至可能是帝国军队的信号。"

"我们需要清晰的通信，"洛肯说，"想想办法。"

军官耸耸肩，调整了几个旋钮，"我可以试试消除杂音，用信号缓冲来过滤一下。或许可以把频道清理干净……"

一股奔腾洪流般的静电噪音突然涌入洛肯耳中，之后信号便安静下来。

"好些了，"洛肯说。他随即屏息凝神。在嘶鸣干扰被抹消之后，他能听到那个声音了。细微，遥远，轻若游丝，但明晰可辨。

"……你将听到的唯一一个名字……"

"那是什么？"洛肯问道。他仔细聆听。那声音远在天边，仿佛是绸缎的摩擦声。

飞行军官歪过头，专注于自己耳机中的声音。他开始细微调整若干旋钮。

"我或许可以……"他话音未落，指尖的一次轻触突然让信号变得清晰起来。

"泰拉在上，那究竟是什么？"军官问道。

洛肯静静听着。那嗓音如同一股干枯燥热的沙漠焚风，"萨姆斯。这是你将听到的唯一一个名字。萨姆斯。它意味着终结和死亡。萨姆斯。我是萨姆斯。萨姆斯无处不在。萨姆斯就是你身边的那个人。萨姆斯会咀嚼你的骨头。小心！萨姆斯来了。"

那声音逐渐淡去。频道归于死寂，只有偶尔传来的轻微回声。

飞行军官摘下耳机。他双目圆睁，满脸惊恐地看着洛肯。洛肯微微后退一步。他不知如何应对旁人的恐惧。这个状况令他倍感厌恶。

"我——我不知道那是什么。"飞行军官说。

"我知道，"洛肯回答，"那是敌人在试图恐吓我们。"

第八章

单方面的战争
辛德曼履及尘泥
朱伯

伴随"帝皇"的陨落以及这个古老集权政府的土崩瓦解,暴乱分子大多流窜到了南半球山区,他们所占据的堡垒坐落于高耸的峰峦之间,当地语言将此处称为耳语山脉。这里海拔很高,空气稀薄。黎明晨光逐渐点亮天空,云雾缭绕的肃穆群峰恰似一块块反射着刺眼阳光的淡绿坚冰。

风暴鸟从外层太空遁入幽蓝穹隆,机身表面的烧蚀材料拖曳出一道道金色光焰。在山脉脚下那些贫俭朴素的村镇聚落里,众多愚昧平民自出生以来便浸淫于这充满传说与迷信的文化环境,因此他们将清晨天空中的炽焰轨迹视为灾厄预兆。他们跪伏在地,哀号悲恸,或是匆匆赶往村中神殿。

63-19的宗教信仰在首都和主要城市中根深蒂固,而传播到这片山区之后则更为狂热。此处是贫穷困苦的偏远地带,艰难的生计与落后的教育将整个社会的谬误信念加以放大强化。帝国军队在占领之后仅能勉强压制住这种原始而粗鄙的狂热信仰。如今,面对划破天空的烈焰痕迹,他们更加难以控制村落中迅速积聚的躁动与不安。

风暴鸟伴着引擎嘶吼降落在一块干燥的白色火山岩平台中央,机顶上方五千米处是直刺云霄的高耸峰峦,叛军堡垒便坐落于此。起落架碾碎石块,喷气引擎扬起大团浮土尘埃。

此刻的天空浸润了乳白晨光,周围险峰披覆着皑皑白雪,天空飘过些许柔弱白云。平台背后是几道陡峭悬崖与冰封裂谷,其间烟远缭绕中,晨曦将众多低矮山峰照亮。

全副武装的第十连踏入这空气稀薄冷冽的区域。他们早已列作战斗阵型,顺畅齐整的行军步调让洛肯十分满意。

然而通信依旧遭受着干扰。每过几分钟,那个"萨姆斯"都会再次絮絮低语,仿佛是山间寒风的轻吟浅叹。

洛肯在登陆之后立刻召唤了所有高阶军士：巫师小队的维帕斯，毒玫瑰小队的朱伯，终结者小队的拉瑟克，皮斯雷小队的塔伦图斯，复仇女神小队的凯汝斯，以及另外八人。

士官们奉命集结，以扎弗耶·朱伯为尊。

洛肯作为指挥官一向善于识人辨事，此刻他不需要借助自己久经磨炼的领导能力也可以察觉到，朱伯对于维帕斯获得晋升这一事实心怀不满。遵照四王议会同僚的建议，洛肯服从了内心直觉，任命耐罗·维帕斯为代理指挥官，在自己忙于国事无暇脱身时让老友负责掌管第十连。维帕斯广受欢迎，然而身为第一小队士官的朱伯感觉自己遭受了轻慢冷落。连队士官的地位高低并无明文规定，第一小队的领袖也不是必然代表资历最深。小队编号仅仅用作顺序排列，然而不成文的规矩和共识确实存在，朱伯因此愤愤不平。他曾数次向洛肯直接提出此事。

洛肯还记得小荷鲁斯的话。"如果你信任维帕斯，那么就任命维帕斯。永远不要妥协。朱伯不是小孩子。他会想通的。"

"我们动手吧，尽快完成任务，"洛肯对士官们说，"终结者打头阵。拉瑟克？"

"我的小队随时待命，连长。"拉瑟克简洁地回答。与其麾下那支特种小队的其余成员一样，拉瑟克军士穿着厚重的终结者铠甲，这是新近引入阿斯塔特军械库的先进装备。由于影月苍狼功勋卓著，加之基因原体贵为战帅，故而他们率先配发终结者战甲。有些军团至今仍然缺乏。此类铠甲是专门为高强度突击所设计的。层层叠叠的厚重板甲堆砌出了颇为夸张的庞大体型，终结者铠甲将阿斯塔特化为一台迟缓笨重、不可阻挡的人形坦克。选择终结者铠甲的战士自愿抛弃了一切速度、灵活、敏捷和机动力。作为回报，他们得以藐视近乎所有弹道武器。

披覆铠甲的拉瑟克鹤立鸡群，如同一位俯视阿斯塔特的基因原体。他两侧肩头以及臂膀和手甲上都安置着重型武器系统。

"向桥梁前进，扫清障碍，"洛肯说道。他停顿了一下。此刻恰恰是采用灵活的手腕安抚人心的良机，"朱伯，我需要毒玫瑰小队担任突击主力，跟随终结者发动第一波攻势。"

"你刚才说什么?"洛肯问道。

"我……我……没说什么,长官。"

"你刚才说什么?"

"我说……'这个地方闹鬼',长官。"

"如果你认为这个地方闹鬼,朋友,"洛肯说道,"那么你就承认自己相信魂灵与恶魔。"

"没有,长官!真的没有!"

"我想也是,"洛肯说,"我们可不是野蛮人。"

"我的意思是,"那位军官急促地辩解,他已经变得满脸通红,大汗淋漓,"这个地方不大对劲。这些高山,它们叫耳语山脉,我和卡舍里的一些村民聊过。这个名字很古老,长官。相当古老。当地人相信,在这里就算孤身一人,你也能听到某些声音的呼唤。这是个古老传说。"

"迷信之言。我们知道这个星球上存在神殿。他们的思想信念还停留在黑暗年代。我们来此的一大目的就是用真理之光逐退愚昧无知。"

"那些声音究竟是怎么回事,长官?"

"什么?"

"我们自从来到这片山谷向上推进之后,就一直能听见那些声音。我也听见了。低语声。夜里有,大白天四下无人的时候也有,连通信频道都有。萨姆斯一直在说话。"

洛肯盯着对方,固定在他肩甲底端的临战誓言随风舞动,"萨姆斯是谁?"

"我要是能知道那真是见鬼了,"军官耸耸肩,"我只知道整个通信网络在最近几天都是一团糟。那声音出现在各个频道里,讲的话一模一样。是某种威胁。"

"他们在试图恐吓我们。"洛肯说。

"好吧,不过这确实管用啊,是不是?"

洛肯顶着刀割般的寒风在静静停泊的风暴鸟之间穿过平台。萨姆斯又开始絮絮低语了,他的干枯嗓音在洛肯的通信器里响起。

"萨姆斯。这是你将听到的唯一一个名字。萨姆斯。它意味着终结和死亡。萨姆斯。我是萨姆斯。萨姆斯无处不在。萨姆斯就是你身边的那个人。萨姆斯会咀嚼你的骨头。"

洛肯不得不承认,敌方的心理攻势颇为强大,其微弱的声音与神秘意味令人不安。昔日里63-19的其他国度和文明一定在这种手段之下备受折磨。想必"帝皇"正是依靠恶毒低语和隐形战士一统江山,君临天下。

真正的帝皇麾下的阿斯塔特不会被此等雕虫小技所欺瞒惊吓。

他身边的一些影月苍狼战士停住脚步,聆听那个在头盔中嘶鸣的声音。

"不要理会,"洛肯下令,"只是个花招。我们继续前进。"

拉瑟克率领步履沉重的终结者们逼近石桥,众多由花岗岩和火山岩组成的拱形结构将这座平台与陡峭峰峦连接起来。这些天然桥梁是上古冰川活动的遗留产物。

平台边缘和飞扬石桥上尸首横陈,其中一些已经在高海拔的冷冽环境下干瘪皱缩。那个军官没有瞎说。数百名普通士兵丧生于针对高山壁垒的多次突击之中。敌军火力显然十分凶猛,甚至令他们无法回收战友遗体。

"前进!"洛肯命令道。

终结者小队举起暴风爆矢枪踏上石桥,他们的沉重脚步将苍白枯骨和腐朽衣甲震得四下散落。枪弹顿时迎面扑来,从藏匿于险峰之间的众多火力点倾泻而下。然而面对特种装甲,无论有多少枚呼啸尖鸣的子弹都徒劳无功。终结者们昂首步入枪林弹雨之中,仿佛仅仅是顶风前行。数周以来让帝国军队损失惨重、止步不前的凶狠火力对军团精锐而言不值一提。

洛肯明白,这项任务很快就会结束。忠诚军人的无谓牺牲令他心感悲哀。此类职责自始至终都属于阿斯塔特。

行至桥梁中段的终结者小队成员举枪开火了。爆矢枪与盔甲内置的重型武器朝深渊彼端喷吐火舌,将灼目激光与爆破弹药投向那些高耸的山峰。巧妙隐匿的火力点和防御工事轰然爆炸,僵死扭曲的尸体随即翻滚而下,伴着碎石与冰块遁入幽深裂谷。

而"萨姆斯"则再次开口烦扰众人,"萨姆斯。这是你将听到的唯一一个名字。萨姆斯。它意味着终结和死亡。萨姆斯。我是萨姆斯。萨姆斯无处不在。萨姆斯就是你身边的那个人。萨姆斯会咀嚼你的骨头。小心!萨姆斯来了。"

"前进!"洛肯大吼,"再麻烦谁让那个混蛋闭上嘴!"

"萨姆斯是谁？"波洛丁·弗洛拉问。

在帝国士兵与大批机仆的护送下，记述者们刚刚走出登陆船，而一座名叫卡舍里的小镇则用刺骨寒风表示欢迎。在他们面前，扶摇直上，群山拔地而起，没入云雾之间。

瓦尔瓦鲁斯的士兵和装甲部队已经牢牢控制了这片区域。众人步入阳光之下，高海拔的稀薄空气令他们全都头晕目眩，气喘吁吁。奇勒正在调整相机设置以适应刺眼光线，同时努力放慢自己急促的呼吸。她颇为恼火。他们降落在了安全地区，远离实际战场。这里什么都没有。他们还是被限制住了。

这个苍凉偏远的小镇坐落在峰峦脚下的低洼山谷中。它在几个世纪里大概未有变化。奇勒可以拍摄一些破旧衰败的长屋，或是安然停泊的装甲车辆，但这些都稀松平常。刺眼的阳光倒是纯净清爽，却有雨滴飘飞其中。几个机仆奉命背负记述者的行李，其余那些则顶着不断变幻强风，试图将雨伞举在众人头顶。奇勒感觉他们就像是一群游手好闲的贵族子弟，声势浩大地外出闲逛，刻意避开任何实际风险，仅仅用某种人为安排的虚假危机聊以自娱。

"阿斯塔特在哪里？"她问道，"我们什么时候前往战区？"

"管它呢，"弗洛拉插嘴说，"萨姆斯是谁？"

"萨姆斯？"辛德曼困惑地反问。他走下登陆船之后便远离众人，站在一片长有白色野草的沙地上，遥望那烟雨蒙蒙、云雾缭绕的深邃裂谷。他显得分外渺小，仿佛整条山谷都是他的听众。

"我总能听到。"弗洛拉追了过去。他有些喘不上气。弗洛拉戴着一个耳塞，能够听到部队的通信信息。

"我也听到了。"护卫小队里的一个士兵说道，他的面罩内部满是水雾。

"通信频道现在很乱。"另一个人说。

"登陆地表的时候就是这样，"带队军官说道，"别理它。干扰信号罢了。"

"我听说这已经持续了好几天。"凡·克拉斯坦说。

"这没什么的。"辛德曼开口道。他显得苍白羸弱，仿佛很快就会因为缺氧而昏厥。

"连长说这是恐吓战术。"一个士兵说。

"连长想必说得没错。"辛德曼回答。他取出数据板，接入了舰队档案库。随后他才想起来把面罩扣在脸上，呼吸着腰间那个钢瓶里的氧气。

辛德曼仔细检视了一阵，接着说道，"喔，有意思。"

"什么？"奇勒问。

"没什么，没什么，连长说得没错。请各位四处走一走，看一看吧。这些士兵都很乐意回答你们的问题。也可以参观装甲车辆。"

记述者们充满疑惑，逐渐分散开来。每人身后都跟着一个高举雨伞的忠实机仆，以及两三名阴郁乖戾的士兵。

"我们还不如不来呢。"奇勒说道。

"那些山脉多壮丽。"萨克说。

"山脉有个屁用，其他星球上也有山脉，你听。"

他们侧耳聆听。一阵深沉遥远的隆隆轰鸣沿着峡谷滚滚而来。那是发生在别处的战斗声响。

奇勒点头示意震耳噪声的来源方向，"我们应该去那里的。我要问问宣讲者，我们为什么还不动身。"

"那祝你好运了。"萨克说。

辛德曼已经自顾自地远离众人，走到了这个山间小镇的一座简陋长屋旁。他还在阅读数据板上的内容。山风轻轻摇动着他脚下白色沙地里的枯萎杂草。雨点滴滴答答。

奇勒向宣讲者走去，两名士兵还有一个举着雨伞的机仆立刻迈步跟上，她转过身面对护卫们。

"不必了。"奇勒说道。他们便停下脚步，让她独自前行。当她走到宣讲者身边时，奇勒已经吸着自己的配给氧气了。辛德曼全神贯注于手中的数据板。这让奇勒好奇地暂时咽下了即将脱口的抱怨。

"是不是有什么不对劲的？"她轻声问道。

"没有，完全没有。"辛德曼说。

"你查清楚萨姆斯是什么了，对吧？"

宣讲者微笑着抬起头，"是的。你很顽固啊，悠弗拉迪。"

"天生如此。那究竟是怎么回事，先生？"

辛德曼耸耸肩，"其实挺傻的，"他说着将数据板展示给奇勒看，"至今为止，我们从这个世界了解到的历史背景中已经出现过萨姆斯的名字，还有耳语山脉。对于63-19的居民而言，这里显然是个神圣的地方。那道所谓的隔绝现实与灵界的屏障在此最为薄弱,因此神明和鬼魂都得以现世。很有意思。这些落后世界的信仰体系和愚昧传说总是让我非常着迷。"

"数据板上怎么说,先生?"奇勒问道。

"上面说……这可真逗。对于笃信鬼神的人,这想必还挺可怕的。上面说耳语山脉是整个世界上唯一一处容许幽魂行走交谈的地方。而萨姆斯正是那些幽魂之首。当地的古老传说提到,某一任帝皇曾与梦魇般的邪魔交战,并将对方禁锢在这里。那个邪魔的名字便是萨姆斯。他们的神话就是这样讲的,明白吧?我们自己的远古传说里也有类似的邪魔,名叫撒旦,或者提亚马特。和萨姆斯是一样的。"

"所以萨姆斯是个幽魂?"奇勒轻声问,她感到一阵令人不快的晕眩。

"没错。你为何在意这个?"

"因为,"奇勒答道,"在我们登陆之后我就能听到他的嘶声低语。但我并没有通信器。"

暴乱分子用岩石与金属在石桥对面垒起了一道护墙。他们采用重型火炮把守要道,将炸弹埋设在窄道中,还安装了通电铁丝网,强化防爆门,以及钢筋混凝土堆砌而成的路障。他们拥有几台自动哨卫装置,也掌握着深渊裂谷与平滑冰川的地利。他们心怀信仰,身受神祇照拂。

他们已与瓦尔瓦鲁斯的兵团僵持了六周之久。

但他们今日毫无胜算。

暴乱分子的一切手段甚至都难以拖延影月苍狼的进军步伐。终结者们迎头扎进枪林弹雨和爆炸火浪中,撕开护墙,洞穿大门。他们用利爪结束了哨卫装置的机械生命,用肩膀将那些临时堆砌的路障轻易掀翻。连队其他战士蜂拥而来,向飘扬黑烟的战场倾泻弹药。

这座堡垒依山而建。一部分建筑的屋顶和墙垛暴露在外,但主体结构都藏在山脉深处,将厚达百米的山石当作天然甲胄。影月苍狼击破了堡垒正门,一拥而入。突击小队借助跳跃背包攀上陡峭山脊,像一群群白色猛禽落在防线薄弱的屋顶上,随后炸碎屋顶的砖瓦,从上面侵入。在堡垒深处厅室里发生的猛烈爆炸骤然撕开山体,让大块坚冰与碎石翻滚着滚入谷底。

堡垒内部铺有古旧瓷砖的黑石隧道如迷宫般交错纵横,贯穿其中的呼啸疾风就像是惊惶之人的急促喘息。敌军尸首四散，瘫软扭曲，凌乱残破。洛肯跨过亡者遗骸，心中倍感怜悯。这些人被自身社会的谬误文化所欺骗，展开一场无谓的反抗，并由此招致了阿斯塔特的怒火。这灾难性的末日临头完全是他们自寻的苦果。

凡人的惨叫在蜿蜒的隧道里回荡，其中还穿插着咣咣的爆矢枪轰鸣声。洛肯根本懒得记录自己的杀敌数目。此地毫无荣耀可寻，唯有职责而已。这是一场由帝皇的军事工具所发动的外科手术式突击。

突然有枪弹敲打着洛肯的盔甲，他转过身去，不假思索地朝敌人开火。两名身着锁甲的绝望叛军应声解离，血肉飞溅在石壁上。洛肯不明白敌人为何还在负隅顽抗。如果对方提出投降的话，他早就接受了。

"那边。"洛肯命令道，一支小队立刻从他身旁冲进了前方的几间厅堂。他正要同去杀敌，却发现躺在自己脚边的一具躯体呻吟着动了动，显然一息尚存。那个沾满血污、身受重伤的暴乱分子抬起头来，用空洞的目光看着洛肯，正喃喃地说着什么。

洛肯俯身跪下，用一只巨手捧起敌人的脑袋，"你说什么？"

"祝福我……"对方轻声说。

"我不能祝福你。"

"求你了，为我祷告，指引我与诸神相会。"

"我不能为你祷告。也不存在诸神。"

"求求你……如果没有祷告，我就会被阴间驱逐的。"

"抱歉，"洛肯说，"你要死了。仅此而已。"

"帮帮我……"那个人喘息道。

"没问题。"洛肯说。他抽出标准型号的战斗短剑，按动激活开关，灰色刀刃顿时覆上了一层幽光力场。洛肯猛力挥动刀刃赐予敌人解脱，将斩落的头颅轻轻放在地上。

他随后步入一个宽敞的不规则房间。黑岩屋顶不住滴落着融雪水滴，其中的矿物质在积年累月之下汇聚成了一根根白银獠牙般的钟乳石柱。大厅中央是一个人为开凿的巨坑，里面汇聚着雪水，这或许就是堡垒的主要水源之一。他刚刚派遣过来的那支小队就站在池边。

"汇报。"洛肯说。

拉瑟克

一名影月苍狼转过头来,"连长,这是什么?"他问道。

洛肯迈步来到战士们身边,发现池水周围摆着很多瓶瓶罐罐,有些恰好能接到上方滴落的水滴。起初他以为这些容器就是用来收集融雪的,但随后他又看到了其他物件:硬币、胸针、造型奇特的陶土人偶,还有小型动物的头骨。水滴溅落其上,显然已是日久天长,因为洛肯注意到很多瓶子和物件上都沾着矿物质沉积的闪亮痕迹和模糊斑点。众多石柱悬垂于水池上方,表面刻着已经磨损的铭文。洛肯看不懂那种语言,而且他发现自己也不愿看懂。那些怪异符号为他注入了一种难以言喻的不安。

"这是一座神殿,"他简洁地回答,"你们知道当地人的习俗。他们笃信幽魂的存在,这些东西就是祭品。"

战士们面面相觑。

"他们笃信不存在的事物?"其中一人问道。

"他们遭受了欺瞒,"洛肯说,"所以我们才来到这里。把这些都毁掉。"他下达命令,随后转身离去。

突击自始至终共花费了六十八分钟。最后,这座山间堡垒只剩下一片喷吐着黑烟的废墟,很多厅室都暴露在刺眼阳光和冷冽寒风之中。影月苍狼没有任何牺牲者。暴乱分子也没有任何幸存者。

"多少?"洛肯问拉瑟克。

"他们还在清点尸体,连长,"拉瑟克回答,"截至目前是九百七十二。"

在深入突进那些迷宫般隧道的过程中,部队发现了约三十座融雪神殿,众多池水周围摆放着各色祭品。无一例外,洛肯下令将它们全部抹除。

"这些敌人在死守最后的信仰根据地。"耐罗·维帕斯指出。

"我猜是的。"洛肯回答。

"你不喜欢这个,是不是,加维尔?"维帕斯问道。

"我很反感无谓的死亡。我很反感人们像这样无故送命,就为了虚无缥缈的宗教信仰。这让我恶心。人类昔日就是如此,耐罗。各种狂热之徒和迷信之徒,沉溺于自己编造的谎言里。帝皇为我们展示了走出这种疯狂愚行的方法。"

"既然我们已经走出来了,你就高兴点吧,"维帕斯说,"再者,我们虽然大开杀戒,但毕竟为这里的同胞带来了真理。"

朱伯点点头，显然很是满意。在他脸上盘桓数周的阴郁暂时消散无踪。纵然这里的稀薄空气难以支持常人呼吸，但所有军官在出席简报会时都未着头盔。他们经过强化的肺脏运转无异。洛肯看到了耐罗·维帕斯的微笑，他明白对方能够理解这条命令的深意。洛肯将一份荣誉交给朱伯，借此打消其疑虑，保证他未受忽视。

"动手吧！"洛肯喊道，"狼神！"

"狼神！"军官们高声回应。他们纷纷戴上头盔。

连队部分军力随即开拔，向那些横跨深谷的天然石桥前进，对面便是海拔更高的群山。

若干帝国军队单位也来到了这块高原平台与他们会合，这些驻守于谷地城镇卡舍里的士兵都配备了厚重外套和呼吸面罩，以此抵挡刺骨严寒与稀薄空气。

"卡舍里已经归顺了，长官。"一位军官告诉洛肯，呼吸面罩让他的话语变得模糊而沉闷，他断断续续的喘息声充满痛苦与疲惫，"敌人已经缩回高山堡垒里了。"

洛肯点点头，迎着刺眼反光凝视那些洁白峰峦。"这里由我们接手。"他说道。

"他们装备精良，长官。"军官警告他，"我们每次向石桥推进的时候，都被他用重火力打了回来。我们不认为敌方人数很多，但他们占据了地形优势。这是一片屠宰场，长官，我们根本没处躲没处藏。据我们所知，暴乱分子的领袖是一个隐形战士，名叫莱库斯或者莱克尔之类的。我们——"

"这里由我们接手，"洛肯重复道，"我在杀死敌人的时候也不需要知道对方的名字。"

他转过身去，"朱伯，维帕斯，列队前进！"

"就这样？"那位军官酸溜溜地问，"我们在这里耗了六个星期，伤亡之重你都难以想象，结果你们——"

"我们是阿斯塔特，"洛肯说，"你们可以撤离了。"

军官摇摇头，伤感地轻笑一声。随后他嘀咕了几个字。

洛肯转过身去，迈步来到军官面前，让对方倍感惊惶。谁也不喜欢置身于影月苍狼透过面甲射出冰冷光线下。

洛肯点点头。"我怜悯他们，"他说，"他们一定害怕极了。"

"害怕我们？"

"是的，当然，但我不是那个意思。他们害怕我们所秉承的真理。我们试图教导他们，这个宇宙里并不存在什么凌驾于光线、重力和人类意志之上的超凡力量。无怪乎他们会执着于幽魂和神祇。我们夺走了支撑他们愚昧前行的每一根拐杖。他们昔日尚且感觉安定，安定于幽魂的赐福庇佑，安定于死后往生的存在。他们认为自己可以化归不朽，超脱凡躯。"

"如今他们遇到了真正的不朽者，"维帕斯讽刺地说，"这是个苦涩的教训，但从长远来看对他们大有裨益。"

洛肯耸耸肩，"我只是同情他们吧。神秘传说是他们的生活寄托，我们则摧毁了这种寄托。取而代之的是这冷酷无情的现实，是他们缺乏崇高目标的短暂生命。"

"说到崇高目标，"维帕斯说，"你应该通知舰队我们已经完成了任务。宣讲者刚刚联系过我们。他们请求把参观者带到这里来。"

"准许。我会联络舰队，把好消息告诉他们。"

维帕斯转身离去，随即停下脚步。"至少那个声音闭上嘴了。"他说。

洛肯点点头，"萨姆斯已经有半个小时没有啰唆了，不过突击部队并未发现任何通信系统或广播仪器。"

洛肯的内置通信器突然鸣响。

"连长？"

"朱伯？讲。"

"连长，我是……"

"什么？你是什么？再说一遍，朱伯。"

"抱歉，连长。你需要来看看。我是……我是说，你需要来看看。是萨姆斯。"

"什么？朱伯，你在哪里？"

"你可以搜索我的定位器。我找到了。我是……我是刚刚找到的。萨姆斯。它意味着终结和死亡。"

"你找到什么了，朱伯？"

"我是……我找到了……连长，萨姆斯来了。"

洛肯留下维帕斯负责指挥清理战场，自己则带上第七小队，跟随朱伯的定位器遁入堡垒深处。第七号马刺战术小队由乌顿士官率领，他是洛肯最信赖的战士之一。

定位器引领他们踏入一座巨型石制天井，这里位于堡垒最底部，深处山脉腹地。他们在黑石岩壁上的凹坑里找到了一扇锈蚀铁门，这才找到了这里。铁门背后的石厅潮湿阴冷，是夹在两侧山石之间的一道天然裂隙，这座倾斜狭长的洞穴彼端便是幽暗无底的深邃峡谷。一道拱形的古老石阶延伸出去，俯瞰这贯穿山脉之心的漆黑深渊。覆满闪亮水渍的洞穴石壁上淌着雪水。

寒风穿过肉眼难及的裂缝和管道尖啸而入。

扎弗耶·朱伯独自站在峭壁边缘。洛肯带领第七小队缓步靠近，他心中暗自猜想毒玫瑰小队的其他成员都去了哪里。

"扎弗耶！"洛肯喊道。

朱伯转过头来。"连长，"他说，"我找到了一个美妙的事物。"

"什么？"

"看到了吗？"朱伯说。"看到那些字了吗？"

洛肯盯着朱伯所指的位置。他只能看到水流涌过钙化石壁飞流直下。

"没有。什么字？"

"那里！那里！"

"我只能看到水，"洛肯说，"只有流水。"

"是的，是的！就写在水里！在流水里！来了又走了，来了又走了。看到了吗？水写出字来，又全都冲走，但那些字还会出现。"

"扎弗耶？你还好吗？我担心——"

"看，加维尔！看那些字！你听不到水在说话吗？"

"说话？"

"滴滴答。一个名字。萨姆斯。这是你将听到的唯一一个名字。"

"萨姆斯？"

"萨姆斯。它意味着终结和死亡。我是……"

洛肯看着乌顿以及其他战士。"把他带走。"他轻声说。

乌顿点点头。军士和四名部下收起爆矢枪，迈步上前。

"你们干什么？"朱伯笑道，"你们在威胁我吗？泰拉在上，加维尔，你还是没看到？萨姆斯无处不在！"

"毒玫瑰小队在哪儿，朱伯？"洛肯厉声问，"你的小队呢？"

朱伯耸耸肩。"他们也没看到，"他说着瞥了一眼悬崖。"我猜他们根本看不到。在我眼里清楚得很。萨姆斯就是你身边的那个人。"

"乌顿，"洛肯点头示意。乌顿走到朱伯身旁，"来吧，兄弟。"他柔声说。

朱伯突然举起爆矢枪。毫无预警。他当头给了乌顿一枪，让四溅鲜血与粉碎颅骨从对方脑后迸裂而出。乌顿扑地身亡。他的两名部下猛冲过去，爆矢枪也再度咆哮，在战士们胸口留下几个深坑，将二人轰然击倒。

朱伯扭过头盯着洛肯。"我是萨姆斯，"他轻笑着说。"小心！萨姆斯来了。"

第九章

超乎想象
耳语山脉的幽魂
心防薄弱

在军团向耳语山脉发动突击的两天之前,洛肯同意再次接受记述者梅萨蒂·欧丽顿的私人采访。自从他获选加入四王议会之后,这已经是第三场采访了,如今洛肯对她的态度似乎有了显著改观。梅萨蒂逐渐认为自己已经是洛肯的专用记录员了,纵然二人从未正式谈及这个话题。在获选的那天晚上,洛肯的确说过他或许愿意与梅萨蒂分享一些往日回忆,但无论如何,连长的积极态度至今还是让她感到惊讶。梅萨蒂已经保存了长约六个小时的自述内容,其中包含详细的战略战术,格外艰苦的作战经历,针对特定武器装备的品质评估,还有洛肯同胞战友的光辉成就与伟大胜利。在几次采访之间,梅萨蒂都把自己关在舱室中编辑处理这些原材料,酣畅淋漓的为一篇宏大史诗构建框架。她希望自己最终能够描绘出这支远征队的完整历史,并从洛肯的视角对于伟大远征作出更为全面的记录,甚至包括他在63号远征队之前的征战经历。

梅萨蒂如今收集了内容繁多的奇闻逸事,但其中尚有缺憾,那便是关于洛肯本人的细节。在这次采访里,她继续尝试引导对方袒露心扉。

"据我了解,"她说道,"我们凡夫俗子能够感受的恐惧在你们身上并不存在?"

洛肯皱着眉头停下了手中的活计。他原本在打磨盔甲。这似乎是洛肯在与她共处时的习惯。这位连长总是会邀请梅萨蒂来到自己的私人军械室里,一边叙述往事,一边精益求精地打理装备,而她只负责坐在凳子上静静聆听。对梅萨蒂而言,打磨粉的独特气味已经与他的深沉嗓音和迷人故事融为一体。洛肯足有一个多世纪的经历可以讲述。

"真是个有趣的问题。"他说。

"答案也有趣吗?"

洛肯微微耸肩,"阿斯塔特无所畏惧。那对我们而言是超乎想象的。"

"因为你们通过训练压制了恐惧?"梅萨蒂问。

"不,我们通过训练习得了严明纪律,但感受恐惧的能力是天生缺乏的。我们对此完全免疫。"

梅萨蒂提醒自己事后要对这条评论加以编辑。在她看来,这似乎有损阿斯塔特那神秘的气质。否认恐惧是英雄的核心品质,但对于恐惧麻木不仁就全无勇敢可言了。她不禁猜想,究竟有没有可能将一种情感从人类思维中彻底抹消。那不会留下一个空洞吗?其他情感是否会遭到牵连?恐惧可以被干净利落地连根拔除吗,还是说在剥离的过程中会将其他品性一并撕裂?或许这恰恰解释了为什么阿斯塔特在各方面都表现超凡,唯独个人性格屡见缺憾。

"好吧,我们继续,"梅萨蒂说道,"上一次采访的时候,你正要给我讲述对抗监督者的那场战争。是二十年前的事,对吧?"

洛肯微微眯起双眼,继续盯着她。"你想说什么?"连长问道。

"不好意思?"

"你想说什么?你并不喜欢我刚才的答复。"

梅萨蒂清了清嗓子,"不不,没有。没那个意思。我只是……"

"只是什么?"

"我能说实话吗?"

"当然。"洛肯充满耐心地用一簇抛光纤维刮着抛光剂的边缘。

"我一直希望能够得到某种更为个人化的东西。你已经为我提供了很多内容,先生,那些细节信息和事实材料足以让我撰写一部颇具权威性的史书。举例而言,后人将清楚地了解,亚克顿·克鲁兹惯用哪只手持剑,纳巴特修道院城市头顶的天空是何颜色,白色疤痕怎样发动他们酷爱的钳形攻势,影月苍狼战士肩甲上有多少颗螺钉,最后一位欧玛卡德亲王吃了几次何种角度的斧劈才最终死去……"梅萨蒂直视着对方,"然而他们无从了解你本人,先生。我如今知道你目睹了什么,却不知道你作何感受。"

"我作何感受?谁会对这个感兴趣?"

"人类是一个情绪化的种族,先生。记述者服务于子孙万代,我们对事实情况的记录需要辅以自己的感受才能更好地让他们了解和吸纳。举个例子,后人不会非常在意乌兰诺之战的细节，反而更希望知道身临其境时是何感受。"

"所以你是说我讲的东西很无聊？"洛肯问。

"不，绝对不是，"她开口道，随后发现了对方嘴边的微笑，"你为我讲述了一些惊人奇观，然而你自己似乎并不感到丝毫惊奇。既然你无所畏惧，那么是否也无所敬畏？或者惊讶？震撼？你有没有见过令自己无言以对的怪异事物？你可曾感觉到愕然？甚至是不安？"

"有过，"洛肯说，"浩瀚宇宙里众多无比怪异的事物时常令我感到困惑与震惊。"

"那就给我讲讲这些吧。"

他抿起嘴思索了一阵。"大帽子。"洛肯开口道。

"你说什么？"

"萨罗赛尔的当地居民在归顺之后举行了一场庆祝狂欢。他们欣然归顺，毫无冲突。狂欢节持续了八个星期。街道上的舞者们戴着用丝绸、藤蔓和纸条精心装点的巨大帽子，每一顶都有着十分夸张的造型：航海舰船，长剑与拳头，飞翔巨龙，闪耀太阳。那些帽子和我的臂展一样宽。"洛肯平伸双臂。"我不知道他们是如何维持平衡的，也不知道他们如何能够承担那样的重量，但他们在主城街巷里日夜狂欢不休，那一顶顶花里胡哨的宽大帽子回旋起伏，就像在河面上缓缓漂流，彻底遮掩住了帽子下面的舞者。那实在是个奇异的景象。"

"我可以想象。"

"我们都笑了。荷鲁斯看到之后也笑了。"

"那是你见过最怪异的事物吗？"

"不，不。我想想……奇列克星球上的战争形式让大家非常惊愕。那是八十年前的事了。奇列克人是一种丑陋古怪的异形，大概近似于爬行类吧。他们具备颇为高超的战斗技艺，在遭遇我们之后立刻暴怒地展开攻击。他们的家园是一个环境恶劣的星球。我还记得那里的猩红岩石与靛青流水。指挥官——这早在他升任战帅之前——为一场持久而艰苦的战斗做好了准备，因为奇列克人体型庞大且有很强的爆发力。就算是最为弱小的敌军战士也要三四枚爆矢弹才能解决。我们大举进攻，列阵迎敌，然而对方却不愿交手。"

"为什么？"

"我们完全不理解他们的作战原则。我们事后才发现，奇列克人相信，对智慧种族而言战争是非常丑恶可憎的行为，所以他们对此加以极端严格的管控和限制。他们的星球地表散布着很多庞大建筑，这种长宽数千米的方形场地覆盖着平坦天顶，四周则是开放的。我们称之为'屠宰场'，每几百千米就有一座。奇列克人只会在此类规定场地中作战。这些是特意预留的战斗场所。星球上的其他地区都严禁战争。所以他们在屠宰场里坐等我们前去决一死战。"

"好奇怪啊！最后呢？"

"我们毁灭了奇列克人。"洛肯语气平淡地说。

"喔。"她歪过与众不同的修长头颅。

"有些人认为我们应当入乡随俗，遵照他们的原则与之交战，"洛肯说道，"这样做或许更具荣誉感，但我记得是马罗格斯特提出，我们也有着自己的作战原则，而敌人并未加以遵守。况且，他们的战斗力颇为强大。如果我们没有采取果断行动，他们就必将是严重的威胁，而又有谁知道他们花费多久便能转变思想，抛弃旧例呢？"

"他们的图片留存下来了吗？"梅萨蒂问。

"有不少。一个敌军战士的标本还存放在征服展厅里，既然你问我作何感受，那么我有时会感到悲伤。你说我之前要给你讲述监督者的故事。那是一场漫长的战役，每次回想起来都让我满心苦楚。"

于是洛肯开始讲述，梅萨蒂则静静聆听，偶尔眨动双眼记录下对方的形象。连长专心致志地护理盔甲，然而她却能看到这专注背后隐藏的哀伤。洛肯说监督者是一个机械种族，其人工智能的可憎本质令帝国绝对无法容忍。不受活体器官支配的机械生命早已被帝国议会和机械神教彻底禁绝。监督者居住在达辛塔星球上众多荒废破败的城市里，其领袖是一个高阶机械体，所谓的大机器主。这些城市铺满了工艺精细的华丽彩砖，昔日想必绝美超凡，但经过漫长岁月的无情蚀刻早已褪色黯淡。监督者就在这衰朽废墟里往复穿梭，致力于一场修缮翻新的必败之战，徒劳但坚定地维护那些空城的完好整洁。

经过艰苦卓绝的长期战斗，所有智能机械都遭到了毁灭，这要归功于机械神教的无价技艺。此后，帝国方面才发现那令人悲伤的秘密。

"监督者是人类才智的结晶。"洛肯说道。

"它们是人类制造的？"

"没错，那是数千年前的事，或许早在最后一个科技年代里。达辛塔曾是人类殖民地，是我们种族的一条失落旁支，他们建立了光辉伟大的文化与城市，并创造出智能机械担任仆从。在某个未知的时间点，出于某种未知的缘由，那里的人类消失无踪。他们将古老城市抛诸身后，留给了那些不朽不灭的机械管家。这悲哀可叹，也十分离奇。"

"那些机械没有辨别出人类吗？"梅萨蒂问道。

"它们仅仅遭遇了阿斯塔特，女士，而我们看起来与昔日的主人并不相似。"

梅萨蒂迟疑了一阵，接着开口说："不知道我能否有幸在这场远征里目睹如此之多的奇景。"

"我相信你会的，我希望你能品尝到更多的喜悦和惊异，而非苦涩哀痛。改日我要给你讲讲乌兰诺大捷，那是一件值得铭记的大事。"

"我很期待。"

"今天没有时间了，我还有其他事务需要处理。"

"那么就再讲最后一个故事？或许讲个短一些的？说说让你震慑的事物。"

洛肯坐直身躯，仔细思索，"有这么一件事。大约十年前，我们发现了一个曾有生命存在的死寂世界。某个种族在那里生活过，之后要么彻底灭绝，要么全体迁徙了。他们只留下一片蜂窝般的地下洞穴，无数间空旷静谧的厅室居所。我们仔细搜查了所有地穴和隧道，但仅仅找到一件值得留意的事物。它埋藏在深入地壳十千米的一座岩石堡垒中。那是一幅地图。一幅直径足有二十米的巨型地图，它精确描绘着某个星球的物理全貌，细致入微。最初我们都没有辨认出来，但众所爱戴的帝皇知道那究竟是什么。"

"是什么？"梅萨蒂急迫地追问。

"那是泰拉。是泰拉的全图，一切地质细节都堪称完美。但它所描绘的是年代久远的泰拉，早在巢都崛起和战火蔓延之前，昔日的海岸与山脉如今早已被抹消或覆盖。"

"那真是……太奇妙了。"梅萨蒂说。

洛肯点点头，"那个被遗忘的石厅里锁着太多无从解答的问题。是谁绘制了那幅地图，又是为了什么？他们多年之前为何造访泰拉？他们又为何带着那幅地图跨越半个银河，并将其视作无上珍宝，存放在星球最深的角落里？这超乎想象。我无法感受恐惧，欧丽顿女士，但如果我可以的话，那么彼时一定会尝到深深的惧意。与此相比，我想象不到还有什么事情能让我更为不安。"

超乎想象。

时间在这一点放缓凝滞，整个宇宙中的重力仿佛都聚焦于此。洛肯感觉如有铅坠，迟缓错乱，无法作出清醒应对，甚至完全无法理解自己目中所见。

这就是恐惧吗？他究竟还是尝到了惧意吗？凡人就是这样被慌乱攫住心神的吗？

乌顿士官的尸体瘫在洛肯脚下，那炸裂残破的头盔只剩一圈沾满血迹的扭曲陶钢。旁边是另外两位战斗兄弟，他们被零距离的枪击洞穿心脏，即使还活着，也命不久矣。

朱伯站在他面前，手里握着爆矢枪。

这真是疯了，这不可能，阿斯塔特自相残杀。影月苍狼屠戮同胞。洛肯一向坚守笃信的兄弟情谊和荣誉准则此刻都像老旧蛛网般轻易破裂。这项罪孽的余波必将永恒回荡。

"朱伯？你干了什么？"

"不是朱伯。萨姆斯，我是萨姆斯。萨姆斯无处不在。萨姆斯就是你身边的那个人。"

朱伯的嗓音略显怪异，像是在轻声干笑。洛肯明白对方即将开火。乌顿麾下小队的其他成员与洛肯一样震惊，他们趔趄着围拢过来，谁都没有举起枪。纵然大家目睹了朱伯适才的惊天暴行，也没有一个人能够打破阿斯塔特的誓言与铁律，对同胞痛下杀手。

洛肯知道自己肯定做不到。他抛开爆矢枪，扑向朱伯。

身为毒玫瑰小队队长以及连队顶尖士官的扎弗耶·朱伯已经开始举枪扫射。爆矢弹尖啸着破空而来，凶狠咬噬这些不知所措的战士。一顶头盔伴着四下泼溅的鲜血，骨片和碎甲轰然爆炸，那位战斗兄弟顿时扑倒在石穴地面上。另外两人胸甲中弹，接连殒命。

洛肯狠狠撞上朱伯，将其猛力推开，并试图箍住对方的双手。朱伯则疯狂挣扎，突然间臂力倍增。

"萨姆斯！"他喊道，"它意味着终结和死亡！萨姆斯会咀嚼你的骨头！"

两位战士狠狠地撞在岩壁上，碎石纷纷散落。朱伯紧握着杀人凶器毫不松手。洛肯将对方牢牢压制住，头顶淌落的融雪流水泼洒在两人身上。

"朱伯！"

洛肯挥出一记足以打落凡人头颅的重击。他将铁拳砸在朱伯头盔侧面，随后朝对方的脑袋和胸膛接连猛击了四五次。陶钢护目镜顿时开裂。他使出全身力量击出一记重拳，将朱伯击倒。洛肯重拳击打盔甲产生的金铁交鸣声像铁匠落锤般在这空旷洞穴里隆隆回荡。

趁着朱伯四肢瘫软，洛肯从对方掌中一把夺过爆矢枪，远远抛向石穴对面。

但朱伯并未束手就擒。他猛然攫住洛肯，把连长甩在石壁上。石壁大块岩石在冲击下滚落于地。朱伯再次将洛肯的整个身躯横抛出去，仿佛手中只是一口沉重的布袋。洛肯剧痛难耐，尝到了嘴里的血腥味。他试图脱身，但朱伯接连而至的重拳如雨点般落在连长的面甲上，让他的头颅一次次敲击着石壁。

其他战士冲了过来，大声呼喊着将两人分开。

"制住他！"洛肯吼道，"快制住他！"

他们是阿斯塔特，是身披动力盔甲的新生战神，然而他们无法实现洛肯的命令。朱伯挥出未受束缚的臂膀，将其中一人轻易打翻在地。余下两人像摔跤手般挂在士官背后，试图将他拖倒，仿佛是一袭人肉披风，而朱伯则抬起双臂扭转身躯，把二人从身上甩开。

如此强大的力量，如此超乎想象的力量，竟能将阿斯塔特当作训练假人般随意玩弄。

最后一位兄弟扑向这个疯子，朱伯转身迎战。

"萨姆斯！"朱伯尖声狂笑，"萨姆斯来了！"

朱伯的右手迎面挥出。他张开手掌，刚硬平伸的五指如矛头般埋入那位战斗兄弟的颈部盔甲。鲜血顿时溅射而出。朱伯抽回手掌，那位兄弟呛咳着跪倒在地，残破的脖颈中喷出脉动血柱。

洛肯此刻已经全然失却理性，他向朱伯猛扑过去，而那狂暴的疯子则扭过身来，凶狠地反手一掌将连长打翻。

那沉重挥击背后的巨大力道简直荒唐，甚至远超阿斯塔特。朱伯的手甲被这强悍冲击震碎，正面承受全力的洛肯的肩甲同样破损绽裂。洛肯只觉得眼前一黑，随即意识到自己已身在半空。他被朱伯打飞了出去，正横跨石井冲向深渊裂谷。

洛肯侥幸撞在一道拱形石阶上。他险些被反弹出去，但最终稳住了身躯，十指死死钩住古老石砖，双脚则垂荡在幽谷上空。融雪汇作细雨飘散而下，沾满矿物质沉淀的阶梯湿滑黏腻。洛肯的手指开始渐渐松脱。他回想起昔日自己用类似的姿势悬挂在"帝皇"宫殿的高塔边缘，顿时发出一声充满了愤怒的咆哮。

洛肯从怒火中汲取力量。怒火，以及决不辜负战帅的激昂豪情。今日不可言败，不可放任这项滔天大错发生。

他将爬上石阶。这条拱形小径颇为狭窄，仅容一人，若是迎面相遇便难以错身。下方那道如外层太空般漆黑深邃的裂谷大张着无底巨口。洛肯疲惫的四肢微微颤抖。

他看到了朱伯。对方握着战斗短剑，快步穿越石井冲向阶梯底部。激活力场的刀锋闪着幽光。

洛肯也抽出了自己的短剑。雪水滴在这包裹能量的利刃表面，嘶嘶作响，火花飞溅。

朱伯挥舞着短剑，跃上石阶迎面扑来。他还在胡言乱语，那嗓音已然全无往日的痕迹。他向洛肯发动了狂暴攻势，连长被迫步步退却，用自己的武器招架。剑刃交锋迸发火星，传出不停歇的刺耳尖鸣，仿佛有一口走音的大钟在隆隆报时。洛肯此刻难以利用高度优势，只能压低身躯，不露破绽。

战斗短剑绝非单打独斗的理想兵器。这些双刃短剑更擅长刺击，往往用于鏖战中的贴身搏杀。其威胁范围有限，也难以发挥精妙招式。朱伯将短剑当作战斧使用，凭借一次次凶狠劈砍将洛肯压制，只能防守。双方的剑刃猛刺疾掠，融雪水滴不时被拦腰斩断，伴着轻微嘶鸣化作四散蒸汽。

洛肯在诸多兵器上都有着高超水准与娴熟技艺，对此他颇为自豪。他经常会在旗舰的训练笼里接连花费六到八个小时。他对于麾下战士也有着同样的期望。洛肯知道扎弗耶·朱伯在使用匕首和战斧方面尤其出色，同时短剑技巧也不含糊。

但今日情况与往日不同。朱伯似乎将全部剑术抛诸脑后，抑或被这莫名癫狂蒙蔽了心神。他像疯子一样发起攻势，一招招劈砍斩击都狂乱无端。洛肯也不得不收起自身技艺，用蛮力招架。洛肯前后三次将朱伯略为逼退，然而对方也总是随即凶猛反扑，迫使洛肯重新退上拱形石阶。另有一次，朱伯放低短剑攻向下盘，洛肯只得高高跃起躲避攻击，在落地时仅能勉强站住脚跟。银色细雨让石阶分外光滑难行，以至于维持自身平衡和抵御朱伯猛攻变得同样艰难。

结局来得迅如电闪。朱伯在洛肯的防守中抓到破绽，将剑刃埋进连长的左侧肩甲，直没至柄。

"萨姆斯来了！"朱伯狂喜高呼，然而那闪动能量的短剑已经被牢牢卡住，他已门户大开。

"萨姆斯完了。"洛肯回答，随即一剑刺入朱伯的胸膛。利刃洞穿对手，剑尖从朱伯背后透出。

朱伯双腿瘫软，放开了自己的武器，将其留在洛肯肩甲里。他双手颤抖微张，探向洛肯的面孔，但并无恶意，反而颇为轻柔，仿佛在寻求怜悯，甚至是呼唤救助。水滴溅落在他们身上，沿着白色盔甲汇聚流淌。

"萨姆斯……"他喘息道。洛肯拔出短剑。

朱伯趔趄后退，身形摇晃，鲜血从他胸甲上的剑伤中涌出，顿时被蒙蒙细雨所冲淡，将腹部和双腿的盔甲涂作粉色。

朱伯向后跌倒，沿着阶梯轰然摔落，瘫软的四肢摇摆不止。他在距离石井边缘五米之处逐渐滑脱，骤然悬停于裂谷上空，缓缓摇荡着双腿，在自身重量的拉扯下开始坠落。洛肯能听到盔甲与岩石的摩擦嘶鸣。

他快步跃下阶梯冲到朱伯身旁，勉强赶在了对方堕入深渊之前。洛肯抓住朱伯的左侧肩甲，试图慢慢将对方拖回到拱形石阶上。这几乎无法做到。朱伯仿佛有千钧之重。

马刺小队的三名幸存者站在石阶底部看着连长奋力挣扎。

"帮帮我！"洛肯喊道。

"你要救他？"一个人问。

"为什么？"另一个人说，"何必救他？"

"帮帮我！"洛肯再次吼道。他们依旧袖手旁观。洛肯在绝望之中挥剑猛刺，将朱伯的右肩钉在了石阶边缘。如此一来对方便停止滑脱。洛肯将士官的尸体扯回到拱形阶梯上。

洛肯气喘吁吁地摘下头盔，啐出一口鲜血。

"联络维帕斯，"洛肯命令道，"让他立刻过来。"

等到记述者们被送上高原平台的时候，战火已经停息，光线也越发昏暗。悠弗拉迪随手拍了几张安然停泊的风暴鸟和喷吐烟柱的破碎峰峦，但这些都称不上佳作。周围一切显得寡淡无味，缺乏生机，就连绵延四方的宏伟群山都不如方才那般壮丽。

"我们能去看看作战区域吗？"她问辛德曼。

"我们得等一等。"

"出问题了？"

他摇摇头。这是那种"我也不知道"的摇头。大家都把呼吸面罩箍在脸上，然而辛德曼显得格外虚弱疲惫。

这里有种诡异的静谧。一队队影月苍狼走出山间堡垒，闷头钻进风暴鸟，帝国士兵则守卫着整片高原平台。记述者们被告知阿斯塔特大获全胜，但四下毫无庆贺气氛。

"喔，这很稀松平常的，"辛德曼回应着悠弗拉迪的疑问，"只是军团的一项常规任务。出发之前我就说了，这是小规模行动。很遗憾让你失望了。"

"没有。"她说道，但这确实有种虎头蛇尾的感觉。悠弗拉迪不知道自己究竟怀有什么样的期望，但刺激的空降过程以及在卡舍里小镇的诡异经历已经令她越发亢奋。如今一切戛然而止，她却什么都没看到。

"卡尼斯想采访几位凯旋的战士，"希曼·萨克说，"他请我为他们拍照。我们能得到许可吗？"

"应该可以的。"辛德曼叹了口气。他呼唤一位帝国军官前来指引卡尼斯和萨克两人前去与阿斯塔特交谈。

"我认为，"托勒缪·凡·克拉斯坦大声说道，"一首音乐诗是最为恰当的。完整的交响乐章恐怕会盖过这里的气氛。"

悠弗拉迪点点头，她不太明白对方在说什么。

"我打算用 E 小调，A 小调应该也不错。我很喜欢'耳语山脉的幽魂'这个题目，或者是'萨姆斯之声'。你觉得呢？"

悠弗拉迪瞪着对方。

"我开玩笑呢，"他微微一笑语气略带悲哀，"我完全不知道应该体会些什么，或者如何体会。这里很乏味。"

悠弗拉迪本以为凡·克拉斯坦是那种傲慢自大的家伙，但如今她对于此人的看法颇有改观。他转过身去凄然仰望那喷薄黑烟的山峰，悠弗拉迪则灵光乍现，突然抬起相机。

"你拍了一张我的照片？"凡·克拉斯坦问道。

悠弗拉迪点点头，"你介意吗？你遥望远山的样子好像是我们所有人此刻的缩影。"

"但我是个记述者，"作曲家说，"我不该出现在你的作品里面吧？"

"我们都在里面。无论能否见证什么，我们都在这里，"她回答，"我看到什么就拍什么。谁知道呢？或许你可以来日报答？不如在下一首序曲里用一段长笛副歌来代表悠弗拉迪·奇勒？"

他们一同笑了起来。

一位影月苍狼向众人走来。

"耐罗·维帕斯，"他行了个鹰徽礼，"洛肯连长向诸位致以敬意，并希望能够立刻会见辛德曼大人。"

"我是辛德曼，"那老者应道，"出了什么事吗，先生？"

"我奉命护送你去见连长，"维帕斯回答，"请这边走。"

两人转身离去，辛德曼匆匆追赶维帕斯的步伐。

"这是怎么回事？"凡·克拉斯坦压低嗓音问道。

"不知道，咱们瞧瞧去。"奇勒回答。

"跟他们去？喔，我看算了吧。"克拉斯说道。

"我跟你去，"波洛丁·弗洛拉说，"反正也没人命令我们留在这里。"

他们四下张望。特维尔坐在了一艘风暴鸟的机首起落架旁，开始用木炭笔在小本子上素描。卡尼斯和萨克则在别处忙着。

"走吧。"悠弗拉迪·奇勒说。

维帕斯引领辛德曼走入堡垒废墟。寒风在蜿蜒隧道和冷寂洞穴中呼啸。帝国士兵已经着手清理战场，将入口大厅里的尸体抛入深谷，但维帕斯和宣讲者还是不可避免地见到了众多残破的亡者遗骸。士官一直说着，"抱歉让你看到这些，先生。"或是，"请别看，这样好受些。"

辛德曼不能不看。他已经忠心耿耿地宣讲多年，但还是头一次置身于战火方熄的惨烈沙场。这恐怖可憎的景象深深烙印在他的脑海里。血腥与恶臭扑面而来。他目睹了四分五裂、撕碎断折、焦黑扭曲的人类尸体，远远超乎自己的想象。

"泰拉。"他一遍遍喘息道。这就是阿斯塔特的所作所为。这就是帝皇远征的残酷现实。种种致命创伤的可怕度令人难以置信。

"泰拉。"辛德曼低声自言自语。等到他步入堡垒上层的一间厅堂，终于面见洛肯的时候，"泰拉"已经在不知不觉之间变成了"太恐怖啦"。

洛肯站在这座宽阔幽暗的大厅中央，身旁是一汪池水。雪水顺着黝黑湿滑的石壁奔涌而下，潮湿空气里飘散着浓烈腥味。十余名全副武装的影月苍狼肃穆地围立于洛肯身边，其中包括一位穿着终结者铠甲的壮硕巨人，而洛肯本人则裸露头颅。他的面孔上遍布淤青。他还摘掉了左侧肩甲放在脚下，一柄短剑深埋其中。

"这是你们的作为，"辛德曼的声音细如蚊蚋，"我一直没有真正理解你们阿斯塔特的能力范畴，但今天我——"

"安静。"洛肯直白地说。他看了看诸位影月苍狼，点头示意他们解散。众人从辛德曼身旁鱼贯而出，不予理会。

"耐罗，你别走。"洛肯高声说道。维帕斯点点头，迈出大门站在厅堂入口处。

房间顿显空旷，辛德曼则注意到了池边的一具尸首。那是一位影月苍狼的僵死遗体，他未着头盔，白色战甲上血迹斑斑。他的双臂被攀岩绳索紧紧捆缚在躯干两侧。

"我不……"辛德曼开口道，"我不明白，连长。我听说我们没有任何战损。"

洛肯缓缓点头。"我们是这样对外宣称的。官方结论正是如此。第十连干净利落地发动突袭，攻陷了这座堡垒，无人阵亡，这也的确是事实。暴乱分子并未达成任何击杀。我们甚至没有人受伤。敌军死者上千。"

"他被附体了。他自称萨姆斯。"

"喔。"

"看来你听过这个名字?"

"我听到了那些低语。那只是敌人的宣传攻势,对不对?我们听说那是恐吓战术。"

洛肯摸了摸自己脸上触手即疼的淤青,"我以为是的。宣讲者,我只问你一次。幽魂真实存在吗?"

"不,先生。绝非如此。"

"我们接受了这样的教导,摆脱了迷信的枷锁,但幽魂究竟能否存在?这个世界充斥着愚昧思想和异端神殿。幽魂能否存在于此?"

"不,"辛德曼更为坚决地回答,"即便是宇宙的黑暗角落中也不存在幽魂、恶魔和鬼灵。这是真理的昭示。"

"我在档案库里查过,凯瑞尔,"洛肯回答,"这个星球原住民的上古宿敌就名叫萨姆斯。传说他被禁锢在这片山脉里。"

"传说,加维尔。只是传说。只是神话。我们在驰骋星海的过程中学到了很多,而最关键的一课就是,我们可以用理性方式解读万事万物,无论多么神秘莫测。"

"那为什么阿斯塔特开枪杀戮同胞,并自称是地狱恶魔呢?用理性方式解读一下这个吧,先生。"

辛德曼站起身来,"冷静,加维尔,我会为你解读的。"

洛肯没有回应。辛德曼走到朱伯的遗体旁,仔细凝视。朱伯双目圆睁,眼球上翻,充满血丝。他的面孔倍显枯朽,仿佛顷刻间衰老了成千上万年。一簇簇像疤痕或黑痣般的怪异斑点散布在那紧绷的皮肤上。

"这些痕迹,"辛德曼说,"这些丑恶的腐朽迹象。会不会是疾病或感染所引起的?"

"什么?"洛肯问道。

"或者病毒?其他毒素?某种瘟疫?"

"阿斯塔特都能抵抗。"洛肯说。

"或许可以抵抗绝大部分,但也并非彻底免疫。我认为这可能是某种感染。某种凶猛恶疾摧毁了朱伯的思维和身躯。我们知道瘟疫能腐化肉体,并把人逼疯。"

"那么为何只有他感染了？"洛肯问。

辛德曼耸耸肩，"或许是他基因编码中的细微缺陷？"

"但他的行为就像是被附体了。"洛肯咬牙切齿地重复那个词。

"我们都承受了敌人的宣传攻势。如果朱伯已经被疫病折磨得精神错乱，那么他或许只是在复述自己听到的话语。"

洛肯思索了一阵。"你的话很有道理，凯瑞尔。"他说道。

"向来如此。"

"瘟疫，"洛肯点点头，"这是个合理的解释。"

"你遭遇了一场可怕的悲剧，加维尔，但这与幽魂和恶魔无关。快着手工作吧。你必须彻底封锁这片区域，找一支医疗队来。瘟疫有可能再度暴发。像我这样的凡人恐怕更难抵抗，可怜的朱伯或许还会成为传染源。"

辛德曼重新凝视那具尸体。"泰拉在上，"宣讲者说道，"他经受了何等的蹂躏。真是让人心痛。"

伴随枯朽肌腱的吱嘎脆响，朱伯抬起头颅，用血红双眼盯着辛德曼。

"小心。"他嘶声喊道。

悠弗拉迪·奇勒早已停止拍摄照片。她将相机收回背包里。三人在山间壁垒的狭窄通道中看到了太多不适合记录下来的事物。悠弗拉迪从没想象过人类躯体竟然能够遭受如此惨烈而彻底的拆解。浓烈的血腥味充斥着寒冷死寂的空气，并透过呼吸面罩钻入鼻腔，让她一阵阵干呕。

"我想回去了，"凡·克拉斯坦说。他浑身颤抖，情绪低落，"这里没有音乐，我恶心透了。"

悠弗拉迪十分认同。

"不，"波洛丁·弗洛拉的嗓音沉闷而坚定，"我们必须目睹一切。我们是获选记述者。这是我们的职责。"

悠弗拉迪很确定弗洛拉只是勉强忍住了呕吐，但对方的决心令她颇受鼓舞。这确实是记述者的职责。他们正是因此受到召唤的。记录并纪念人类的伟大远征。无论美好还是丑陋。

她重新取出背包里的相机，谨慎地拍了几张照片。悠弗拉迪没有拍摄死者，那样做太缺乏敬意，但她拍摄了墙上的斑斑血迹，通道中顺风飘动的烟雾，还有黑岩地面上散落的大量弹壳。

一批批打扫战场的士兵拖着敌军尸体从他们身边经过。众多好奇的目光停留在三人身上。

"你们迷路了吗？"一个士兵问。

"没有，我们是得到批准来这里的。"弗洛拉回答。

"你们为啥想要来这儿？"对方表示不解。

悠弗拉迪拍了几张那些士兵的照片，他们几乎是一个个漆黑剪影，站在通道交会处收集破碎残躯。这景象令她感到一阵透骨寒意，她希望自己的照片能让观看者身临其境。

"我想回去了。"凡·克拉斯坦又说。

"别乱走，否则你真会迷路的。"悠弗拉迪警告道。

"我觉得我要吐了。"凡·克拉斯坦承认。

他正要俯身干呕，通道尽头突然传来一阵尖锐凄厉的呼号回响。

"见鬼，那是什么？"悠弗拉迪轻声说。

朱伯站起身来。捆缚在他躯干上的绳索纷纷崩断撕裂，让他的臂膀重获自由。他一次次尖声嘶吼。他的狂乱号叫在石厅里升腾回荡。

惊惶失措的辛德曼趔趄后退。洛肯冲上前去，试图制服那死而复生的狂人。

朱伯挥拳一记痛击，正中洛肯胸口。洛肯顿时飞了出去，落入池中。

朱伯转过身，弯下腰来。他松弛的嘴角流淌着唾液，布满血丝的眼球像位处极点的指南针一样疯狂旋动。

"天啊，喔！天啊……"辛德曼结结巴巴地缓步退却。

"小，心。"朱伯流涎的嘴里笨拙地挤出两个字。他蹒跚逼近。某种秽恶而可悲的现象正在朱伯身上发生。他的躯体迅速鼓胀膨大，将盔甲撑得开裂破碎。一片片损坏甲胄从他身上解离脱落，暴露出遍布坏疽和肿块的粗壮臂膀。他的紧绷皮肤展现着病态的淡蓝色。他的面孔扭曲变形，浮肿铁青，舌头从腐坏的嘴巴里垂荡下来，如蛇芯子般细长。

朱伯高高举起肿胀怪异的双手，仿佛在宣告胜利，他的指甲已经化作漆黑钩爪。

"萨姆斯来了。"他拉长声音说道。

辛德曼在这异变怪物面前瘫软跪倒。朱伯身上散发着腐败伤口的浓烈恶臭。他步履蹒跚。他的整个躯体表面都舞动着朦胧闪烁的黄色光芒,仿佛与现实环境略有脱节。

一枚爆矢弹击中朱伯的右肩,在那逐渐转化为甲壳的皮肤上爆炸。碎肉与脓液四下飞溅。站在石穴入口处的耐罗·维帕斯再次瞄准。

曾是扎弗耶·朱伯的这个怪物一把抓起辛德曼,将他抛向维帕斯。两人轰然撞在身后石壁上。但维帕斯果断抛下了枪械,用双手接住辛德曼作为缓冲,尽量保护那老迈宣讲者的羸弱骨架。

朱伯怪物从他们身边走入通道,在身后留下一条由淌落血滴和污秽液体组成的有毒痕迹。

悠弗拉迪看到了迎面走来的怪物,一时间不知道应该尖叫还是拍照。最后她同时选择了两者。凡·克拉斯坦魂飞魄散,瘫倒在自己的失禁秽物里。波洛丁·弗洛拉惊恐退却,嘴里默念着什么。

那个朱伯怪物沿着隧道向三人逼近。他丑恶扭曲,皮肤下面遍布肿块。他的体型已经巨大化了,残存的珠白色盔甲如同一团破布般拖在背后。他身上布满了怪异的尖刺和斑点。朱伯的面孔延伸成了犬科长吻的模样,昔日的人类牙齿像乳白石碑般耸立在外,而一丛丛尖细透明的钢针利齿则占据了整张嘴巴。难以计数的獠牙已经让双颚难以合拢。他的眼睛如同两池血水。间歇闪动的黄色光芒笼罩着他,汇聚成朦胧奇特的形体与图案。朱伯的姿态因此显得怪异失常,仿佛是一段剪辑低劣、播放过快的糟糕录像。

他伸手抓起托勒缪·凡·克拉斯坦,当作玩具一般在通道石壁上往复摔打,引发一次次敲击轰鸣与泼溅声响,等到朱伯松开手的时候,托勒缪胸骨以上的部分便几乎不复存在了。

"泰拉在上!"奇勒剧烈干呕起来。波洛丁·弗洛拉迈步迎向怪物,充满抗争精神地做出鹰徽手势。

"退散!"他高呼道,"退散!"

朱伯怪物俯身前探,张开了超乎想象的森森巨口,展露出难以计数的钢针獠牙,将波洛丁·弗洛拉的头颅和上身轻易咬断。那人的残躯瘫软于地,像消防栓一样喷出血柱。

　　悠弗拉迪·奇勒绝望跪倒。惊惧令她无力奔逃。她接受了命运，这主要是因为她根本不知道自己将要面临何种命运。在生命的最后一刻里，悠弗拉迪意识到，那不可理解的恐怖事物并未令自己遭受失禁的耻辱，这让她在迎接惨烈死亡时略受慰藉。

第十章

战帅与爱子
无论战况何等凶险，敌人何等狡诈
官方否认

"你把它干掉了？"

"是的。"洛肯盯着泥土地面回答，他的注意力远不在此。

"你确定吗？"

洛肯从恍惚中回过神来。"什么？"

"我需要你确认，"阿巴顿说道，"你把它干掉了？"

"是的。"洛肯坐在工艺粗糙的硬木长凳上，身处卡舍里的一间长屋里。夜幕已经降临，一阵尖锐凶猛的寒风随之而来，在耳语山脉的峰峦和幽谷间呼啸哀号。十几盏油灯用微弱的橙黄光芒勉强点亮屋内。"我们把它干掉了。我和耐罗，用爆矢枪。全自动射击，花费了九十枚子弹。它最后爆裂烧焦，我们又用火焰喷射器把一切残留痕迹都焚化了。"

阿巴顿点点头，"有多少人知情？"

"关于最后那件事？只有我自己、耐罗、辛德曼，还有那个记述者奇勒。我们把那东西干掉的时候，她差点被咬成两截。没有其他目击者生还。"

"你都说过什么？"

"什么都没说，艾泽凯尔。"

"那就好。"

"我什么都没说，是因为我不知道能说什么。"

阿巴顿拎起一条长凳，坐在洛肯对面。两人都披挂铠甲，未着战盔。阿巴顿俯身低头，直视洛肯的双眼。

"我为你感到骄傲，加维尔。听到了吗？你处理得很恰当。"

"我究竟处理了什么？"洛肯阴郁地问道。

"整件事情。告诉我，在朱伯复生之前，都有谁知道他杀害了同僚？"

"不少人。马刺小队的幸存者。我麾下的所有军官。我寻求了他们的建议。"

"我会去找他们谈,"阿巴顿嘀咕道,"这件事不能扩散出去。我们都要统一口径,遵照你的说法。这是一场干净利落的寻常胜利。第十连碾碎了暴乱分子,但有两支小队遭受损失。然而这是战争,必定会有牺牲。暴乱分子负隅顽抗,死战到底。毒玫瑰和马刺小队承担了敌军的主要火力,63-19则终于迈向全面归顺。荣耀归于第十连,归于影月苍狼,归于战帅。其余隐情仅限内环人员知晓。辛德曼能保密吗?"

"当然,不过他受惊严重。"

"那个记述者呢?是叫奇纳吗?"

"奇勒。悠弗拉迪·奇勒。她还没缓过来。我不了解她。我不确定她会作何应对,但她并不知道袭击者的身份。我告诉她那是一头狂暴野兽。她没有目睹朱伯……转化。奇勒不知道那就是他。"

"嗯,这算是件好事。如果有必要的话,我会把她暂时软禁起来。或许和她谈谈就足矣。我会复述这个狂暴野兽的说法,并且告诉她出于维持士气的考虑,我们要把整件事当作机密。不能让记述者都掺和进来。"

"其中两个死了。"

阿巴顿站起身,"空降部署时的意外悲剧。降落事故。他们甘愿冒这个风险。这是一项教科书式的出色任务,而那只是微不足道的瑕疵。"

洛肯仰视第一连长,"我们难道要假装这件事根本没有发生吗,艾泽凯尔?我做不到。我也不会那样做。"

"我的意思是,作为军事行动中的突发情况,这理应对外保密。事关整体士气,加维尔。我看得出来,你心神不安。想象一下,这件事如果泄露出去,必定会引发强烈的无谓震动。它会摧毁人们的信心,打击全军士气,拖累整场远征,更不用说玷污我们军团无可指摘的完美声誉。"

长屋房门砰的一声打开,放任呼啸寒风钻入室内,随后又紧紧关闭。洛肯没有抬起头。他知道那是维帕斯前来汇报部队整编进度。

"你先去吧,艾泽凯尔。"一个声音说道。

那不是维帕斯。

荷鲁斯没有穿戴战甲。他仅仅披着防寒衣物,外面是一套锁甲和毛皮斗篷。阿巴顿俯首行礼,快步走出长屋。

洛肯站起身来。

"坐吧，加维尔，"荷鲁斯柔声说，"坐下，你我不必拘礼。"

洛肯缓缓坐回凳子上，战帅则跪在他身旁。荷鲁斯的体型高大雄伟，在屈膝之后尚可与洛肯平视相对。原体摘下黑皮手套，将左手按在洛肯肩头。

"我希望你能抛开烦恼心事，吾儿。"他说道。

"我尽量，长官，但我的烦恼心事不愿离开。"

荷鲁斯点点头，"我理解。"

"我把这项任务搞砸了，长官，"洛肯说，"艾泽凯尔说我们必须装作英雄，维护脸面，但即便这些秘密永不泄露，我依旧要承受失败渎职的耻辱。"

"何以至此？"

"战士们牺牲了，一位兄弟残杀同胞，这是深重罪孽，是滔天恶行。我奉命铲除这个暴乱根据地，结果把事情搞得一团糟，让你不得不亲自前来——"

"嘘。"荷鲁斯轻声说。他伸手探向洛肯的肩甲，轻轻取下那份残破的临战誓言。

"加维尔·洛肯，你是否接受这项职责？"战帅朗声读道，"你是否保证身先士卒，率领部下在战场上赢得荣誉，无论战况何等凶险，敌人何等狡诈？你是否立誓剿灭63-19的暴乱分子，无论他们作何负隅顽抗？你是否发誓为第十六军团与帝皇带来荣耀？"

"倒是一番豪言壮语。"洛肯说。

"的确。毕竟是我写的。那么，你做到了吗，加维尔？"

"做到了什么，长官？"

"你是否剿灭了63-19的暴乱分子，无论他们作何负隅顽抗？"

"算是吧——"

"你是否身先士卒，率领部下在战场上赢得荣誉，无论战况何等凶险，敌人何等狡诈？"

"是的……"

"那么我就看不出你有任何失败渎职之处，吾儿。仔细考虑一下最后那句话。'无论战况何等凶险，敌人何等狡诈'。在可怜的朱伯转化之后，你是坐以待毙吗？你是惊惶溃逃吗？你是手足无措吗？抑或你克服了心里的困惑和震惊，奋起反抗他的疯狂与罪行？"

"我奋起反抗了，长官。"洛肯说。

"地球王座在上，是的，正是如此。正是如此，洛肯！你奋起反抗了。甩掉你心里的耻辱。我拒绝接受它。你今日的表现令我骄傲，吾儿，我很遗憾你的忠诚奉献和尽职尽责无法广受赞颂。"

洛肯想要作答，但并未开口。荷鲁斯站起身，四下踱步张望。他在墙角柜子里的杂物之间找到一瓶酒，给自己倒了一杯。

"我和凯瑞尔·辛德曼谈过了。"他说着啜饮一口。他点点头，似乎是惊讶于其醇美口感，"可怜的凯瑞尔，遭遇了如此恐怖的经历。他甚至在谈论幽魂，你知道吗？辛德曼，世俗真理的伟大先驱，居然在谈论幽魂。我自然确保他重回正轨了。他说你也有类似的困扰。"

"最初凯瑞尔说服我那是某种瘟疫，但之后我就看到了幽魂……或是恶魔……附身于扎弗耶·朱伯，将他的躯体重塑成扭曲怪物。我亲眼看到恶魔攫取了朱伯的灵魂，让他对战友出手。"

"不，你没看到，"荷鲁斯说。

"长官？"

荷鲁斯微笑起来，"容我为你解惑。我会讲清楚你究竟看到了什么，加维尔。这是一件鲜有人知的秘密，而众所爱戴的帝皇比其他任何人都更为了解。这件秘密，加维尔，远比我们今日保守的诸多秘密更为重大。你能守口如瓶吗？我想与你分享，因为它能抚慰你的心灵，但我需要你严格保密。"

"我会的。"洛肯说。

战帅又喝了口酒。"是亚空间，加维尔。"

"是……亚空间？"

"当然是了。我们知道亚空间蕴藏着混乱的能量。我们曾目睹它扭曲人类的心智。我们也遭遇过那黑暗次元里容纳的污秽。我知道你都经历过。在艾瑞达斯，在塞林克斯，在塔西隆的染血海滩。我们昔日对抗的那些亚空间生物很容易被误认为恶魔。"

"长官，我……"洛肯开口道，"我学习了亚空间的相关知识。我对于发源其中的可怖事物有所准备。我曾迎战那些从虚空界门蜂拥而出的秽恶生物，我也明白亚空间能够渗透人心催生邪念。我目睹过此类灾厄降临在灵能者身上。这是他们时刻都在提防的风险。但阿斯塔特不一样。"

"你是否彻底理解亚空间的全部机制，加维尔？"荷鲁斯问道。他举起杯子迎向灯火，检视美酒的色泽。

"不，长官。我不敢妄言。"

"我也不敢，吾儿。就连众所爱戴的帝皇都不敢这样讲。他并未理解透彻。我不得不承认这令人痛心的事实，但事实毕竟摆在那里。亚空间对我们而言是一件至关重要的工具，是通信和交通的媒介。若没有亚空间便没有横跨星海的快速通道，人类帝国也就无从谈起。我们对亚空间加以利用和约束，但无法建立绝对稳固的掌控。它充满野性，虽然暂且忍耐我们的存在，却丝毫不容驾驭。亚空间中蕴藏着深厚的原始力量，无分善恶，但从本质上来说与我们相互抵触。这件工具所附带的风险是我们甘愿接受的。"

战帅喝完酒，放下杯子，"幽魂，恶魔。这种词语意味着更高层次的力量，还有残忍狠毒的智能，以及主导其行为的整体目标。一种剑指寰宇、图谋万物的邪恶原型。这意味着一位或多位神祇在扮演运筹帷幄的幕后黑手，意味着吾辈秉承科学之光历尽艰险才得以扫除的超自然概念是真实存在的，意味着触手可及的巫术与邪恶。"

荷鲁斯凝视洛肯，"幽魂、恶魔、超自然存在、巫术。这些词语早已被弃置不用，因为我们厌恶其中的愚昧含义，然而它们仅仅是词语。至于你今日所见……不如就称之为幽魂，称之为恶魔。这些叫法颇为恰当。采用这些词语并不会否定我们对于整个宇宙的理性认知。一个世俗的宇宙同样容许恶魔存在，加维尔，只要我们理解这个词背后的意义。"

"也就是亚空间？"

"也就是亚空间。人类早已创造了很多恰当贴切的旧日词语，何必要为那些恐怖事物另取新名呢？我们用'外星'或'异形'这些称呼来描述那些时常遭遇的非人污秽。亚空间生物同样是'异形'，只不过并非我们所理解的生命形态。它们不是有机体。它们源自不同的位面，能够对实体空间产生状如巫术的影响。可以说是超自然的影响。我们大可用那些过时的词语来称呼它们……恶魔、幽魂、附身邪灵、万变鬼怪。而我们只需牢记，那广袤黑暗之中并无邪神或大魔。辽阔星海里也没有原初永恒的邪恶力量。宇宙太过空寂宽广，难以承担这样的戏剧效果。这里只有与我们为敌的非人生物，只有需要迎战并剿灭的非人生物、兽人、盖康、图社塔、奇列克、灵族、太空猿猴……

以及亚空间生物，而后者最为特殊，因为它们从本质上与众不同，其力量在我们看来颇为诡异。"

洛肯站起身。他四下扫视这间灯光昏暗的长屋，聆听门外山风的呜咽呻吟。"我目睹过灵能者遭到亚空间占据，长官，"他说道，"我目睹过他们扭曲变形，肿胀腐化，但我从来没有见过一个神志清醒的人遭到占据。我从未见过阿斯塔特遭遇这种事。"

"这确实会发生，"荷鲁斯回答。他咧嘴一笑，"吓到你了吗？不好意思。我们避免张扬此事。亚空间生物只要愿意便可以占据任何人。今日是亚空间肆意妄为获得的一场重大胜利。这片山脉并非像传说中那样闹鬼，但这里的亚空间确实活跃。正是这一事实催生了那些传说。人类早已掌握了操纵亚空间的科技，当地敌军也不例外。他们今天释放亚空间生物作为武器，而勇敢的朱伯便付出了代价。"

"为何是他？"

"为何不是他？他对于遭到冷落而怀有怨愤，怨愤则令他心防薄弱。亚空间的触须最擅长寻找利用这种突破口。我猜暴乱分子原本希望能有数十人屈服于这种阴狠手段，然而第十连的坚定信念出乎预料。萨姆斯只是一个源自混沌界域的声音，短暂依附于朱伯体内。你们应对果断，避免了更糟糕的情况。"

"你确定吗，长官？"

荷鲁斯又笑了笑。那笑容令洛肯心底充满暖意，"星语者领袖英梅星女士告诉我，就在你们出发之后，这片区域爆发了一次猛烈的亚空间波动。数据翔实可靠。当地人对于亚空间的理解是粗浅有限的，或许将其视为奥秘魔法，但他们确实能够将天界的恐怖力量用作武器来攻击你们。"

"我们为什么要对亚空间遮遮掩掩？"洛肯问道。他直视着荷鲁斯瞳距较宽的双眼。

"因为我们对亚空间知之甚少，"战帅回答，"你知道我为何担任战帅吗，吾儿？"

"因为你能力出众，长官？"

荷鲁斯笑着又给自己倒了杯酒，随后摇摇头，"我之所以担任战帅，加维尔，是因为帝皇忙于其他事务。他返回泰拉并非出于对远征的厌倦。他退居幕后是为了投身更为重要的工作。"

"比远征还要重要？"洛肯问。

荷鲁斯点点头，"他是这样对我说的。在乌兰诺之后，他相信时机已到，可以将远征重任托付给诸位原体，自己腾出手来开展一项意义空前的伟大功业。"

"那究竟是什么？"洛肯期待得到答案，期待知晓光辉超凡的真理。

然而战帅却说，"我不知道。他没有告诉我。他没有告诉任何人。"

荷鲁斯停顿了一下。山风拍打着屋门，这个漫长的瞬间恍若千年。"连我都没有告诉。"荷鲁斯轻声说。就算是他都不配得知那项绝密事务，洛肯能察觉到指挥官为此深感痛心，自尊受创。

战帅随即重新露出微笑，方才的阴郁神色烟消云散，"他不愿拖累我，"荷鲁斯轻快地说，"但我不傻。我早有推测。如我所说，帝国的存续依赖于亚空间。我们别无选择，只能加以利用，却仅仅具备令人心惊的浅显理解。我之所以担任战帅，想必是因为帝皇需要全心全意地解锁亚空间的一切秘密。他的伟大头脑致力于彻底掌握亚空间，造福人类。他明白如果缺少对于虚空的深刻理解和全面掌控，人类就必将衰落灭亡，无论我们征服多少星球也难以弥补。"

"如果他失败了呢？"洛肯问道。

"不会的。"战帅直白地回答。

"如果我们失败了呢？"

"不会的，"荷鲁斯说，"因为我们是他的猛将爱子。因为我们决不可失败。"他看了看手中空了一半的杯子，放在一边。"我来此寻觅幽魂，"战帅笑道，"结果只找到我这个酒鬼。你仔细想想吧。"

第十连战士们步履沉重，默默无言地钻出逐渐冷却的风暴鸟，列队穿过登机甲板向兵营走去。除了盔甲碰撞和战靴迈动发出的轰鸣外别无声响。

走在队列中间的若干战士肩上是铺有军团旌旗的棺椁，其中便是马刺小队的亡者。另外四人抬着弗洛拉和凡·克拉斯坦的遗体，但两位记述者没有旗帜加身的待遇。班师大钟的震耳鸣响在甲板中回荡。战士们纷纷摘下头盔，行鹰徽礼。

洛肯漫步走向私人军械室，并传唤机仆前来服侍。他将左侧肩甲捧在手中，朱伯的短剑还紧紧卡在里面。

走入房间之后，他正要把那令人悲哀的纪念品扔进角落，却突然意识到室内并非只有自己一人。

梅萨蒂·欧丽顿站在阴影里。

"女士。"洛肯把破损装甲放在地上。

"连长，很抱歉。我不是故意擅闯的。因为你即将返回，所以你的侍从让我在这里等待。我想见你，我想向你道歉。"

"道什么歉？"洛肯将遍布凹痕的头盔挂在支架顶端。

梅萨蒂迈步上前，她的黝黑皮肤和修长头颅反射着灯光，"我错过了你给予我的机会。你好心举荐我参与见证今天的任务，我却没有按时出现。"

"算你好运。"他说。

她皱起眉头。"我……是这样，出了点麻烦。我的一个朋友，另一位记述者。诗人伊格内斯·卡尔卡斯。他遇到些麻烦，我花了很大力气去帮他。结果拖延太久，没有赶上。"

"你不必感到失望。"洛肯说着开始脱卸战甲。

"我想给你讲讲伊格内斯的遭遇。我本不愿开口，但是像你这样身份显赫的人或许能帮到他。"

"我听着呢。"洛肯说。

"我也愿意聆听。"梅萨蒂说。她迈步上前，用渺小的手掌轻轻按住洛肯的臂膀。洛肯刚才将甲胄狠狠抛开，用迅猛动作发泄着情绪。

"我是记述者，先生，"她说，"我是你的记述者，希望这样说不会太鲁莽。你想和我讲讲地表发生了什么吗？有什么回忆是你愿意与我分享的吗？"

洛肯俯视着对方。他的淡灰双眸中有一场暴雨即将倾泄。他抽开了臂膀。

"不。"他说道。

第二部

蜘蛛国度的同胞兄弟

第十一章

厌恶与敬慕
这个世界名为谋杀
渴求荣耀

即便在亲手杀戮了众多巨蛛怪之后，索尔·塔维兹依旧无法明确区分这种敌人身上的活体结构与科技造物，两者堪称天衣无缝，是无机和有机的完美结合。这些怪物并不披挂铠甲或持握武器。它们的铠甲与自身的节肢外壳融为一体，而它们的武器则从中延伸出来，就像人类所具备的手指或口舌一样。

塔维兹对于它们既厌恶又敬慕。他厌恶它们是出于人类对完美的过度追求。他敬慕它们则是认同他们作为强大敌人的宝贵价值，帝皇之子正是通过击败这样的敌人才能步步迈进，逐渐将自身的潜力发挥到极致。"我们永远都需要一个对手，"艾多伦总司令昔日所言早已烙印在塔维兹心中，"一个具备可观力量与强劲韧性的真正对手。唯有借助这样的对手，我们才能恰当地评估自身实力。"

然而当前局势所牵涉的决不仅仅是军团的作战实力，塔维兹对此有着充分的理解。阿斯塔特同胞身陷危机，这是一项营救行动——虽然谁也不敢真的采用这种说法。公开指出圣血天使需要旁人营救无疑是彻头彻尾的不当言论。

支援，这才是正确的说法，但谁也难以支援一个不见踪影的盟友。帝皇之子已经在谋杀星球地表停留了六十六个小时，却尚未找到140号远征队的丝毫痕迹。

他们相互之间甚至都失去了联络。

艾多伦总司令将整支连队投入到了空降突袭中。降落过程糟糕透顶，虽然他们事先得到过颇为严厉的警告，但实际情况相比之下还要险恶得多。大气环境十分恶，让空降舱化作风中枯叶，极大地偏离了预定轨迹。塔维兹明白，恐怕有很多空降舱都未能完好落地。于是塔维兹就和另外一位上尉共同指挥着三十余名战士，这仅是连队三分之一的力量，但是在登陆星球之后他们所能集结重整的人数就只有这些了。由于风暴的干扰，他们无法接通位于星球轨道的舰队，也不能联系到艾多伦或其他空降单位。

如果艾多伦或其他空降单位还活着的话。

整场行动充满了彻底失败的意味，而帝皇之子并不喜欢品尝这种滋味。若要转败为胜，他们就别无选择，只有着手弥补现状，因此帝皇之子分散成搜索阵型，四下寻觅那些需要支援的同袍兄弟。或许他们可以顺路与其他失散单位会合，或者找到某种地标作为参考。

空降地点周围的环境令人惶惶。乳白色的天空动荡不安，被巨蛛怪引发的风暴所侵染，起伏广袤的大地铺满锈红沙土，从中生长出一片无边无际的高大草原，野草那灰白茎秆的颜色如同脏污冰雪。每根足有大腿粗的草茎都笔直地蹿到二十米高：粗糙，干燥，枯脆。它们在充满放射性的微风中轻轻摆动，然而由于其高度惊人，因此在地面位置上，茎秆摇曳的吱嘎呻吟就淹没了一切声响。在这片不时发出呜咽声的草原里穿行的阿斯塔特仿佛变成了麦地里奔窜的田鼠。

侧面的能见度极其有限。在头顶上方，那些不停摆动的挺拔野草直刺向浑浊天穹。众人身边的茎秆生长得颇为密集，视野仅有区区数米。

大部分草茎根部都挤满了肿胀的黑色幼虫：它们是如人类脑袋大小的圆形生物，像恶性肿瘤般成群簇拥在距离地面一米之内的位置。这些幼虫除了紧紧攀附住草茎之外，唯一的行为大概便是吸食汁液。它们还会发出一种诡异的嘶鸣声，这让草原之下的古怪环境越发令人毛骨悚然。

布勒提出，这些幼虫或许是尚未成年的敌人，于是在最初的几个小时里，他们便用火焰喷射器和刀剑毁灭了一路遭遇的所有幼虫，但这项工作颇费力气又毫无止境。到处都是幼虫，而幼虫被击中时体内喷射出来的刺鼻脓液会损伤武器锋刃，若是飞溅到铠甲表面也能留下腐蚀焦痕。最终他们决定不再予以理会，完全忽视了那些嘶嘶作响的东西。

塔维兹的同僚卢修斯上尉找到了第一棵树，他呼唤全体战友前去查看。那个有趣的物体显然是用钙化白石堆砌的，在广袤草原中鹤立鸡群。它的造型仿佛一株菌伞宽大的蘑菇：直径五十米的圆顶架在一根粗达十米的立柱上。那半球形圆顶结构繁复，由无数骨白色的锐利棘刺交缠簇拥而成，每一根棘

"但这位……"

洛肯盯着辛德曼。他脸上写满了困惑与不安,这是宣讲者从未见过的。"怎么了,加维尔?"老人问道。

"发生了一件事,"洛肯说,"一件……超乎想象的事……"

他停顿下来,转头看着朱伯受缚的尸体。"我需要提交一份报告,但我不知道该怎么说。我找不到任何参考。我很高兴你来了,凯瑞尔,很高兴来的是你。多年里你一直引导劝诫我。"

"我觉得……"

"我现在需要你的建议。"

辛德曼迈步上前,按着那位魁梧战士的臂膀,"你可以放心与我讨论任何事情,加维尔。我乐意效劳。"

洛肯俯视着对方。"这是机密,绝对机密。"

"我明白。"

"我们今天有伤亡。马刺小队六人牺牲,包括乌顿在内。另外一人濒死。至于毒玫瑰……毒玫瑰小队踪影全无,我担心他们也全体牺牲了。"

"这不可能,暴乱分子不可能——"

"不是他们。这是扎弗耶·朱伯,"洛肯指着地上的尸体,"就是他杀死了那些战士。"连长简洁地说。

辛德曼趔趄后退,仿佛迎面吃了一拳。他眨眨眼睛,"什么?抱歉,加维尔,我刚才听成了——"

"他杀死了那些战士。朱伯杀死了那些战士。我亲眼看到他用爆矢枪和拳头杀死了马刺小队的六名兄弟,如果不是我一剑把他当胸捅穿的话,他也会杀死我。"

辛德曼感觉自己双腿发软。他在旁边找到一块巨石,怔怔坐下。"太恐怖了。"老人喘息道。

"确实恐怖。阿斯塔特不会攻击同胞。阿斯塔特不会自相残杀。这与一切自然规律和人类法度相悖。这违逆了帝皇为我们灌注的基因编码。"

"一定是有什么误会。"辛德曼说。

"确凿无误。我亲眼所见。他变成了疯子。他被附体了。"

"什么?不要乱讲。这是陈年旧词,加维尔。附体是个唯心主义的词语——"

刺都有两三米长。

"这是干什么用的？"塔维兹不禁猜想。

"什么用都没有，"卢修斯回答，"这是棵树，它没有用处。"

在这一点上，卢修斯说错了。

卢修斯比塔维兹年轻，但两人都已饱经风霜，戎马一生，并目睹了众多奇观异景。他们是朋友，但那友谊天平的一端已被某种沉重而无形的砝码压了下去。塔维兹和卢修斯代表着军团的两个极端特质。他们与所有帝皇之子一样行进在追求完美战技的道路上，但塔维兹脚踏实地，卢修斯则野心勃勃。

索尔·塔维兹在很久以前就意识到，卢修斯终有一天会在荣誉和军阶上远胜自己。卢修斯或许来日能平步青云，官拜总司令之职，跻身这个向来高低有别的军团中核心，融入那超凡脱俗的内环团体。塔维兹对此并不介怀。他是一个生在前线的部队军官，从未觊觎过更高的位置。他安于自身职责，愿意毫无保留地奉献，以此为军团原体和众所爱戴的帝皇带来荣耀。

卢修斯时常戏谑嘲弄他，声称塔维兹之所以平凡至今，都要归咎于他无力赢得高阶军官的尊敬和倚重。塔维兹总是一笑了之，因为他明白卢修斯并不能真正理解。索尔·塔维兹固守原则，且为之自豪。他知道自己最完美的命运就是担任前线军官，若再妄加索求便是过度自负，远非完美。塔维兹拥有一套严整的行事准则，他鄙视那些因自私图谋而抛弃准则的人。

关键在于目标纯正，而非高人一等。其他军团往往难以理解这一点。

很多棵类似的巨树散布在这片吱嘎作响的草原里，在发现那第一棵树之后不到十五分钟，他们便首次遭遇了巨蛛怪。

敌人的出现有三项预警：周围的幼虫突然全部停止了嘶鸣；挺拔茎秆像触电一样开始颤抖；接着那怪异的嘀嘀嗒嗒声就迅速逼近，传入阿斯塔特耳中。

塔维兹在战斗爆发之初几乎没能看清敌人的模样。它们伴着尖锐呼号与敲击声响从草原中蜂拥而来，那一个个迅捷的身影仿佛是银色虚像。混乱无端的战斗仅仅持续了十二秒，其中充斥着震耳枪响、厉声呼喊与沉重撞击。敌人随即消失，来去无踪，草原沉静下来，幼虫恢复了它们的吸吮嘶鸣。

"有人看清楚了吗？"科尔寇特一边重新装弹一边问道。

"我看到了一点……"塔维兹在做着同样的工作。

"杜瑞伦死了，玛提乌斯也是。"卢修斯轻描淡写地说，他手里握着什么东西一路走来。

塔维兹对于自己刚刚听到的消息感到难以置信。"他们死了？就这么……死了？"他向卢修斯追问。这场战斗太过短暂，不可能致使两名阿斯塔特老兵阵亡。

"死了，"卢修斯点点头，"你要是想看的话可以去瞧瞧他们的尸体。就在那边，他们动作太慢了。"

塔维兹抬起武器穿过摇曳草原，其中一些已经被胡乱射击的爆矢弹打碎折断。他看到两具尸首伴着散落的白色茎秆躺在锈红沙地上，那美丽的紫金两色战甲被利刃割裂，鲜血从中汩汩涌出。

塔维兹沮丧地从屠杀场景前转过身。"把瓦拉斯找来，"他命令科尔寇特，那名战士立刻前去召唤药剂师。

"我们有所斩获吗？"布勒问道。

"我击中了敌人，"卢修斯自豪地说，"但我没有找到尸体。不过它留下了这个。"他举起手中的物件。

那是一条肢体，或者说是残肢。修长，纤细，坚硬。长约一米的主体部分是略具弧度的刀刃，显然是由锌合金或镀锌铁所打造。它的尖端锐利惊人。它很窄，与成年人的手腕宽度相仿。细长刀刃的末端是较粗的关节，与更为壮硕的另一段肢体相连。这个部分同样覆有斑驳的灰色金属，但已经被卢修斯的枪弹拦腰斩断。断裂处的横截面展现出了在表层金属包裹下的节肢类几丁质甲壳，以及内部那粉色湿滑的肉体。

"这是一条臂膀吗？"布勒问。

"这是一把剑。"卡茨纠正道。

"长着关节的剑？"布勒低哼一声，"里面还有肉？"

卢修斯握住断肢关节上端，仿佛那是一柄军刀。他挥手劈向身边的茎秆，轻易将其劈成两段。高大干燥的野草立刻倒向一旁，压倒了一大片草。

卢修斯笑了起来，随即痛呼一声将断肢抛下。即便是关节上端的肢体根部也很锐利，他劈砍时的持握力量让那刀锋咬穿了手甲。

"它居然切到我了。"卢修斯一边抱怨一边检查自己破损的手套。

塔维兹低头看着那根静静躺在红沙上的弯曲断肢，"怪不得这些家伙能把我们剁成碎片。"

半个小时之后,草原再次颤抖起来,塔维兹终于第一次直面巨蛛怪。他杀掉了对方,一场命悬一线的恶斗在几秒之内便见分晓。

这场遭遇让索尔·塔维兹明白了,为何齐塔斯·弗洛姆要将这个世界命名为谋杀。

一艘宏伟战舰像一头跃出水面的巨鲸般骤然现身,它刺破了跃迁返回点的污浊异光,伴着颤抖和轰隆声重新置身于冷寂而真切的实体宇宙空间。参照舰载计时器,它在十二周前遁入虚空,提前完成了原本需要十八周的航行。这趟旅程得以缩短,都要归功于各方面的可观投入,而这正体现了战帅独具的强大号召力。

雄伟战舰的尾部拖曳着灼目的触须状的等离子光焰,那仿佛是一群吸附在它身上的印鱼,它缓缓飘行了大约六百万千米,此时船尾方向才出现了闪动异光,包括十艘轻型巡洋舰和五艘大型运兵船的护卫舰船才姗姗来迟。这些被宏伟旗舰远远甩在身后的同行星船点亮了它们的实体空间引擎,匆忙而疲惫地组成护卫阵型。待这群寻母鱼苗般的飞船逐渐靠近之后,旗舰才启动自身引擎,开始进军。

它们驶向140-20,驶向谋杀星球。

安装在战舰前端的感应阵列发出鸣响,它们搜寻到了停泊于星系第四颗星球高层轨道上的其他飞船,并且隔着八千万千米成功识别出那些钢铁同胞的电磁印记与能量特征。此时,当地的金色恒星正喷薄着炽烈光芒与高能粒子。

首先抵达的战舰用通信、视频、战争议会密令和星语信息等诸多方式播放出一套标准的问候文件。

"这是63号远征队的复仇之魂号。这艘飞船担任人类帝国使节,怀抱和平交流意愿。收起武器,停止行进。请回应。"

在复仇之魂号的舰桥,科门努斯舰队长坐在自己的座位上耐心等待。考虑到舰桥的宏伟规模与船员的庞大数量,他周围环境的安静程度堪称惊人。这里只有些许低沉语音和仪器嗡鸣。然而战舰本身始终在发出高大的轰鸣声。从那雄伟舰身和层叠甲板中不断传来吱嘎声响,星船的超结构还在舒活筋骨,尚未从亚空间跃迁引发的可怖应力中彻底恢复。

大部分声响都是博阿斯·科门努斯的多年旧识,他几乎可以作出完美应对。

他在这艘战舰上服役许久，对其了若指掌。他绷紧神经，时刻提防着舰体破损的轰鸣与故障警报的尖啸。

目前一切正常。科门努斯看了一眼通信主官，对方摇摇头。他又将视线转向英梅星，那位女士虽然是盲人，却依旧能够察觉到他的目光。

"没有回应，舰队长。"英梅星说道。

"重复播放。"科门努斯下达命令。他希望得到回复信号，但更重要的是，他在等待定位结果。这已经花费了太长时间。科门努斯用钢铁手指敲打着舰队长操作台的边缘，周围的舰桥军官们纷纷紧张起来。对于这个失去耐心的预兆，他们都颇为熟悉，也十分畏惧。

一位副官终于握着塑封文件从导航区匆匆跑来。那副官似乎要为定位结果的拖延而致歉，但伴随人工义眼的镜片轻吟，科门努斯投去了一道凌厉目光。那轻吟声的意思是，"我没让你说话"。于是副官默默递出了文件。

科门努斯审视一番后点点头，交还回去。

"通报并归档。"他说道。那副官短暂停留了一阵，等待同僚将文件内容复制下来并纳入主航行日志，随后他快步登上舰桥后部的台阶，来到了战略室所处的甲板。他立正行礼，将文件递给当值军官，后者接过之后转身走向二十步开外那扇通往内厅的强化玻璃门，把手中文件转交给卫队长。身披禁军金甲的魁梧卫队长快速浏览了所写内容，随后点点头推开大门。一直在门内肃立等待的马罗格斯特接过塑封文件。

穿着长袍的马罗格斯特也阅读了文件，他点头示意后将大门重新关闭。

"位置已经确认并归档，"马罗格斯特向内厅宣告，"140-20。"

坐在高背椅中的战帅缓缓深吸一口气，他的位置紧靠舷窗，可以更清楚地展望群星。"我已收到航行确认信息，"他回答，"正式记录我已认可。"簇拥在荷鲁斯身边的二十位书记员纷纷将细节情况记下，随后便躬身告退。

"马罗格斯特，"战帅转头看着自己的侍从，"请替我祝贺博阿斯。"

"遵命，大人。"

战帅随即起身。他披挂的全副仪式铠甲洁白如雪，不时有金光闪耀其上，一袭宽大的紫色鳞甲斗篷挂在肩头。胸甲正中的泰拉之眼凝视前方。荷鲁斯转身面对集结于房间里的十位阿斯塔特军官，他们每一个人都感觉到自己正被那枚眼睛图案仔细审视。

"我们时刻待命，大人。"阿巴顿说道。他与其他九位同僚一样身穿作战铠甲和长可及地披风，将覆有顶饰的头盔夹在左手臂弯里。

"我们没走丢，"托迦顿说，"而且还活着，这总算是个好的开始。"

战帅脸上露出了笑容。"的确如此，塔瑞克。"他的目光与诸位军官依次交汇，"朋友们，看来有一场异形战争要打。我很高兴。我对于63-19的成就倍感自豪，但那毕竟是一场令人心痛的战斗。纵然对方误入歧途又无可救药，但同室操戈依旧无法令我感到丝毫宽慰。我的战士之心饱受束缚，战争的乐趣也变得索然无味，然而你们与我，同样都是战士。为战斗而生。为战斗而接受了改造、训练与约束。除了你们俩，"荷鲁斯微笑着朝阿巴顿与卢克·赛迪瑞点点头，"我要开口下令才能让你们停止杀戮。"

"而且你还得把嗓门放高些。"托迦顿补充道。大部分人都笑了起来。

"所以对异形的战争令我欣喜，"战帅带着笑容继续说，"敌我之分是单纯利落的。这是一次在战场上倾尽全力的机会，不受束缚，无休无悔。我们将要扮演的角色是纯粹而专注的战士。"

"说得好！"老迈的亚克顿·克鲁兹开口道，向来庄重严肃的他显然对于嬉皮笑脸的托迦顿颇为反感。对其他九人的态度则相对和缓。

在荷鲁斯的带领下，四王议会成员从内厅走入战略室，同行还有其他几位连长：第十三连的赛迪瑞，第三连的克鲁兹，第七连的塔苟斯特，第十八连的玛尔，第十九连的莫伊，还有第二十五连的格申。

"我们来听听战术简报。"战帅下令。

马罗格斯特早已准备就绪。他挥动控制杖，让精细的全息图像闪烁浮现于高台上空。其中展示着星系概况、轨道线图，以及各艘舰船的位置与航向。荷鲁斯仰望全息投影，探出手掌，手甲指尖处内置的执行感应器让他可以随意旋转和放大全息影像。"二十九艘战舰，"他说道，"我以为140号远征队只有十八艘。"

"听说确实如此，大人。"马罗格斯特回答。自从走出内厅之后，他们都改用了科索尼亚语交谈，如此一来，即便是在舰桥工作人员的环绕之下，战术信息依旧得以保密。荷鲁斯并非成长于科索尼亚——他不是在麾下军团的家园世界长大成人的，这在众多原体中颇为罕见——但他依旧讲得十分流利。事实上，他的科索尼亚语特征显著，上颚音刚硬，元音粗糙，这是西半球黑帮成员的标志性口音，而那恰恰是科索尼亚最为常见也最为凶暴的社会组织。洛肯对于这口音颇有兴趣。最初，他猜想战帅是通过这样一位当地人习得的，但如今他对此表示怀疑。荷鲁斯的一举一动必有深意。洛肯相信，战帅这粗犷的科索尼亚口音是刻意为之，借此在部下们眼中更显诚实可靠，平易近人。

马罗格斯特检视着舰桥军官递来的数据板，"我可以确认140号远征队配备了十八艘战舰。"

"那么其他这些都是谁？"阿西曼德问道，"敌方星船？"

"我们还在等待扫描分析结果，连长，"马罗格斯特回答，"目前也尚未收到针对我方信号的回应。"

"请科门努斯舰队长态度更……坚决一些。"战帅告诉侍从。

"我是否应该指示他将我方单位组成作战阵型，大人？"马罗格斯特问。

"我会考虑一下。"战帅说。马罗格斯特一瘸一拐地走下平台阶梯，前往舰桥主体与博阿斯·科门努斯交谈。

"我们是否应当组成作战阵型？"荷鲁斯向麾下军官们发问。

"额外战舰有没有可能属于异形？"克鲁兹猜想。

"看起来并无战况，亚克顿，"阿西曼德回答，"而且弗洛姆也没有提到敌方舰船。"

"那是自己人。"洛肯说。

战帅转头看着他，"有何高见，加维尔？"

"在我看来很明显，长官。扫描结果显示众多战舰分布在高层轨道。那是帝国的停泊阵型。想必有其他人回应了支援请求……"洛肯没有把话说完，而是压下了一道尴尬的微笑。"当然，你一直都知道，大人。"

"我只是想看看还有谁能敏锐地认清局势。"荷鲁斯笑道。克鲁兹也笑着摇摇头，对自己的失误颇为羞愧。

战帅朝全息投影点头示意，"如此说来，这个大家伙是谁？显然是一艘战列舰。"

"慈悲之行号？"克鲁兹猜测。

"不，不，那艘才是慈悲之行号。再者，这又是怎么回事？"荷鲁斯俯身向前，用手指扫过那明亮的投影，"听起来像是……音乐。某种类似于音乐的东西。是谁在播放音乐？"

"外层空间站信号，"阿巴顿看着自己的数据板说道，"来自某种信标。140号远征队报告称，在星系中总共发现了三十枚信标。是异形造物。重复播放的信号无法翻译。"

"真的吗？它们没有飞船，却有外层空间站？"荷鲁斯伸出手调整投影，展示出对于一系列离散图形的拆解分析，"这是无法翻译的？"

"这是140号远征队的说法。"阿巴顿回答。

"我们就信了他们的说法？"战帅追问。

"我猜是的。"阿巴顿说。

"这里面有规律可循，"荷鲁斯凝视着明亮的图形得出结论，"尝试解读。我们自己尝试解读。从标准的数字区块入手。我尊重140号远征队，但我不打算听信他们的任何说法。至今为止他们的工作成果都糟透了。"

阿巴顿点点头，迈向一旁与众多待命的甲板军官交谈，开始传达这项指示。

"你说那听起来像是音乐。"洛肯开口了。

"什么？"

"你说那听起来像是音乐，长官，"洛肯重复道，"这是个有趣的说法。"

战帅耸耸肩，"这是个数学问题，但其中蕴藏着有序的韵律。这绝非随机。音乐与数学，加维尔。它们是一枚硬币的两面。这显然是刻意编写的。吾主在上，不知道是140号远征队的哪个白痴认定这无法翻译。"

洛肯点点头。"你看一眼就能辨认出来？"他问道。

"不是很明显吗？"荷鲁斯反问。

马罗格斯特走了过来。"科门努斯舰队长已经确认，前方皆为帝国舰船，"他递出另一份塑封文件，"最近几周，有多个单位响应求援信号抵达此处。大部分都是原定前往卡罗里斯星的帝国军队运输船，而那艘大型战舰是傲心号。第三军团，帝皇之子。一整支连队，掌握指挥权的是艾多伦总司令。"

"如此说来，是他们捷足先登了。他们战况如何？"

马罗格斯特耸耸肩。"看起来……不是太好，大人。"他答道。

这颗星球在帝国档案部注册的正式编号是140-20，即归属于140号远征队的第20个世界。然而这个定义并不准确，因为140号远征队显然并未达成归顺目标。无论如何，帝皇之子还是采用了这个编号，否则必将是对圣血天视阿斯塔特同胞身陷险境。艾多伦得到原体的全力支持后，得以调转航向，前去协助受困的远征队。其他方面同样发动了驰援。据说圣血天使增援部队已经踏上征途，而战帅本人也派遣麾下的 63 号远征队进行支援。

但最近的援军至少也要多日之后才能抵达。艾多伦大人的特遣队便负责应对危机，首当其冲。

艾多伦的战列舰在 140-20 高层轨道锚点与 140 号远征队的功能性舰船会合。140 号远征队规模较小，高贵的慈悲之行号战列舰辖下共有十八艘舰船包括航母及运兵船、护卫舰等辅助星船。其军事力量包括弗洛姆连长所率领的三个圣血天使连队，以及四千名帝国军队士兵和附属装甲，但并没有机械神教单位。

140 号远征队舰队长马森努尔·奥古斯特在战列舰上为艾多伦及其军官举行了欢迎仪式。奥古斯特高挑纤瘦，留着一把分叉的白胡子，他显得颇为紧张不安。"我很感激你的快速应对，大人。"他对艾多伦说。

"弗洛姆在哪里？"艾多伦单刀直入地问。

奥古斯特无助地耸耸肩。

"帝国军队的指挥官在哪里？"

又是一次可悲的耸肩，"他们都在下面。"

在下面。在谋杀星球地表。这个世界是一个朦胧灰暗的球体，大气层中点缀着众多风暴。140 号远征队是被某种无法翻译的奇特信号引至这个孤独星系的，那些外层空间站的广播内容显然是智能生命存在的清晰线索，远征队的注意力聚焦在了第四颗星球上，这是当地恒星的公转轨道中唯一一个具有大气层的世界。仪器扫描检测到了大量生命迹象，但远征队的信号并未得到任何回复。

首批五十名圣血天使乘坐登陆船前往地表，随即消失无踪。在登陆船扎进大气层的那一刻，起初安静平和的天气就像过敏反应一样突然异变为狂怒风暴，转瞬间将他们吞没。由于这莫名变化的气候条件，舰队无法与星球地表建立通信。另五十名战士随后出动，同样再无踪影。

此时，弗洛姆和舰队军官开始怀疑，140-20 的原住生命体已具备掌控星球气候系统的能力，并将其当作防御机制。那些规模惊人的厚重雷云被命名为"护盾风暴"，它们奋起迎战驶向地表的登陆艇，恐怕已经将其彻底湮灭。

鉴于这种情况，弗洛姆转而采用空降舱，这是唯一能够承受登陆过程的载具。弗洛姆亲自带队进行了第三波登陆，此后舰队仅能偶尔接收到支离破碎的信息，纵然他带了一名星语者同行，以求抵抗糟糕天气对通信信号的干扰。

　　这是个苦涩的故事。奥古斯特将远征队中的阿斯塔特与帝国军人一批批投向地表，徒劳地响应着弗洛姆模糊的求援信息。他们要么是葬身于凶恶风暴，要么是消失在那无法穿透的雷云之下。护盾风暴一旦骤起便不会停息。远征队缺乏清晰的地表图像，没有可靠的地形扫描，也不具备稳定的数据或通信连线。140-20是一个有去无回的深渊。

　　"我们不清楚登陆情况，"艾多伦通告自己指挥的诸位军官，"空降舱行动。"

　　"或许你们可以稍作等待，大人，"奥古斯特提议，"我们听说一支圣血天使部队正在前来支援弗洛姆连长，而且影月苍狼也只需四天就能抵达。或许你们合力——"

　　这成为决定性因素。塔维兹深知艾多伦大人无意与战帅精锐分享任何荣誉。他的上司很期待前去营救一支隶属竞争对手军团的部队，以此展现自己所率连队的超群水准……无论人们是否采用"营救"这个说法。这项任务的本质，以及它所带来的对比，都足以说明事实。

　　艾多伦立刻下令进行空降。

第十二章

敌人的特性
线索
巨树的功用

　　巨蛛怪战士有三米之高，生有八条肢体。它们借助四条后腿急速爬行，将四条前腿用作武器。它们的分节躯体与人类相比更加壮硕，造型宛如昆虫：紧凑的腹部垂挂在四条纤细的步行腿足之间；覆有装甲的粗壮胸部延伸出全部八条肢体；宽而扁的楔形头部长着不住抖动的口器，那种标志性的嘀嗒声响正是由此而来，它们头颅上部覆有一层沉重的栉齿状护甲，却没有可以辨认的眼睛。四条前腿恰如卢修斯在首轮恶斗中夺取的战利品：关节之上长达一米的利刃包裹着坚硬金属。巨蛛怪全身上下似乎都披覆了一层斑驳厚重的灰色甲壳，其质地近乎纤维，只有头部顶冠是例外，那种粗糙坚硬的几丁质结构似乎是自然生长的。

　　随着一场场恶战，塔维兹逐渐认为可以通过那些顶冠分辨出敌人的地位。几丁质结构长得越饱满，巨蛛怪战士的阶级就越高，体型也越大。

　　塔维兹用爆矢枪达成了第一次击杀。那个巨蛛怪从他们面前的颤抖草丛中猛扑而来，用左上肢体的一记轻扫将科尔寇特斩首。即便站定之后，敌人依旧是一团躁动不安的虚影，仿佛它的新陈代谢与生命本身都迅捷无比，远远超过这些来自奇摩斯的强化战士。塔维兹立刻开火，将三枚子弹轰在巨蛛怪胸甲正中，第四枚则湮灭了对方的头颅，将其炸成四下飞溅的白色汁液与碎肉。巨蛛怪的后足趔趄晃动，前腿胡乱挥舞，随后终于倒毙，但在此之前传来了另一声轰响。

　　那是科尔寇特的无头尸首堕入红沙的声音，动脉血从他的断颈中喷射而出。

　　这场遭遇战十分短暂。从突袭发动到杀死敌人，可怜的科尔寇特根本没来得及还手就倒下了。

　　第二只巨蛛怪接连而至，它挥动前肢迅如闪电把爆矢枪从塔维兹手中击飞，又在这位阿斯塔特的胸甲上留下了一道深深刻痕，将那帝国鹰徽一分为二。这是一项深重的罪行。在众多军团之中，唯有帝皇之子获准在胸甲上佩戴鹰徽标志，这是帝皇本人的独特恩赐。周围的颤抖草原中传来阵阵枪弹轰鸣与战友怒吼，塔维兹快步后腿以避锋芒，敌人的侮辱令他心痛，他抽出腰间阔剑启动能量力场，双手持握猛力下劈。修长的剑锋被异形头冠弹开，仅仅削掉了些许泛黄骨片，而对方随即斩来的利刃肢体则迫使塔维兹后退躲闪。

他的第二次出击更为有效。剑刃避开了坚硬头冠，深深埋进巨蛛怪的脖颈，从头胸相连的关节处没入躯体。他将敌人的胸膛劈作两半，飞溅出一股闪亮的白色汁液。巨蛛怪抽搐起来，逐渐意识到自己就要死去，塔维兹狠狠扯回阔剑。对方濒死挣扎了一会儿。那四条利刃肢体颤抖着向前探出，塔维兹躲闪不及，令左右各两支尖锐末端搭在了他头盔双侧。随着巨蛛怪颓然倒地，本应致命的触碰显得近乎温柔。四根刀锋便伴着刺耳嘶鸣从塔维兹的护目镜两边无力地划过，在紫色盔甲上刮出几道痕迹。

有人在尖叫。爆矢枪全力开火，炸裂草茎的残骸飞入半空。

第三个敌人扑向塔维兹，但他此刻已是战意昂然。他挥剑迎击，向右侧扭转身躯，干净利落地切入巨蛛怪胸部，沿着上肢与下肢分界处将对手剖作两半。

浅色液体四下飞溅，异形的上半截身躯轰然坠地。腹部和残余的胸部则一边喷着浑浊汁液，一边迈开四条后腿胡乱奔跑，最终撞在一根草茎上才最终死去。

战斗就此结束。草原的颤抖顿时停歇，那些可憎的幼虫也重新开始沙沙吮吸。

他们登陆星球地表已有九十个小时，与巨蛛怪在茂密草原中交手二十八次，本就规模有限的队伍折损了七名战士。他们的进军状态变得越发盲然，近乎迷茫。没有核心目标，毫无战略细节。他们尚未联系到圣血天使、上级指挥官，或是连队中任何其他单位的士官。他们埋头前进，每跨过几千米的路程就会遭遇恶战。

索尔·塔维兹认定，这便是一场臻于完美的战争。性质单纯，令人专注，他们的战斗技艺与杀戮力量都备受考验。这就像是一个致命的训练科目。多日之后，他才真正明白自己当时有多么专心致志。他的战斗感知变得极端锐利，

巨珠怪伏击

堪比敌人的刀锋肢体。他永远保持警惕，没有丝毫放松与懈怠的机会，因为巨蛛怪的伏击迅猛狂暴，来去无踪。队伍前进，战斗，前进，战斗，全无喘息或思考的时间。如此纯粹完美的作战状态对塔维兹而言是空前绝后的，其中彻底抹去了任何政治或理念因素的繁杂纷扰。他和战友们化作帝皇的兵刃，而巨蛛怪则由那充满敌意的冷漠宇宙淬炼而成，代表着人类道路上的种种障碍。

人数越来越少的阿斯塔特几乎都改用刀剑作战了。击杀单单一个巨蛛怪需要耗费太多爆矢弹，而刀剑则更为稳妥，前提是你必须具备足够的速度与力量，可以先发制敌，一击毙命。

塔维兹颇为惊讶地发现，他的同僚上尉卢修斯另有看法。在他们进军的过程中，卢修斯吹嘘称自己在玩弄敌人。

"这就像是同时与四个剑客决斗。"卢修斯如此说。他专擅于此。据塔维兹所知，卢修斯在剑术对决中至今未尝败绩。塔维兹和众多战友往往轮换开展武器训练，以求在各个方面日臻完美。卢修斯则一心苦练剑术。令人气恼之处在于，卢修斯的枪法天生精准，似乎从不需要在靶场加以磨炼。卢修斯最骄傲的成就是"亲手用坏了"四个训练笼。军团中的其他剑术大师，如埃科隆和布拉尊诺等人，时常与卢修斯交手以增进自身技艺。据说艾多伦本人也往往选择卢修斯作为训练同伴。

卢修斯手持一柄古朴长剑，那是统一战争的珍贵遗物，由泰拉瓦特部族的超凡工匠在乌拉尔的锻炉中打造而成。其平衡性与韧性绝佳，堪称大师之作。他通常采用旧时的作战风格，在左臂上佩戴一面盾牌。缠有钢丝的利剑握柄格外长，允许他在单手与双手持握间任意切换，可以当作棍棒般单手挥舞，亦可调整持剑方式：握住后端便可施展大开大合的劈砍，握住前端则可送出力贯一点的突刺。

此时他将盾牌束在背后，左手握着巨蛛怪的利刃肢体作为副武器。卢修斯已经用盾牌内衬的铁箔将断肢根部裹好，以防那锐利锋刃再次割伤自己。他放低身躯，在无垠草原中缓步前进，渴求着展开杀戮的机会。

在第十二次突袭中，塔维兹终于见识了卢修斯的实力。剑客迎头冲向一个巨蛛怪，递出暴风骤雨般的劈砍刺击，用令人目眩的双剑对抗怪物的四条肢体。塔维兹看到了三次致敌死命的方式，卢修斯绝非错失良机，而是刻意放过。他非常享受当下的一切，不愿让这场游戏太早结束。

"我们要抓一两只活的回去，"在战斗结束之后，他带着些许讽刺意味对塔维兹说，"我会把它们拴在训练笼里。可以用来练剑。"

"它们是异形。"塔维兹斥责道。

"如果我想继续精进，就需要合适的练习对手。能够带来挑战的练习对手。你知道有谁能与我抗衡吗？"

"它们是异形。"塔维兹重复道。

"或许这是帝皇的意愿，"卢修斯提出，"或许这些生物存在于银河中，正是为了提升我们的技巧。"

塔维兹完全不了解异形的想法，但他对此不以为意，同时他确信，如果巨蛛怪拥有某种无从得知的更高目标和存在意义，那么也决不会是扮演人类的练习对手。塔维兹不禁猜想，它们是否使用语言，是否具备人类所理解的文化、艺术、知识、情感？抑或这一切都与它们的科技类似，借助某种天衣无缝的奇特手段与自身躯体彻底融合，以致让人类无法区分或识别？

它们对于帝皇之子的攻击是被某种情绪所推动吗？还是说它们就像巢穴被木棍戳弄的蜂群那样单纯地应对危机？他突然意识到，巨蛛怪之所以不懈地发动攻势，或许正因为在它们眼中，人类是丑恶的异形。

这是种可怕的想法。想必巨蛛怪能够辨别出人类躯体与之相比具有彻底的优越性？也许它们的敌意是出于嫉恨？

卢修斯依旧滔滔不绝，他正在兴奋地解释某种扭转手腕的细节方法，这是与巨蛛怪对战所获得的崭新启发。他面对一根草茎进行演示。

"看见了吗？抬高然后扭转。抬高，扭转。剑刃下行时偏向内侧。与人类交手时这招毫无用处，但在这里就很有必要。我可以为此写一篇文章。这个招式应该被称为'卢修斯式'，你觉得呢？这听起来是不是够棒的？"

"棒极了。"塔维兹回答。

"这里有情况！"通信频道中响起一声呼喊，是萨奇安。他们匆忙前去会合。那位战士在草原中发现了一片突兀而惊人的空旷地带。草茎没有在此扎根，数十平方千米的赤红沙土暴露在外。

"这是怎么回事？"布勒发问。

塔维兹推想这片区域或许经过了刻意清理，然而并没有发现任何草茎的生长痕迹。四面八方都包围着高大摇曳的草原。

阿斯塔特一个个步入空旷区域。情况令人不安。他们在草原中行进时缺乏任何方向感，因为各个方向都毫无分别。这片旷野突然成了地标。这剧烈反差十分可疑。

"看这里。"萨奇安高声说。他俯身跪在二十米开外的荒芜平原上检视某件事物。塔维兹意识到，战友发出召唤并非因为这独特的环境，而是另有缘由。

"是什么？"塔维兹快步走向萨奇安。

"我想我知道，上尉，"萨奇安回答，"但我不想说出口。我是在地上看到的。"

萨奇安将那物件递给塔维兹检视。

这是一片大致呈三角形，略带弧度的染色玻璃，它光滑圆润，最长边约有九厘米。它四周带有凹痕，经过了机械加工。塔维兹立刻就能辨认出来，因为他正透过两块类似的物件加以检视。

这是阿斯塔特头盔的护目镜。是何等力量将它从陶钢框架里撬了出来？

"和你想的一样。"塔维兹对萨奇安说。

"不是我们的。"

"不，我想不是。形状不一样，是第三型战甲。"

"那么就是圣血天使了？"

"是的，圣血天使。"这是能够证明帝皇之子并非第一批到达这里的外来者的仅有证据。

"四处看看！"塔维兹下令。"搜索空地！"

战士们花了十分钟仔细搜寻。然而一无所获。一片格外凶猛的护盾风暴正在他们头顶迅速积聚。暴怒闪电在那厚重云层中奔窜，光线越发昏黄，风暴干扰引发的嘶鸣尖号强横地钻进通信频道。

"我们的位置太暴露了，"布勒嘀咕道，"我们回到草原里去吧。"

塔维兹感到好笑。按照布勒的说法，那片浓密草原仿佛是安全地带。

一条条巨型叉状闪电裂空而来，伴着淡黄色的灼目光辉对这块空旷地带施以残暴鞭笞。那些仅仅持续以纳秒记的雷电显得分外真实，如同某种触手可及的固体结构，仿佛是长满棘刺的冲天枝干。包括卢修斯在内的三名阿斯塔特被闪电击中。借助第四型战甲的庇护，他们安然面对那暴烈轰鸣的冲击，笑看残余电流像碧蓝花环般在自己的铠甲上"噼啪"闪现。

"布勒说得对，"卢修斯铠甲上奔涌四散的电流让他的通信信号变得模糊不清，"我打算回到草原里去。我要狩猎。我已经有二十分钟没开杀戒了。"

这激进的宣言让附近几名战士为卢修斯呼吼喝彩。他们用拳头猛力敲打盾牌。

塔维兹再次试图联系艾多伦总司令或者其他任何人，但风暴的屏蔽并未破除。他不愿让人数本就稀少的队伍再次分散，而且卢修斯的虚张声势已经令他颇为厌倦。

"照你的想法行动吧，上尉。我倒是打算把那个调查清楚。"塔维兹没好气地对卢修斯说。他抬起手遥指远方。在空旷地带的另一端，大约三四千米开外，众多庞大的白色轮廓矗立于繁盛草原之中。

"又是树。"卢修斯说道。

"对，但是——"

"喔，行吧。"卢修斯妥协了。

此刻卢修斯与塔维兹麾下仅剩二十二名战士了。他们组成一条松散阵线，开始穿越赤红沙地。这片空旷区域至少能让他们有充分的时间来发现巨蛛怪的踪迹。

头顶的风暴越发狂躁。另外五名战士遭到雷击。其中乌佐拉斯甚至被打倒在地。闪电带着穿甲弹一样的威力敲打沙土，制造出众多半透明的熔融小坑。泰山压顶般的护盾风暴笼罩天空，仿佛要用一柄气压巨钳将他们碾入大地。

起初巨蛛怪三三两两地零星出现。卡茨首先发现敌情，立刻提醒众人。那些灰色身影在草原边缘若隐若现。随后它们才成群结队地涌来，朝阿斯塔特队伍发起冲锋。

"泰拉在上，"卢修斯轻笑一声，"终于等来了一场战斗。"

这里足有上百个异形。它们伴着嘀嘀嗒嗒的口器鸣响从四面八方展开包围，组成一道急速收紧的灰色圆环，无数条迅猛挥舞的锐利肢体化作模糊残影。

"组成环形阵线，"塔维兹冷静地下令，"爆矢枪。"他将阔剑剑尖向下刺进身旁的红沙里，端起枪械。其他人纷纷效仿。塔维兹注意到卢修斯依旧握着他的双刃。

潮水般的巨蛛怪迅速逼近，与帝皇之子形成了两个大小悬殊的同心圆。

"做好准备。"塔维兹朗声说。卢修斯双手高举兵器，他显然乐得将指挥权交给塔维兹。

他们能听到那躁动不安的嘀嗒声越来越近。还有几百条肢体快速奔行的密集敲击声传来。

塔维兹朝布勒点点头，后者是队伍中枪法最好的成员。"你来下令。"他说道。

"谢谢，长官，"布勒抬起爆矢枪高呼，"十米距离！打空子弹！"

"之后拔剑！"塔维兹咆哮道。

当巨蛛怪涌到仅仅十点五米之外时，布勒大喊"开火"，阿斯塔特的紧凑阵线立刻开始倾泻弹药。

他们手中武器的震耳轰鸣盖过了风暴的嘶吼。最前排的敌军顿时土崩瓦解，一些粉身碎骨，一些爆裂四溅。尖锐的锌灰色金属残片抛入半空。

遵照布勒的指令，阿斯塔特战士们打空了子弹，随后收起枪械迎击扑面而来的敌人。巨蛛怪的攻势虽如拍岸惊涛，但依然在到达他们身边后消散。人类与异形白刃相交的金属撞击声密集交叠，恰似漫天飞雪。在两军接战前的最后一刻，塔维兹看到卢修斯挥舞着剑刃朝巨蛛怪猛扑而去，陷阵搏杀。

战斗持续了三分钟。其激烈程度理应分摊在一两个小时里。五名阿斯塔特阵亡。数十个巨蛛怪为之殉葬，它们残破断裂的尸首躺在红沙之间。事后反思这场恶战的时候，塔维兹发现自己无法回忆起哪怕一丝一毫的细节情况。他能记得抛下爆矢枪并举起阔剑，但之后的一切便化作了众多令人眩晕的模糊瞬间。他仿佛突然就站在那里，全身充斥着疲惫酸痛，剑刃与铠甲上滴淌着白色黏液。巨蛛怪则像退潮般全面溃败，与发起进攻时同样迅捷。

"重整！装弹！"塔维兹不由自主地喊道。

"看！"卡茨大吼。塔维兹举目遥望。

在那狂躁翻腾的天空中，某些物体正径直朝他们俯冲而来。

巨蛛怪拥有不止一种生物形态。

那些飞行怪物扇动着细长透明的双翼从天而降，它们急速拍击的翅膀发出阵阵刺耳嗡鸣。它们的黑色躯体闪闪发亮，腹部与陆行同类相比更加饱满肥大。那些怪物的纤细腿足全部聚拢在胸前，就像铸铁挂钩一样。

生有翅膀的敌人从半空中猛然扑击，用漆黑肢体擒住一个个身着铠甲的阿斯塔特。战士们挥剑迎击，奋力挣扎，举枪开火，然而在区区数秒之内便有四五名战士被带离地面，遁入那动荡不安的天空，在怪物的怀抱中徒劳地扭动呼吼。

阵型立刻被打乱。战士们四下分散，尽力躲避这从天而降的攻击。塔维兹高喊着维持秩序，但他明白自己的努力毫无意义。一个生有翅膀的身影带着急促低沉的震颤轰鸣猛扑而来，塔维兹不得不低身躲闪。他依稀瞥见这种敌人的顶冠已经演变成了可怕修长的漆黑弯钩。

另一个怪物从头顶掠过。爆矢枪的轰鸣四下响起。塔维兹挥剑上扬，试图将对方逼退。那双翼拍击的隆隆嗡鸣令人倍感不安，他的横膈膜都随之颤抖不已。塔维兹用阔剑轻挑疾刺，那怪物则看似毫不费力地腾跃退却。它骤然转变方向，将近旁的战士带上天空。

一个长着翅膀的敌人擒获了卢修斯。他被钩爪抓住后背，正迅速离开地面。疯狂扭动的卢修斯试图用两把武器刺向身后，但徒劳无功。

塔维兹快步冲向战友，奋力跃起，挂在了卢修斯身上。塔维兹隔着同僚向敌人探出阔剑，但一条带有弯钩的漆黑肢体施以反击，打飞了他的武器。他只得紧紧抓住卢修斯。

"放手！放手！"卢修斯大喊。

塔维兹发现那怪物所钩住的是卢修斯背在身后的盾牌。摇摇晃晃的他抽出战斗短剑，将盾牌束带劈断。卢修斯和塔维兹顿时脱离了怪物的魔掌，从十米高处坠入红沙。

那些飞行生物带着九名阿斯塔特满载而归。它们朝远方草原里的白色轮廓撤退。不必塔维兹下令，剩余的战士立刻全速前进，奋力追逐那些渐渐远去的身影。

他们在空旷地带边缘追上了敌人。那些白色轮廓的确是更多巨树，一共三棵，卢修斯如今发现，它们竟是有用处的。

飞行生物俘虏的阿斯塔特都被穿在了一根根巨型棘刺上，这些棘刺则从白色巨树根部延伸出来。他们身着盔甲的躯体动弹不得，任凭众多长有翅膀的巨蛛怪大快朵颐。那些生物攀附在白石巨树上肆意啃食，用弯钩顶冠将牢牢固定的铠甲撬开，品尝其中的血肉，它们背后细长透明的双翼此刻终于静止，像晶莹剔透的染色玻璃般垂挂下来。

塔维兹和其他战士停下脚步，带着惊愕与厌恶凝视这番景象。鲜血从白色棘刺上滴淌下来，沿着厚重粗糙的树干汇聚成猩红溪流。

他们的战友并非棘刺上仅有的牺牲者。树顶还悬挂着其他几具仅剩骨架的腐败尸首。残破的红色铠甲依附在那些遗骸上，也有的散落于巨树脚边。

他们终于找到了圣血天使的下落。

第十三章

旅途之中
糟糕的诗歌
秘密

在由 63-19 奔赴 140-20 的旅途之中，洛肯逐渐认定辛德曼在躲避自己。

他最终在三号档案库的浩瀚书架之间找到了对方。那位宣讲者坐在一张升降椅中，藏身于档案库最为幽暗偏僻的角落里，仔细研读着高高书架上的古老典籍。此处没有嘈杂人声，没有匆匆来往的寻书机仆。洛肯猜想普通学者对于此处存放的书籍都不会感兴趣。

辛德曼没有察觉到洛肯走近。他正全神贯注地埋头于一份古老残破的手稿，升降椅的阅读灯翘在他左边肩头，勉强将页面照亮。

"你好？"洛肯嘶声道。

辛德曼低头看到了洛肯。他微微一惊，仿佛刚刚从沉眠中苏醒。

"加维尔，"他低声回应，"我这就下来。"辛德曼将手稿放回书架，但升降椅附带的篮子里还堆着其他几本书。辛德曼把那份手稿归入原位的时候似乎有些颤抖。他拉动椅子扶手上的黄铜操纵杆，升降腿随即伴着轻微嘶鸣收缩变短，让他回到了地面高度。

洛肯伸出手，搀扶那位宣讲者迈出座椅。

"谢谢你，加维尔。"

"你在这里干什么？"洛肯问道。

"喔，你知道的，我来读书。"

"读什么？"

辛德曼瞥了一眼座椅篮子中的书籍，洛肯在对方的目光里捕捉到了些许负罪感，抑或是尴尬。"我承认，"辛德曼说，"我近来常常在一些非常古老过时的书本里寻求慰藉。泰拉统一之前的小说，还有诗歌。都是零散残篇，毕竟留存至今的作品已经多有缺损，但我确实感觉舒心一些。"

"你介意吗?"洛肯伸手示意书篮。

"请便。"辛德曼说。

洛肯坐在黄铜升降椅里,引来一阵金属呻吟,他取出几本书仔细检视。这些古籍早已泛黄卷边,纵然其中一些在入库之前必定经过了重新装订或包裹书皮。

"《苏玛图兰诗歌黄金年代》?"洛肯问道,"《古莫斯科公国民间传说》?这是什么?《厄什编年史》?"

"哗众取宠的小说和充满血腥的历史,其中偶尔夹杂一些词句精练的诗歌。"

洛肯取出另一本厚重典籍。"《泛太平洋暴政》,"他读出书名,随后翻开封面查看标题,"'颂扬纳森·杜姆统御之道的九篇长诗'……看起来挺枯燥的。"

"它充斥着流血与冲突,有些部分还颇为下流。这位热切盲目的诗人试图将自身所处的悲惨岁月强行转变成缥缈传奇。我倒是挺喜欢的。我小时候曾经读过类似的作品。算是另一个年代的神话故事吧。"

"一个更美好的年代?"

辛德曼愕然一笑,"喔,泰拉在上,当然不是!那是一个糟糕透顶的年代,谋杀与恶行到处上演,人类种族逐渐滑入末日深渊,我们丝毫不知道帝皇即将登场,并出手遏止整个文明的堕落。"

"但这些书会让你安心?"

"它们会让我回想起童年。这能宽慰我一些。"

"你需要宽慰吗?"洛肯把书放回篮子里,抬头看着那位老者,"我最近很少见到你,就在——"

"就在山中的经历之后。"辛德曼带着哀伤笑容替他把话说完。

"没错。我去过学院几次,想旁听你的讲座,但每次都是其他人为你代课。你还好吗?"

辛德曼耸耸肩,"我得承认,算不上很好。"

"你的伤势还——"

"我的身体已经痊愈,加维尔,但是……"辛德曼用枯瘦的手指敲敲额头,"我心神不宁。近来都不大愿意开口讲学,我胸中那团火焰还没有重新点燃,会好的。我一直独来独往,自我开导。"

洛肯盯着那位老迈的宣讲者。他显得如此羸弱,就像一只苍白瘦小的雏鸟。

耳语山脉中的血腥遭遇已经过去了九周，这段时间他们大都在虚空航行中度过。洛肯原本感觉自己逐渐接受了整件事情，但辛德曼的模样让他立刻意识到那伤痛远未消逝。洛肯可以将其阻断淡忘。他是阿斯塔特。然而辛德曼是一个并不具备此等坚韧品质的凡人。

"我希望我可以——"

辛德曼抬起一只手，"不必。战帅很好心，他亲自来找我谈过这件事。如今我已经明白究竟发生了什么，这让我受益良多。"

洛肯从椅子上站起身，将位置重新让给辛德曼。宣讲者欣然坐下。

"他把我看得很紧。"洛肯说道。

"谁？"

"战帅。他在这次行动中带上了我和第十连，让我常伴左右。为了能够观察我。"

"为什么呢？"

"因为我目睹了鲜为人知的事物。因为我了解亚空间乘虚而入能够产生何等后果。"

"那么我们敬爱的指挥官就是非常睿智的，加维尔。他不仅让你借助工作集中精力，更给予了你在战场上重铸勇气的机会。他依旧需要你。"

辛德曼又站起身，沿着书架一瘸一拐地走了几步，用手指拨弄着书脊。根据这蹒跚步态判断，洛肯明白对方的身体远没有像他所说的那样彻底痊愈。老人似乎又沉浸在了书山里。

洛肯等了一阵。"我该走了，"他最终说道，"我还有事情要办。"

辛德曼微笑着向他轻轻挥手作别。

"我很高兴又和你聊了几句，"洛肯说，"我们很久没见了。"

"是啊。"

"我会再来的。过一两天吧。或许能听到你的讲座？"

"我没准儿可以开讲。"

洛肯从篮子里取出一本书，"你说这些让你安心？"

"是的。"

"我能借一本吗？"

"只要你还回来就行。你拿的是哪本？"辛德曼缓步走来，接过洛肯手中的书，"《苏玛图兰诗歌》？恐怕对不上你的口味。试试这本——"

他拿起另一本来，"《厄什编年史》。四十章，详细描写了卡拉甘的残暴统治。你会喜欢的。很血腥，死伤惨重。还是把诗歌留给我吧。"

洛肯简单浏览了那本旧书，随后夹在胳膊下面，"多谢你的推荐。既然你喜欢诗歌，我也可以给你推荐一些。"

"真的吗？"

"是其中一个记述者——"

"啊对，"辛德曼点点头，"卡尔卡斯。我听说你为他担保了。"

"是一个朋友的人情。"

"这位朋友是梅萨蒂·欧丽顿吧？"

洛肯笑了起来，"你刚刚说最近几个月一直独来独往，结果还是什么事情都一清二楚。"

"那是我的工作。我手下的年轻人为我传递消息。我听说你对她颇为重视。算是你的个人记述者。"

"这样不好吗？"

"好极了！"辛德曼微笑起来，"原本就应该如此的。充分利用她，加维尔。也让她充分利用你。或许终有一天，帝国档案库里会出现很多比这些古旧遗物更为上乘的书籍。"

"卡尔卡斯原本要被遣返。我保释了他，但条件是他必须将所有作品都呈交给我。可我看不出半点儿门道。诗歌。我欣赏不了诗歌。我能都交给你吗？"

"当然。"

洛肯转身告辞。"你放回架子的那本书是什么？"他又问道。

"什么？"

"我刚到的时候，你的篮子里已经有很多书了，但你当时似乎在很仔细地研读另一本。后来你把它放回书架上了。那是什么？"

"糟糕的诗歌。"辛德曼回答。

在耳语山脉的事件发生后不到一周，舰队便启程奔赴了谋杀星球。友军传来的求援信息变得急迫万分，此时再去探讨63号远征队接下来作何安排已经没有实际意义。战帅下达命令，亲率十支连队立刻开拔，瓦尔瓦鲁斯则与舰队主体一同殿后，负责监督大部队由63-19的全面撤出。

第十连获选加入援助力量，洛肯顿时军务缠身，部队整编出动所需的准备工作庞杂而繁复，他的思绪因此无暇旁顾，再难纠结于昔日见闻。繁忙是一种解脱。小队阵容需要重新安排，替代人选将来自于军团的新兵和侦察单位。他必须填补毒玫瑰小队与马刺小队的空缺，这就意味着面试审核众多年轻战士，并作出左右其命运的决定。谁最适合？谁应该得到这一机会，成为真正的阿斯塔特？

在这项严肃的事务上，托迦顿和阿西曼德都为洛肯提供了帮助，两位同僚的贡献让他非常感激。特别是小荷鲁斯，他在甄选人才方面有着明察秋毫的独特眼光。他能辨别出洛肯错失的真实潜力，也能察觉到洛肯忽略的深层缺陷。洛肯逐渐明白，阿西曼德正是借助这种敏锐过人的分析能力跻身于四王议会的。

洛肯决定亲自打理阵亡部下的宿舍舱室。

"我和维帕斯可以解决，"托迦顿说道，"不必麻烦你。"

"我想自己做，"洛肯回答，"应该由我来。"

"让他去吧，塔瑞克，"阿西曼德开口了，"他说得对，应该由他来。"洛肯发现自己头一次对小荷鲁斯产生了真正的亲切感。他从没想过自己会与对方交情深厚，然而他最初看到的那个沉默寡言、矜持阴沉的荷鲁斯·阿西曼德其实是一位开诚布公、细腻睿智的人。

在收拾打扫那些简约实用的宿舍时，洛肯有所发现。诸位战士的私人物品都寥寥无几：些许衣物，若干件特殊的战利品，此外便是粗糙床铺下面的帆布包裹里那些紧密卷好的誓言纸张。在扎弗耶·朱伯的少数遗物中，洛肯找到了一枚银质徽章，但并没有与之相配的项链或皮绳。它只有硬币大小，上面是背衬新月的狼首图案。

"这是什么？"洛肯向一同前来的耐罗·维帕斯问道。

"我很难说，加维尔。"

"我想我知道这是什么，"洛肯说，朋友的敷衍回答让他略感恼火，"我想你也知道。"

"我真的很难说。"

"那就猜一猜。"洛肯厉声道。维帕斯则突然开始认真检查自己手腕伤口处的愈合状况，以及新近移植的机械义肢是否匹配良好。

"耐罗……"

使荣誉的侮辱。

在抵达之前,艾多伦总司令向麾下阿斯塔特进行了全面翔实的介绍。140号远征队最初的通信信息简洁明确。齐塔斯·弗洛姆连长在率部登陆星球地表数天之后报告称遭遇了敌对异形,他麾下的三个圣血天使连队便是140号远征队的核心力量。他描述了"能力出众的直立甲虫状生物,躯体由金属组成,或是包裹在金属中。每个个体都有两人之高,极为好斗"。如果敌方数量增加的话,可能需要支援。

此后,他发出的信息就变得支离破碎,间隔也越来越长。战斗"越发艰苦而凶残",那些异形则是"看似无穷无尽"。又过了一周,他的通信内容已经十分急迫。"当地种族抵抗顽强,而我们无法轻易取胜。它们拒绝开展任何沟通或谈判。它们从巢穴中蜂拥而出。我不得不赞赏它们的品质,纵然它们身为异形。它们显然是训练有素的。这是一个有价值的对手,或许足以在军团记录中占据一席之地。"

再过一周之后,远征队的信息变得更为简洁,发信人也从弗洛姆转为舰队长。"敌人战力强悍,远超我们。攻陷这个世界需要投入整编军团力量。目前我们恭请增援。"

远征舰队在十四天后转达了弗洛姆发自地表的最后一条信息,那几乎完全是模糊噪声中的些许尖细嘶鸣。他原本清晰坚定的话语已经被剧烈的信号失真彻底撕碎。唯一得以确切分辨的内容就是弗洛姆的遗言。而每一个字仿佛都是借助超人毅力挤出喉咙的。

"这个,世界,乃是,谋杀。"

于是他们以此为星球命名。

帝皇之子特遣队相比之下规模较小,傲心号战列舰所搭载的仅仅是艾多伦总司令麾下的一个军团连队。他们在萨特蓝萨斯星带的若干新近归顺世界展开了一次短暂的维和巡视,随后按计划前往卡罗里斯星与基因原体和兄弟连队会合,准备向次级双重星团发动大规模进军。然而在他们行至半途时,140号远征队便开始求援。在有能力作出回应的帝国单位中,帝皇之子特遣队是距离最近的一支。艾多伦大人果断向原体申请紧急许可,希望改变航线,向远征队施以援手。

皇帝之子军团的原体弗格瑞姆毫不犹豫地下令支援。帝皇之子决不会坐

"这兴许是个结社徽章，加维尔，"维帕斯不以为意地回答，"我很难说清楚。"

"我也是这样想的，"洛肯说道。他将那枚银质硬币在掌中翻转，"如此说来，朱伯是结社成员了，嗯？"

"是又如何？"

"你很清楚我对这件事的态度。"洛肯回答。

从官方角度讲，阿斯塔特军团之中不存在战士结社或其他类型的隐秘团体。众所周知，帝皇本人对此类组织甚为反感，他明言这已经趋同于异教团伙，与那条大肆宣扬众所爱戴的帝皇实为神祇的帝国信条以及帝皇圣言录仅有一步之遥。

尽管如此，阿斯塔特战友之间的结社组织仍然存在，只不过一向保持隐秘，行事低调。根据传言，第十六军团中的此类活动出现已久。大约六十年前，影月苍狼与第十七军团怀言者联手展开了针对戴文星球的归顺行动。那个野蛮世界的统治阶级是一批能力出众的战士，他们的凶猛与高贵令前去镇压其内战的阿斯塔特都表示尊敬。戴文人借助庞杂繁复的战士结社来统御世界，这些半宗教性的社会组织将各种原生掠食者作为崇拜对象。日后这种文化与习俗便悄无声息地被军团所吸收容纳。

洛肯曾与自己的导师辛德曼提及此事。"它们没什么害处，"宣讲者告诉他，"战士往往想要寻求同袍之间的兄弟情谊。据我了解，它们的目标是建立并推动跨越阶层的交流，无论军衔和职位。可以说是一种内在纽带，一种横向缔结的拳拳之忠，那么也就垂直于官方指挥链。"

洛肯从来都不确定与指挥链相垂直的系统应当如何运作，但这听起来就大错特错。遑论其他，单单这隐秘而具有欺骗性的本质便是其谬误之处。众所爱戴的帝皇对于该类组织的反对便是其谬误之处。

"当然了，"辛德曼补充道，"我也很难说它们是否真实存在。"

无论结社真实存在与否，洛肯曾明确表示，任何希望在他麾下服役的阿斯塔特都不应与此产生纠葛。

此前从未有过第十连战士沾染结社活动的任何迹象。如今这枚徽章却出现于此。一枚结社徽章，属于一个变成恶魔残杀同胞的人。

这一项发现令洛肯深受困扰。他让维帕斯通告连队中的战士们，任何人只要了解与结社相关的信息，都应找他谈话，如有必要的话，亦可私下前来。第二天，洛肯最后一次整理他收集起来的各项遗物，却发现那枚徽章消失了。

在临近出征的时候，梅萨蒂·欧丽顿来见了他几次，为卡尔卡斯求情。洛肯回想起来，在部队从耳语山脉返回的途中，梅萨蒂曾提起过这件事，然而当时他完全无心留意。洛肯不太在乎一个记述者的命运，尤其是一个愚蠢到惹怒远征队高层的记述者。

但这是一件可以令他转移注意力的杂务，眼下类似的事情越多越好。与马罗格斯特商议之后，洛肯告诉梅萨蒂自己可以插手。

伊格内斯·卡尔卡斯是名诗人，显然也是个白痴。他不懂得何时应该把嘴闭上。在造访63-19星球地表的行程中，他擅自离开了指定的访问区域，喝得烂醉，之后又大放厥词，以至被一群帝国士兵拳脚相加，险些丧命。

"他要被送走了，"梅萨蒂说，"丢人现眼地返回泰拉，记述者认证也会被剥夺。这样不对，连长。伊格内斯是个好人……"

"真的吗？"

"好吧，他算不上个好人。他糟透了。粗鲁，顽固，招人烦。但他确实是个优秀的诗人，他明言真相，无论真相多么丑陋可憎。伊格内斯决不是因为撒谎而挨揍的。"

伊格内斯·卡尔卡斯在伤势愈合到足以行动之后就从旗舰医护舱搬进了禁闭室里，如今他已经变成一副毫不体面的邋遢模样。

洛肯迈步而入，刺眼的灯光顿时亮起，卡尔卡斯则站起身来。

"连长，长官，"他开口道，"我非常感激你能留意我的事。"

"你的朋友很有说服力，"洛肯回答，"欧丽顿，还有奇勒。"

"洛肯连长，我完全不知道自己的朋友很有说服力。说实话，我都不知道自己有朋友。梅萨蒂很善良，想必你很清楚。而悠弗拉迪……我听说她也遇到了一些麻烦？"

"没错。"

"她还好吗？她没出事吧？"

"她很好。"洛肯答道，然而他并不了解奇勒的状况。他近来一直没有见到对方。奇勒只是送来了一张纸条，请求他干预卡尔卡斯的事情。洛肯怀疑这是受了梅萨蒂·欧丽顿的影响。

伊格内斯·卡尔卡斯是个壮硕的人，但他被揍得很惨。他的面孔肿胀充血，遍布瘀伤的皮肤仿佛是得了黄疸的样子。凸出的眼珠里布满血丝。他一举一动似乎都颇为痛苦。

"据我了解，你直言不讳，"洛肯说，"算是个反抗常规的人。"

"是的，是的，"卡尔卡斯摇摇头说道，"但我保证以后会懂事。"

"他们打算把你赶走。他们打算把你送回家，"洛肯说，"高阶记述者们认为，你让整个组织名声扫地。"

"连长，只要是站在我身边就能让人名声扫地。"

这让洛肯微笑起来。他开始欣赏此人。

"我和战帅侍从谈过你的事情，卡尔卡斯，"洛肯说，"有保释的可能。如果一名高阶阿斯塔特，比如我，能够为你担保的话，你就可以留在远征队里。"

"会有条件吧？"卡尔卡斯问道。

"当然会有，但首先我要听你亲口告诉我，你是否想要留下。"

"我想留下。泰拉在上，连长，我犯了个错误，但我想留下。我想见证这一切。"

洛肯点点头，"梅萨蒂说你应该留下。侍从也心软了。我猜马罗格斯特对于丧家之犬格外垂怜。"

"长官，从来没有哪条狗能丧到我这个地步。"

"那么我给你讲讲条件，"洛肯说道，"必须严格遵守，否则我就彻底收回对你的支持，让你蹲在冷冰冰的舱房里花四十个月滚回泰拉。第一，你要戒除酗酒恶习。"

"我会的，长官。绝对会的。"

"第二，如果我的其他职责允许，你就要每三天向我汇报一次，把所有写下来的东西抄送给我。所有东西，你明白吗？无论是正式的作品还是随意的草稿，都要经我过目。你必须按时让我检视你的整个灵魂。"

"我保证，连长，但我得警告你，这是个歪瓜裂枣、佝偻跛脚的丑陋灵魂。"

"我见过更丑的，"洛肯回答，"第三个条件。其实算是个问题。你说谎吗？"

"不，长官，我不说谎。"

"我听说是这样。你一向会说出不经粉饰的真相。这为你招来了恶名。你敢言旁人所不敢的。"

卡尔卡斯耸耸肩——酸痛的肌肉顿时引发一阵呻吟，"我已经糊涂了，连长。如果我承认的话，会不会就要完蛋了？"

"如实回答。"

"洛肯连长，我永远，永远都会说出我眼中的真相，就算在酒吧里被揍成肉酱也不会改变这一点。我从心底里谴责那些编造谎言或者歪曲真相的人。"

洛肯点点头，"你当时说了什么，记述者？究竟是什么话让那些老实巴交的军人怒不可遏，以至于对你拳脚相加？"

卡尔卡斯蹙着眉头清了清嗓子，"当时我说……我说帝国难以永存。我说任何事物都难以永存，无论其根基多么牢固。我说我们会征战不休，仅仅为了维持生存。"

洛肯没有答话。

卡尔卡斯站起身，"这是正确的答案吗，长官？"

"有什么答案是正确的吗，先生？"洛肯回答，"但我知道……一位帝国之拳军官不久前曾对我讲过类似的话。他的说法不完全一样，但含义相同。他可没有被遣返回家。"洛肯随即笑了起来，"说到这个，他确实回家了，但不是因言获罪。"

洛肯看着禁闭室里的卡尔卡斯。

"那么，第三个条件。我会为你担保，替你办理手续。前提是，你要继续讲述真相。"

"真的吗？你确定？"

"我们唯有真相而已，卡尔卡斯。我们与异形和叛党之间的区别就是真相。如果没有真相，历史如何能够对我们作出公允的评判？我听说这才是记述者的职责。只要你继续讲述真相，无论真相多么丑陋可憎，我就会一直支持你。"

在档案库中与凯瑞尔·辛德曼的古怪交谈令洛肯心神不宁，他信步走向位于旗舰中部的一座礼堂，记述者们时常出没于此。

与往日一样，卡尔卡斯在礼堂入口处的拱廊下方等待他。这是双方约定的会面地点。拱廊之内的宽敞厅堂中传来阵阵欢声笑语和悠扬乐声。各色人等往来不绝，其中大部分是记述者，但也有一些船员和军官。

庞大旗舰上的众多礼堂原本都用于召开会议，发布宣告或举行仪式，然而舰队高层意识到记述者对于高谈阔论和把酒言欢的热情难以磨灭，因此这座礼堂便最终划归他们专用。这实在缺乏尊严与纪律，简直像是在伟岸战舰的严肃厅堂里举办了一个狂欢节。综观帝国全境，诸多战舰都做出了类似的妥协与安排，逐渐适应这种承载大批艺术家和思想家所带来的崭新窘境。记述者的本质就意味着他们无法像作战部队那样接受编制或管控。他们永远渴求交流、辩论与宴饮。不过借助此类划拨而出的专用场所，舰队指挥官们至少能够将一切喧闹愚行隔离起来。

这个礼堂被称为避难所，它的低俗名声广为人知。洛肯并不打算涉足此地，故而一向与卡尔卡斯在入口处会面。在肃穆沉静的复仇之魂号深处，这放肆无度的欢笑与轻快活泼的乐曲显得格格不入。

卡尔卡斯尊敬地向连长俯首致意。长达七周的航行已经让他养好了伤，浑身淤青也近乎彻底消退。他将一叠复印纸递给洛肯，里面是最近的作品。从旁经过的其他记述者都向这位阿斯塔特连长投来好奇与惊讶的目光。

"我近期的作品，"卡尔卡斯说道，"按照约定。"

"谢谢。你我三天之后再见。"

"还有一件事，连长。"卡尔卡斯说着递过来一块数据板。洛肯将其激活。屏幕上呈现出一张张绝妙照片，都是他和第十连整装待发的形象。旌旗飘扬。队列威武。还有他向塔苟斯特与赛迪瑞立下临战誓言的场景，以及四王议会。

"是悠弗拉迪请我转交给你的。"卡尔卡斯说。

"她在哪儿？"洛肯问道。

"我不知道，连长，"卡尔卡斯回答，"谁也没怎么见过她。她近来离群索居，就自从……"

"自从？"

"耳语山脉。"

"她都对你讲了什么？"

"没什么，长官。她说没什么可讲的。她说第一连长告诉她没什么可讲的。"

"她算是说对了。这些照片非常好。谢谢你，伊格内斯，也替我谢谢奇勒。我会善加珍藏。"

卡尔卡斯躬身行礼，转头走回避难所。

"卡尔卡斯？"

"长官？"

"请你多照顾奇勒，算是为我代劳。你和欧丽顿都是，别让她总一个人待着。"

"是，连长。我会的。"

启航六周之后，洛肯埋头于训练新兵，阿西曼德前来找他。

"《厄什编年史》？"他看着洛肯放在地毯旁的书籍嘀咕道。

"我喜欢这本书。"洛肯回答。

"我小时候也喜欢看，"阿西曼德说，"不过挺粗俗的。"

"我想这正是我喜欢它的原因，"洛肯回应道，"有什么我能效劳的吗？"

"我想和你谈谈，"阿西曼德说，"一件私事。"

洛肯皱起眉头。阿西曼德张开手掌，展露出一块银制结社徽章。

"我希望你能不带偏见地听一听，"阿西曼德说道，此时两人已经走入洛肯的私人军械室，"算是还我一个人情。"

"你知道我对于结社活动的看法？"

"我有所耳闻。我尊敬你的洁身自好，但结社并非藏污纳垢。我向你保证，而我也希望我的保证还有些价值。"

"那是自然。是谁告诉你我感兴趣的？"

"我很难说。加维尔，今天晚上就有一场结社集会，我想邀请你作为我的客人出席。我们愿意欢迎你加入我们的团体。"

"我不一定想要受到这种欢迎。"

阿西曼德点点头，"我理解。谁也不会逼迫你。来亲眼看一看，再下结论。如果你还是反感，那么大可转身离去，毫无牵连。"

洛肯没有答话。

"这只是一群同袍兄弟，"阿西曼德说，"由战士组成的团体，独立于军阶之外。"

"我听说了。"

"在耳语山脉的事情之后，我们出现了一个空缺。希望能由你来填补。"

"空缺？"洛肯说道，"你是指朱伯？我看到他的徽章了。"

"你愿意随我参加吗？"阿西曼德问。

"我愿意，因为是你提出邀请的。"洛肯回答。

第十四章

摧毁谋杀之树
巨蛛怪的工业
幸会

那些被钉在巨树上的兄弟早已身亡,但塔维兹不能抛下他们的遗体,也无法放任此等罪行。对于阿斯塔特完美躯体的践踏刺痛了他的双眼,更玷污了军团的荣誉。

他将幸存战士携带的爆炸物全都收集起来,带着布勒和萨奇安一同向巨树靠近。

卢修斯与其他人原地等待。"你这是干傻事,"他对塔维兹说,"那些炸弹或许还用得上。"

"有什么用?"塔维兹问。

卢修斯耸耸肩,"我们还要打赢这场战争呢。"

这几乎让索尔·塔维兹笑出声来。他想说大家都已经死定了。谋杀星球吞没了圣血天使连队,如今也吞没了他们,这要多亏艾多伦对于荣耀的渴求。他们无路可走。塔维兹不知道这个世界上还幸存着多少连队同胞,如果其他单位遭受了类似比例的损失,那么总数就应当略多于五十人而已。

五十人,纵然是五十名阿斯塔特,也难以对抗一整个世界的无穷敌军。这场战争已经没有胜算可言。现在只有殊死拼搏,若帝皇眷顾,那么他们在英勇捐躯之前尚可将更多敌人一同带入坟墓。

他没有对卢修斯说这些,因为其他人也能听到。卢修斯的鲁莽已经遮蔽了现实,如果塔维兹诚实评估当下处境的话,一场争辩就在所难免。如今决不能再让战士们目睹两位军官意见相左。

"我不能对那些树坐视不管。"塔维兹说。

他弯下腰,带着布勒与萨奇安快步冲向那些白石巨树,一头扎进刚硬树冠所投下的阴影里。生有双翼的巨蛛怪安然停落在棘刺间,并未理会他们。

三人能听到巨虫进食的口器敲击声，还有暗红鲜血偶尔溅落的滴答响声。

他们将炸弹等分为三份，固定在树干上。布勒设定了四十五秒的起爆时间。

他们随即转身冲向草原边缘，卢修斯和其他战士都躲在隐蔽地带。

"快跑，索尔。"卢修斯的声音在通信器中响起。

塔维兹没有回答。

"快跑，索尔。快！别回头看。"

塔维兹一边拔腿狂奔一边回望身后。两只飞行怪物从正在大快朵颐的同类之间振翅升空。它们急速拍打的双翼在昏黄光线下朦胧不清，漆黑锃亮的躯体反射着闪闪电光。它们盘旋着飞离棘刺树冠，朝三位战士的方向径直扑来，那隆隆震耳的翅膀扇动声就像是放大减慢的蚊虫嗡鸣。

"跑！"塔维兹说。

萨奇安向身后瞥了一眼。他失去平衡，不慎摔倒。塔维兹急停脚步，折返回来将萨奇安拽起身来。布勒继续奔跑。"十二秒！"他高声喊道，随即转身高举爆矢枪。他继续退却，同时用武器指着迅速逼近的敌人。

"快！"他高呼道。接着他一边开火一边大吼，"卧倒！卧倒！"

萨奇安将塔维兹一同扑倒在地，他们匍匐在红色沙土中，躲过了第一只俯冲而来的飞行怪物，那双翼扇动引发的凶猛气流在两人身边扬起大团尘埃。

敌人从他们头顶掠过，转而向布勒扑去，但它迎头吃了那位战士的两发爆矢弹，只得仓皇逃遁。

塔维兹抬起头，看到第二只巨蛛怪朝他冲来，他的很多战友正是葬身于这种猎食扑击之下。

他试图向旁边翻滚。那漆黑的家伙占据了他的全部视野。

一把爆矢枪发出咆哮。萨奇安举起了武器，在零距离开火轰击半空中的敌人。飞行怪物的胸膛被子弹撕碎，爆发出大团青烟与几丁质残片，它颓然坠落，将两人重重压在身下。

濒死的怪物不住地抽搐扭动，塔维兹听到了萨奇安的痛苦呼喊。塔维兹匆忙将那尸体奋力掀开，但他的双手沾满了黏糊糊的汁液。

炸弹引爆了。

烈焰和冲击波在这红色沙地上疾驰扩散。处于草原边缘的高大茎秆纷纷焦灼断裂，塔维兹、萨奇安以及压在他们身上的敌人尸体也被掀飞到半空。

布勒猝不及防地躺倒。尚在空中的那个飞行怪物惨遭波及，双翼踪影全无，随即被抛入草原。

爆炸将三棵石制巨树彻底夷平。它们像楼宇般坍塌，如高塔般倾覆，化作脆弱残片与白色尘埃，没入那火球之中。两三只在树冠进食的飞行怪物勉强升空，但未能及时逃过火舌的舔舐，随后就被凶猛爆炸的热浪卷入炼狱之中。

塔维兹站起身。三棵巨树如今变成了熊熊燃烧的白色熔渣。一团浅灰色的浓烟与尘云从爆炸区域滚滚升腾，翻卷不休。尚未熄灭的大量焦灼残片如细密雨点般倾洒而下，仿佛有一座火山刚刚喷发。

塔维兹将萨奇安拽了起来。那个怪物摔落时的剧烈冲撞砸断了萨奇安的右前臂，而随后的爆炸火浪更是令他的伤势加重。萨奇安有些身形不稳，但他经过强化的新陈代谢系统已经开始做出补偿。

并未受伤的布勒也站起身来。

通信器响起。是卢修斯的声音。"现在满意了？"他问道。

除了报仇雪恨和捍卫荣誉之外，塔维兹的行动还收获了两个超乎预期的成效。其一尚不明显，其二则在三十分钟内便展现了功效。

散落于地表的各支部队未能借助通信信号相互会合，爆炸却促成了这个目标。分别由安提厄斯上尉和艾多伦大人率领的另外两支部队察觉到了颇具规模的爆炸冲击，并跟随冲天烟柱找到其源头。他们合兵一处之后兵力达到五十名阿斯塔特。

"向我汇报。"艾多伦说。他们在旷野边缘靠近草原处扎营，距离被炸毁的巨树约有五百米。开阔地带确保他们能够对巨蛛怪的突袭部队做出充分预警，同时如果那些飞行怪物再度现身的话，他们也能迅速撤入浓密草原之中采取掩护并建立防线。

塔维兹尽可能简洁而清晰地讲述了他所率部队自登陆以来的所有遭遇。艾多伦大人是军衔最高的指挥官之一，是首位获得原体青睐的重臣，他铁面无私，就算是塔维兹这样的高阶军官也休想表现出丝毫的失礼放肆。塔维兹能从艾多伦的举止中看出来，对方心底怒火沸腾。这项行动完全偏离了他的预期。塔维兹猜想艾多伦是否会承认自己下令发动空降是一个错误。他对此表示怀疑。像艾多伦这样的帝皇之子高阶精锐似乎已经将骄傲视为了某种美德。

"你再讲讲关于那些巨树的事情。"艾多伦敦促道。

"那些飞行怪物用巨树来固定猎物,方便进食,大人。"塔维兹回答。

"这我明白,"艾多伦厉声说,"我在那些飞行怪物手里折损了很多战士,我也见过长着棘刺的巨树,但你说上面还有其他尸体?"

"圣血天使的尸体,大人,"塔维兹点点头,"以及帝国军队士兵。"

"这我们并未见过。"安提厄斯上尉指出。

"或许足以解释他们的遭遇。"艾多伦回答。安提厄斯是艾多伦的亲信之一,他与总司令的紧密关系是塔维兹难以企及的。

"你能证实吗?"安提厄斯问塔维兹。

"如你所知,我摧毁了那些树,长官。"塔维兹说。

"如此说来你不能证实?"

"我的话就足以证实。"塔维兹回答。

"我毫不怀疑,"安提厄斯礼貌地点点头,"无意冒犯,兄弟。"

"不必介意,长官。"

"你用掉了所有炸弹?"艾多伦问。

"是的,大人。"

"浪费。"

塔维兹开口打算作答,又将话语咽了回去。如果不是他炸毁巨树,他们就无法会合。如果不是他炸毁巨树,帝皇之子的悲惨尸首就还挂在上面遭受凌辱。

"我告诉过他,大人。"卢修斯指出。

"告诉过他什么?"

"用掉所有炸弹是浪费。"

"你手里是什么,上尉?"艾多伦问。

卢修斯举起那根怪物肢体。

"你玷污了我们,"安提厄斯说,"真为你感到羞耻。竟然用敌人的爪子当作剑刃……"

"把它扔掉,上尉,"艾多伦说,"我想不到你会这样。"

"遵命,大人。"

"塔维兹。"

"是，大人。"

"圣血天使想必需要一些阵亡战士的证据，借以凭吊的信物。你说那些树上挂着很多残破盔甲，去搜寻一些。卢修斯可以协助你。"

"大人，我们难道不应该把这片——"

"我向你下达了一项命令，上尉。请即刻执行，或者说我们兄弟军团的荣誉对你而言毫无意义？"

"我只是想——"

"我可曾询问你的建议？你是总司令吗？你是指挥链高层的一员吗？"

"不是，大人。"

"那就遵命照办，上尉。还有你，卢修斯。你们几个，协助他们。"

护盾风暴消散无踪。这片广阔旷野上方的天空清澈惊人，仿佛夜色终于渐渐降临了。塔维兹对谋杀星球的昼夜周期毫无概念。自从他们登陆之后，白天与黑夜想必已经有所交替，但浓密草原和风暴电光让这轮换过程难以察觉。

如今，周围环境显得更加凉爽静谧。空无一物的米色天空中穿插着一丝丝黑暗云朵。四下平和无风，偶尔的雷鸣电闪都来自远方。塔维兹似乎能在开阔天空的幽暗角落里勉强瞥见些许星光。

他带领众人向巨树废墟进发。卢修斯口中嘀嘀咕咕，好像这都是塔维兹的过错。

"闭嘴，"塔维兹用私人频道对他说，"谁让你向总司令拍马屁，就把这个当作报应吧。"

"你说什么呢？"卢修斯问。

"我告诉过他那是浪费，大人。"塔维兹怪声怪气地模仿卢修斯的话。

"我确实告诉过你！"

"是的，你说过，但有种概念叫团结一致。我本以为我们是朋友。"

"我们确实是朋友。"卢修斯受伤地说。

"难道那是朋友的作为？"

"我们是帝皇之子，"卢修斯庄重地说，"我们追寻完美，我们不掩饰错误。

你犯了个错。对于自身过失的承认恰恰是通向完美的一步。难道这不是原体的教导吗？"

塔维兹皱起眉头。卢修斯说得没错。原体弗格瑞姆曾教导过，唯有瑕疵缺憾才会令帝皇失望，而唯有正视过失才能加以根除。塔维兹盼望有人能提醒艾多伦，这才是军团的核心理念。

"我犯了一个错误，"卢修斯承认道，"我把那个东西当作武器来用。我很享受。但那是异形的。艾多伦大人理应斥责我。"

"我和你说过那是异形的，两次。"

"是的，你说过。我该向你道歉。你说得对，索尔。我很抱歉。"

"没什么大不了的。"

卢修斯伸手握住塔维兹的臂膀，让他停下脚步。

"不，不是的。我总是夸夸其谈。而你总是脚踏实地，索尔。我知道我常常为此嘲弄你，我很抱歉，我希望我们还是朋友。"

"当然了。"

"你的坚定稳健是一项真正的美德。"卢修斯说，"有时候我会充满执念，热血上头。这是我品性中的缺憾。或许你可以帮助我加以克服。或许我可以从你身上学到很多。"他话语里的那种孩子气正是塔维兹一开始便欣赏的。"况且，"卢修斯补充道，"你救了我的命。我还没有感谢你呢。"

"你确实没有，但也不需要，兄弟。"

"那咱们赶快把这件事办完吧，嗯？"

当塔维兹和卢修斯在通信频道里私下交谈时，其他人都站在远处耐心等待。两人匆忙跟上队伍。

艾多伦指定前来协助的战士包括布勒、弗洛斯特、罗多尔顿和泰库斯，都是塔维兹小队的成员。艾多伦在明目张胆地惩罚他们，这毫无疑问。自己的战士因为自己遭到连累，让塔维兹十分痛恨。

塔维兹感觉这项惩罚的缘由并非他们浪费了炸弹。艾多伦之所以如此羞辱责难，正是因为这支小队自空降以来获得了些许实际成果，而另外两支队伍却没有。

他们来到巨树废墟脚下，踩着由灰烬堆积而成的白色坡道向上攀行。如雄鹿犄角般的石制棘刺零星散落，其中一些还挂着焦黑血肉。

"我们怎么办？"泰库斯问。

塔维兹叹了口气，跪在灰白废墟里。他开始用披覆铠甲的双手翻捡那些零乱石块。"就这么办。"他说道。

他们翻找了一两个小时。夜幕似乎逐渐来临，天空中的阳光几近枯竭，气温迅速下降。点点星辰正式登场，朦胧的光线照射着旷野周围那浓密无垠的摇曳草原。

废墟深层还散发着灼人热量，让周围的寒冷空气变得模糊闪烁。他们在覆满尘埃的碎石间仔细寻觅，找到了两件严重磨损的肩甲，都是圣血天使制式，此外还有一顶帝国军帽。

"这够了吗？"罗多尔顿问。

"继续找，"塔维兹回答。他举目遥望暮色笼罩的空旷地带，艾多伦的部下正在远方巩固阵线，"或许再挖一个小时，我们就停下。"

卢修斯找到了一顶圣血天使头盔，其中还残存着些许颅骨。泰库斯则找到了属于某位帝皇之子的胸甲。

"都拿上。"塔维兹说。

之后，弗洛斯特找到的东西险些要了他的命。

那是一只全身烧焦被埋在废墟里的飞行敌人，然而它还活着。当弗洛斯特掀开一片钙化熔渣时，那个失却双翼、伤痕累累的漆黑怪物突然扬起身躯，用长着倒钩的尖锐顶冠刺向这位战士。

弗洛斯特向后翻滚，仰面朝天地沿着碎石斜坡向下滑落。怪物则奋力拖动自己的破损身躯发动追击，背后那对连根断裂的翅膀末端徒劳地嗡嗡震颤。塔维兹猛扑上前，用阔剑将怪物斩杀。它早已命垂一线，枯槁羸弱，那覆有甲壳的身躯迎刃而解，缓缓涌出如胶水般浓稠的残余黏液。

"没事吧？"塔维兹问。

"只是吓着我了。"弗洛斯特一笑了之。

"都小心点。"塔维兹警告众人。

"你们听见了吗？"卢修斯突然说。

不知从何时起，周围变得倍加寂静昏暗，真正的夜幕似乎降临于此。他们提高头盔的声音采集功效，终于听见了卢修斯首先捕捉到的敲击声。在浓密草原边缘，星光映射在忙碌前行的坚硬甲壳上。

"它们回来了。"卢修斯转头看着塔维兹说。

"塔维兹呼叫大部队,"塔维兹发出信号,"草原边缘出现敌情。"

"我们看到了,上尉,"艾多伦立刻作答。"守住阵地,等待我们——"

通信连线骤然中断,仿佛遭到了干扰阻塞。

"我们应该撤回去。"卢修斯说。

"是的。"塔维兹表示认同。

随即爆发的光芒与轰鸣让众人一惊。五百米之外的大部队集体开火了。几人隔着开阔旷野依旧能听到并看到爆矢枪在漆黑夜色里的咆哮和闪动。朦胧的灰色身躯在枪林弹雨之间穿梭腾跃。

艾多伦的阵线遭到了突袭。

"走啊!"卢修斯大喊。

"我们能干什么?"塔维兹问道,"等等!快看!"

六人匆忙躲在废墟背后隐蔽身形。众多巨蛛怪走出草原向这里逼近,它们步履匆匆,灰色躯体几乎难以辨认,唯有头顶星光与远方火光能够偶尔将其点亮。数百个怪物排成整齐有序的队列向巨树残骸开进。其中还有体型更为庞大魁梧的巨蛛怪,又是另一个变种。

塔维兹的小队沿着碎石坡道撤离,退入背后的宽广空地,并放低身躯以免暴露行踪。在他们右方,艾多伦大人的阵线被震耳的爆炸声所笼罩。

"它们在干什么?"布勒问。

"仔细看。"塔维兹说。

巨蛛怪队伍爬上那堆碎石,生有四根利刃前肢的作战个体纷纷在废墟周围各就各位,担任哨兵。其他怪物则站在坡道顶端,以非人的速度和效率开始清理巨树残骸。塔维兹注意到负责此项工作的既有作战个体,也有与之相近的变种,后者肢体末端的利刃被铲子状的扁平器官所取代。巨蛛怪动作精巧地将大批碎石加以拆解,带着小块碎石重新遁入草原。它们组成了近乎机械化的漫长劳作队伍。塔维兹从未见过的巨型变种随即登场。那些超重型怪兽肢体短粗,躯干庞大,它们迈着笨拙的步伐,张开宽大夸张的口器,开始埋头吞噬松散碎石。体型较小的变种匆匆绕过这些厚重身躯,用惊人的轻巧动作挥舞前肢,从位于巨兽腹部末端的吐丝器里扯出一束束白色物质。完成采集之后,这些小型怪物便带着逐渐固化的纤维状物质返回迅速完成清理的爆炸现场，开始将巨树重新拼凑起来。

"它们在重建。"布勒低声说。

这是一幅令人叹为观止的奇异景象。那些笨重庞大的编织者吞噬了塔维兹所摧毁的巨树残骸，并将其现场加工成某种类似于胶凝混凝土的崭新材料。其余体型较小的怪物则带着这种建造材料匆忙穿梭，在刚刚被同类清扫干净的位置上着手营造新的巨树根基。

不到十分钟，爆炸留下的大部分废墟都已经被移除，三棵新的树干渐渐成形。高效劳作的建造者捧着黏稠的乳白色物质来到树根旁，喷吐出某种液体与之混合。它们的肢体飞舞不停，仿佛是大师级工匠手中的抹刀。

几人身后的恶战依旧没有停息。卢修斯不住转头遥望。

"我们应该回去，"他低声说，"艾多伦大人需要我们。"

"如果他少了我们六个就赢不了，"塔维兹说道，"那么他无论如何都赢不了。我摧毁了那些树，我不会眼看着它们被重建。谁和我一起上？"

布勒首先同意。弗洛斯特、罗多尔顿和泰库斯也作出回应。

"好吧，"卢修斯说，"我们怎么上？"

塔维兹则已经抽出阔剑，冲向了那些巨蛛怪建造者。

随后的战斗充斥着纯粹的狂乱与凶暴。六个高举剑刃和爆矢枪的阿斯塔特快步冲向埋头劳作的巨蛛怪，借助夜色在冷冽寒风中发动突袭。在重建区域周围担任哨兵的那些作战个体首先警觉，立刻前来应战。卢修斯和布勒迎面扑向敌人，一鼓作气将它们屠戮殆尽，塔维兹与泰库斯则并肩卷入爆炸现场，直取那些忙碌的建造者。弗洛斯特和罗多尔顿紧随其后，在侧翼开火掩护同僚。

塔维兹扑向一个笨重庞大的编织者，挥剑斩开它的宽厚肚腹。熔融胶质像脓液般喷涌而出，它翻倒在地，短粗腿足凌空抽搐。众多作战个体跃过那遭受重创的身躯，围攻帝国将士。泰库斯举枪击毙了两个敌人，又将第三个猛扑而来的怪物斩首。巨蛛怪从四面八方蜂拥而来，如蚂蚁般不计其数。

罗多尔顿击杀了包括一只巨型怪物在内的八个敌人，随即整颗头颅都被咬掉。夺走他性命的作战个体似乎还不满意，继续用四根刀锋肢体将罗多尔顿的躯干撕成碎片。寒冷夜空中血肉飞溅，布勒一枪击毙了那个怪物，它扑倒在地。

卢修斯在外围哨兵之间大肆杀戮，然而不断逼近的敌人却越来越多。他奋力挥动剑刃，再也没有玩弄取乐的意味。面前的挑战已经足够凶险了。

卢修斯在杀死了十六个巨蛛怪后不幸被困住了。一个用铲状肢体捧着大团乳白色胶质的怪物被利剑劈作两半，在死亡之前将全部货物泼洒到他身上。他顿时跌倒，臂膀与双腿都被那湿滑物质紧紧粘住。他努力挣扎试图脱困，然而那有机混凝土迅速硬化固结。接着一个敌人高举四根利刃肢体猛扑而来。

塔维兹开枪击中那个怪物侧面，将其撞到一边。他站在卢修斯身旁，保护战友不受异形渣滓的侵袭。布勒和他并肩作战，用枪弹与刀剑逼退敌人。弗洛斯特杀开一条血路与他们会合，然而一根利刃肢体从背后将他的躯体洞穿。泰库斯且战且退，来到他们近旁。三名幸存战士奋力抵御重重包围的无数怪物，手中武器毫不停歇。在他们脚下，卢修斯徒劳地挣扎不止，依旧无法脱身。

"把这东西弄开，索尔！"他喊道。

塔维兹想出手协助。他想转过身去，挥剑劈开凝结胶质，营救自己的受困朋友。然而他没有如此做的空间和时间。大群巨蛛怪近在咫尺，口器嘀嗒作响，肢体挥舞刺击。他若是露出丝毫破绽，定会命丧当场。

清澈夜空中传来隆隆雷声。身陷苦战的塔维兹不以为意。那只是卷土重来的护盾风暴罢了。

偶而并非如此。

炽热流星从天而降，如暴烈闪电般重重砸入他们周围的空旷地带，扬起锈红沙土。两枚，四枚，十枚，二十枚。

是空降舱。

突来的枪炮嘶吼顿时盖过了癫狂恶战的轰鸣。爆矢枪的咆哮，等离子武器的尖啸。更多空降舱陆续着陆，仿佛是一场密集轰炸。

"看！"布勒大喊，"快看！"

巨蛛怪近乎要将几人淹没了。塔维兹的爆矢枪早已不知所踪，摩肩接踵的怪物让他只能勉强挥动阔剑。他感觉自己被占据着绝对数量优势的敌人逐渐拖垮。

"——听到吗？"通信器突然尖叫一声。

"什——什么？再说一遍！"

"我说，我们是帝国部队！还有活着的兄弟吗？"

"是的，泰拉在上——"

一阵爆炸，接踵而至的急促枪声。在敌群之间扩散的冲击波。

"跟我上，"一个充满权威的深沉嗓音喊道，"跟我上，打退它们！"

凶猛灼人的爆炸火浪不断传来。无数灰色身躯被蓬勃烈焰轰然击碎，残破肢体如燃烧的柴火般四下横飞。一根断折刀锋正巧撞在塔维兹的护目镜上，将他打翻在地。整个世界顿时变得猩红模糊，天旋地转。

一只手掌探向塔维兹。它浮现于他的朦胧视野里。那是阿斯塔特的手甲。镶有黑边的白色铠甲。

"起来，兄弟。"

塔维兹抓住那只手，感觉自己被猛地拽起身来。

"多谢，"他高声喊道，周围的战火远未消散，"你是谁？"

"我叫塔瑞克，兄弟，"他的救命恩人说，"很高兴认识你。"

第十五章

非正式礼节
战犬的责难
我很难说

在洛肯看来,这稍显残忍。某些人——洛肯怀疑这是马罗格斯特的手段——故意向140号远征队官员隐瞒了他们究竟要欢迎何人登舰造访。

庄严伟岸的复仇之魂号及其随行舰船停泊于星球高层轨道,紧邻140号远征舰队和其他前来支援的帝国力量,随后便有一艘重型装甲穿梭机从旗舰驶向了慈悲之行号战列舰。

在慈悲之行号的一座主登机甲板中,马森努尔·奥古斯特率领麾下众多军官列队迎接,与艾多伦的侍从埃什克汝斯一同等待穿梭机的抵达。他们都知道其中装载着63号远征队支援力量的指挥官,这无疑是第十六军团的高阶成员。大家颇为紧张,或许唯有埃什克汝斯是例外。在所有阿斯塔特之中最具盛名也最受尊敬的影月苍狼即将来访,这足以绷紧任何人的神经。

随着穿梭机的舷梯延伸落地,十名影月苍狼穿过逐渐消散的蒸汽走出机舱,众人用肃穆相迎,而这静默随即变成了压抑惊呼,因为迎接团队意识到,面前的十名战士并非负责护送某位连长的仪仗队,他们本身便是十名披挂战甲正装出列的连长。

第一连长率先走来,他以鹰徽礼向马森努尔·奥古斯特致敬。

"我是——"他开口道。

"我知道你是谁,大人,"奥古斯特微微颤抖着躬身行礼。放眼帝国全境,鲜有人不认识或不惧怕第一连长阿巴顿,"我欢迎你——"

"嘘,舰队长,"阿巴顿说,"还没到那一步呢。"

奥古斯特困惑不解地抬起头。阿巴顿则迈步退回自己的位置,组成荣誉卫队的十名连长在舷梯两侧庄重立正,披风飘扬,目视前方,手握入鞘长剑。

战帅从穿梭机里现身。除了十位连长以及马森努尔·奥古斯特之外,在场众人立刻跪伏于地。

战帅缓缓走下舷梯。他的存在本身便足以令旁人屏息凝神，目不转睛，而此刻他还故意表现得更加威严。他面无笑意。

奥古斯特圆瞪双眼站在荷鲁斯面前，嘴巴无言地张张合合，仿佛一条搁浅的鱼儿。

惊慌失措的埃什克汝斯抬头瞥了一眼，伸手猛拽奥古斯特的长袍下摆。"快跪下，你这蠢货！"他嘶声道。

奥古斯特难以从命。洛肯怀疑这位久经沙场的舰队领袖此刻恐怕连自己的名字都想不起来了。荷鲁斯停下脚步，居高临下地看着对方。

"先生，你不愿躬身吗？"荷鲁斯发问。

奥古斯特过了许久才开口回答，他的声音细若游丝。"我做不到，"他说，"我想不起来怎么躬身。"

此时战帅再次展现了他深不可测的领袖才能。他单膝跪地，向马森努尔·奥古斯特俯首行礼。

"我尽己所能，火速前来协助你，先生，"荷鲁斯说道。他将奥古斯特拥入怀抱。战帅如今露出了微笑，"我就欣赏你这种一身傲骨，不愿向我屈膝的人。"他又说。

"我如果能跪下的话早就跪下了，大人。"奥古斯特说。战帅的不拘礼数已经让奥古斯特略显镇定，举止如常了。

"请原谅，马森努尔……我能叫你马森努尔吗？舰队长显得太生硬了。请原谅我没有提前告知我要亲自造访。我很反感喧闹仪式和繁文缛节，而如果你知道我要来的话，想必会闹出很大的动静。盛装士兵，典礼乐队，大张旗鼓。我尤其反感大张旗鼓。"

马森努尔·奥古斯特笑了起来。荷鲁斯站起身，扫视这座宽广甲板中黑压压的跪伏人群，"请起，快请起，都站起来。为我欢呼或者鼓掌一下就行了，不必如此卑躬屈膝。"

舰队军官们纷纷起立，高声欢呼且热烈鼓掌。战帅赢得了人心。就这么简单，洛肯暗想，他赢得了这些人的爱戴。他们将永远忠于战帅。

荷鲁斯走上前去分别问候诸位官员。洛肯注意到披着紫金两色长袍与轻甲的埃什克汝斯躬身致意。洛肯感觉那位侍从心情阴郁，其中必有隐情。

"头盔！"阿巴顿命令道，连长们应声摘下战盔。他们用更为随意的姿态簇拥着指挥官走入热切鼓掌的人群之中。

荷鲁斯亲切接受众人行礼，向阿巴顿低语了几个字。阿巴顿点点头。他随后激活了通信器，进入加密频道，用科索尼亚语对四王议会同僚们开口。"三十分钟后作战会议。做好准备，扮演你们的角色。"

另外三人都明白话中含义。他们跟着阿巴顿步入人群。

众人随后在慈悲之行号的战略室里集结赴会，这座宽阔的圆顶大厅位于战列舰的主舰桥背后。战帅高居长桌首位，四王议会成员坐在他身旁，此外还有奥古斯特、埃什克汝斯以及九位帝国舰队指挥官以及帝国陆军。其余影月苍狼连长和大批舰队军官一同坐在上方露台的阶梯式席位里。

奥古斯特舰队指挥官启动了全息投影，对于当前局势作出简洁概括。荷鲁斯认真聆听，并且前后两次要求奥古斯特回放之前的图像，以便仔细检视。

"也就是说你把全部兵力扔进了一个死亡陷阱里？"奥古斯特话音刚落，托迦顿便单刀直入。

奥古斯特仿佛被抽了一巴掌，"先生，我只是——"

战帅抬起手，"塔瑞克，太直白、太严厉了。奥古斯特大人仅仅服从了弗洛姆连长的命令。"

"抱歉，大人，"托迦顿说，"我收回评论。"

"我不认为塔瑞克有必要收回，"阿巴顿插嘴道，"这是对于军事力量的严重滥用。三个连队？更不用说帝国军队单位……"

"反正我是不会容忍这种事情的。"托迦顿嘀咕着。奥古斯特不停眨眼。他好像在强忍泪水。

"这不可饶恕，"阿西曼德说，"完全不可饶恕。"

"即便如此，我们也要饶恕他。"荷鲁斯说道。

"应该饶恕他吗，大人？"洛肯说。

"这种人早该被我毙了。"阿巴顿说。

"拜托各位，"奥古斯特面色苍白地站起身来，"我理应受罚。我请求你们——"

"他都配不上一颗子弹。"阿西曼德咕哝道。

"够了，"荷鲁斯出言劝慰，"马森努尔犯了一个错误，一个指挥上的错误。"

是不是，马森努尔？"

"我相信是的，长官。"

"他将自己的远征队兵力一点点喂进危险地区，最终两手空空，"荷鲁斯说，"这是一场悲剧。有时候的确会出现这样的情况。但关键在于，我们来了。我们来解决问题了。"

"帝皇之子呢？"洛肯问，"他们没有考虑过稍加等待吗？"

"我们究竟该等待什么？"埃什克汝斯反问。

"等待我们。"阿西曼德说。

"一整支远征队陷入危难，"埃什克汝斯眯起双眼回应道。"我们首先抵达现场。我们迅速提供支援。我们理应为圣血天使兄弟们——"

"怎样？为他们送死？"托迦顿问。

"三支圣血天使连队都——"埃什克汝斯高声说。

"都已经没命了，"阿西曼德打断对方，"他们已经为你们揭开了这个陷阱。于是你们也就一头扎了进去？"

"我们——"埃什克汝斯开口道。

"或者说艾多伦大人只是渴望战功？"托迦顿质问。

埃什克汝斯猛然起身。他怒视着会议桌对面的托迦顿，"连长，你在辱没帝皇之子的荣誉。"

"我是这么打算的，没错。"托迦顿回答。

"那么，先生，你果真是一个低劣下贱的——"

"埃什克汝斯侍从，"洛肯说道，"我们谁都不大喜欢托迦顿，唯独他讲真话的时候是个例外。此刻，我非常喜欢他。"

"好了，加维尔，"荷鲁斯轻声说，"你们都省省吧。坐下，侍从。我的影月苍狼言语生硬，是因为他们对于当前局势大为沮丧。帝国势头受挫。众多连队折损。敌人凶恶顽强。这让我倍感哀伤，帝皇得知此事后也会倍感哀伤。"

荷鲁斯站起身来，"我会如此向他汇报。弗洛姆连长对于这个星球展开突击的决定是正确的，因为此地显然是异形盘踞的藏污纳垢之处。我们赞赏他的忠勇。奥古斯特舰队长对于连长的辅助也是正确的，即便这致使他耗费了绝大部分的军事力量。艾多伦总司令在缺乏支援的情况下率部出击同样是正确的，否则便是在生死攸关之际怯懦无为。我还要感谢所有改道驰援的指挥官。

从现在起，我们将接手战局。"

"你要如何应对，大人？"埃什克汝斯大胆地问道。

"你会进攻吗？"奥古斯特问。

"我们将认真考虑面前的选择，并及时告知诸位。散会。"

军官们鱼贯离开战略室，赛迪瑞、玛尔、莫伊、格申、塔苟斯特和克鲁兹也都告退，只留下战帅与四王议会成员。

在旁人散去之后，荷鲁斯看着四位幕僚，"多谢，朋友们。干得漂亮。"

洛肯很快便了解到战帅喜欢利用四王议会作为政治武器，以及战帅本人是手腕高超的老练政客。在他们登上穿梭机离开复仇之魂号前，阿西曼德曾轻声点拨洛肯，简洁说明他即将扮演的角色。"这里的局势一团糟，指挥官相信这在一定程度上要归咎于高层人员的无能和过失。他希望所有军官遭受严厉斥责，让他们被羞辱得无地自容，但是……他既然打算让140号远征队重回正轨并东山再起，那么就需要保证受到全军上下的爱戴、尊敬和绝对忠诚。如果他凭借战帅威权颐指气使的话，这一切就无从谈起了。"

"所以四王议会成员代替他斥责过失？"

"正是如此，"阿西曼德微笑起来，"反正影月苍狼本就广受畏惧，那便让他们畏惧我们，让他们仇视我们，我们负责表达不满和怨愤。所有严厉控诉都必须出自你我之口。好好扮演角色，随你怎么直白尖锐。让他们坐立难安。让他们知道厉害。与此同时，战帅则从中斡旋，显得和善可亲。"

"我们担任他的战犬？"

"让他不必亲口吠叫。一点都没错，他希望我们不留丝毫情面，让对方牢牢记住今日的严厉斥责，接受教训。这会将战帅塑造成一个和平使者，令他受到爱戴与景仰，代表理智与镇定。最终，只要我们处置得当，那些人就会受到应有的训诫，同时又会对于战帅的慈悲和克制越发敬爱。所有人都相信战帅在沙场上天赋异禀，技艺绝伦。但谁也想不到他同样是个手腕高超的政客。善加观察，多多学习，加维尔。看清楚帝皇为何选择他担任全权代表。"

"确实干得漂亮，"荷鲁斯微笑着对四王议会成员说，"加维尔，你最后的那句评论很是犀利。埃什克汝斯脸上简直要着火了。"

洛肯点点头，"我看到他第一眼就觉得，他是个擅长推卸责任的家伙。他很清楚这是重大过失。"

"是的，他很清楚，"荷鲁斯说道，"只是最近一段时间就别指望能与帝皇之子交朋友了。他们那伙人都很骄傲。"

洛肯耸耸肩。"我的朋友足够多了，长官。"他说。

"当然，我们可以在事成之后正式处分奥古斯特和埃什克汝斯等人，判他们失职无能之罪。"荷鲁斯轻描淡写地说，"但须在事成之后。目前士气最为关键。现在，我们还有一场战争要谋划。"

大约半个小时之后，奥古斯特邀请他们一同前往舰桥。14020的护盾风暴中突然出现了一个意料之外的空洞，星球的癫狂气候无端消解，而且其位置与帝皇之子预定的空降坐标颇为接近。

"终于，"奥古斯特说，"风暴减弱了。"

"真希望我手里有阿斯塔特能投放下去。"埃什克汝斯自言自语道。

"但你手里没有啊，是不是？"阿西曼德冷言嘲讽。埃什克汝斯向小荷鲁斯报以怒视。

"我们上吧，"托迦顿敦促战帅，"下一次空洞不知道何时才会来。"

"风暴有可能再次聚集。"荷鲁斯指着全息影像里的扩散飓风说道。

"你想拿下这个世界，对吧？"托迦顿说，"让我带先头部队下去。"他们已经抽过签了。先头部队将以托迦顿的第二连为主，此外还包括赛迪瑞、莫伊和塔苟斯特的连队。

"轨道轰炸。"荷鲁斯重申着事前商定的最佳行动方案。

"或许还有人存活。"托迦顿说。

战帅走到一旁，改用科索尼亚语轻声与四王议会成员交谈。

"如果我准许行动，就是重蹈奥古斯特和艾多伦的覆辙，而我刚刚让你们斥责了此等莽撞过失。"

"这不一样，"托迦顿回答，"他们盲目出击，接连失败。我无意效仿那种愚蠢行为，但风暴消散了……这可是数月以来的头一次。"

"如果下面还有活着的兄弟，"小荷鲁斯说，"我们理应做出最后的营救尝试。"

"让我去，"托迦顿说，"我去探查一下情况。如果气候有任何恶化迹象，我就立刻把先头部队撤回来，让舰队火力全开。"

"我还在琢磨那种音乐，"战帅说，"有进展吗？"

"翻译员还在处理。"阿巴顿回答。

荷鲁斯看着托迦顿，"我钦佩你的善良，塔瑞克，但我必须拒绝。我不会重复此前的错误，把部队扔进——"

"大人。"奥古斯特来到他们身旁，递出一块数据板。

荷鲁斯接了过来，仔细检视。

"确认了吗？"

"是的，战帅。"

荷鲁斯看着四王议会，"通信主官在风暴消散的地表区域检测到了通信活动的痕迹。对方没有回应或识别我们的信号，但确实是活跃的。是帝国的信号。看起来像是小队之间或战士之间的联络。"

"还有人活着，"阿巴顿说。他语带宽慰，看上去诚挚十足，"伟大的泰拉与帝皇在上！下面还有人活着。"

托迦顿一言不发，用沉稳的目光凝视着战帅。他要说的都已经说了。

"好吧，"荷鲁斯对托迦顿说，"上。"

众多空降舱在复仇之魂号第五登机甲板的发射架中整齐排列，先头部队的战士们各就各位。如同铁甲花瓣一样的舱盖缓缓关闭，让那些空降舱看起来恰似秋日里坚硬粗糙的成熟种荚。警铃大噪，发射架的动力线圈开始充能。它们传来越发刺耳的尖锐呼啸，让空气中弥散着浓烈熏香般的臭氧味道。

战帅矗立于宽阔甲板一侧，双臂环抱于胸前，静静旁观这紧张的备战活动。

"气候如何？"他厉声问道。

"天气没有变化，依然放晴，大人。"马罗格斯特检视着数据板回答。

"多久了？"荷鲁斯问。

"八十九分钟。"

"他们能在这样短的时间里完成备战，干得不错，"荷鲁斯说道，"艾泽凯尔，请替我赞扬诸位小队士官。我以他们为傲。"

阿巴顿点点头。他披覆铁甲的五指之中捏着四张临战誓言。"阿西曼德？"他提议道。

小荷鲁斯迈步上前。

"艾泽凯尔，"洛肯说，"能否让我来？"

"你想吗？"

"在耳语山脉的行动之前，卢克和瑟加分别见证聆听了我的誓言。而且塔瑞克是我的朋友。"

阿巴顿瞥了战帅一眼，后者难以察觉地微微点头。阿巴顿将誓言纸张交给洛肯。

洛肯与阿西曼德一同迈步穿过甲板，聆听了四位连长立下誓言。小荷鲁斯捧着自己的爆矢枪，作为庄重立誓的信物。

最后，洛肯把临战誓言分发给几位同僚。

"一切顺利，"他说道，"也请表扬你们的小队士官。战帅本人十分赞赏他们今日的成绩。"

维汝兰·莫伊行了个鹰徽礼，"多谢，洛肯连长。"他说完之后便大步迈向自己的空降舱，口中呼吼下达着命令。

瑟加·塔苟斯特对洛肯报以微笑，紧紧握住他的手掌。一旁的卢克·赛迪瑞脸上则挂着永恒不变的轻笑，那对湛蓝眼眸中充满杀意，渴求战斗。

"如果你我无缘在此重逢……"赛迪瑞开口说。

"……便在帝皇左右来日相会。"洛肯回应道。

赛迪瑞昂首一笑，高声呼喊着跑向空降舱。塔苟斯特戴上头盔，朝反方向动身。

"卢克已经热血沸腾了，"洛肯对托迦顿说，"你的情绪如何？"

"我的情绪好得很。"托迦顿回答。他伴着盔甲碰撞声与洛肯和阿西曼德先后拥抱。

"狼神！"他举起拳头咆哮道，随后也奔向准备就绪的空降舱。

"狼神！"洛肯与阿西曼德高声响应。

两人走回阿巴顿、马罗格斯特以及战帅身旁。

"我总会有些嫉妒。"小荷鲁斯在路上对洛肯嘀咕道。

"我也是。"

"我总希望出征的是我。"

"我明白。"

"要是能参与这样的行动。"

"是啊。我也总会有些害怕。"

"怕什么,加维尔?"

"怕我再也见不到他们了。"

"我们会的。"

"你何以如此确信,荷鲁斯?"洛肯问道。

"我很难说。"阿西曼德回答,他话语里刻意为之的讽刺意味让洛肯笑了起来。

旁观众人躲在了防爆护盾背后。骤然而剧烈的气压变化昭示着甲板整域力场的消解。动力线圈充盈至极限水平,蓄势待发的凶猛能量发出尖利嘶号。

"命令下来了。"阿巴顿盖过震耳噪声说道。

一枚枚空降舱接连伴着隆隆轰鸣如子弹般疾射而出。四下扩散的震荡波仿佛是侧舷齐射的结果。埋头冲向自由的众多空降舱令登机甲板颤抖不已。

它们尽数出击,甲板顿时变得寂静无声,那些包裹着泪滴形碧蓝光焰的装甲载具越发渺小,没入星球地表的背景之中。

我很难说。

在前往谋杀星球的六周航行里,这个短语一直让洛肯难以释怀。直到他跟随小荷鲁斯参加了一场结社集会。

集会地点是位于旗舰尾部的某间舱室,这是一个深埋在战舰超结构内部的偏远角落,鲜有人造访。必经的昏暗走廊被纤细蜡烛勉强点亮。

洛肯遵照阿西曼德的吩咐,穿着简便衣袍前来。两人在舰身中央的第四层甲板碰头,并搭乘有轨列车前往尾部区域,之后借助幽暗的维修旋梯遁入下层。

"放轻松。"阿西曼德一直说。

洛肯没法放松。他向来反感结社的理念,在发现朱伯是结社成员之后就更加感到不安。

"这和你想象中不一样。"阿西曼德曾说。

而洛肯想象中又是怎样的呢?是外人禁入的秘密社团,或是帝皇圣言录的教会?甚至更糟。彻底堕落的组织,内部蛀虫,位处军团心脏的致命癌变。

他迈步跨越这光线暗淡的金属甲板,心中一部分期望遭遇某种凶险可怖的事物。某种巫术团体。让他能够证明朱伯在踏足耳语山脉之前便早已沾染了亚空间的污秽。让他能够揭露邪恶源头，并光明正大地发动惩戒反击。然而他心中更大一部分盼望并非如此。荷鲁斯·阿西曼德毕竟是其中一员。如果结社确受玷污，那么阿西曼德的存在便意味着此等邪秽已经根深蒂固。洛肯不愿和阿西曼德为敌。但倘若他证实了自己的担忧，那么在随后的几分钟里，他或许便要与四王议会兄弟展开搏杀。

"何人前来？"一个黑暗中的声音问道。洛肯看到了那披着斗篷的身影，显然是阿斯塔特的体型。

"两个灵魂。"阿西曼德回答。

"姓甚名谁？"对方又问。

"我很难说。"

"请进吧，朋友们。"

两人走入这间尾部舱室。洛肯迟疑了。这宽广空间被诡异烛光所点亮，舱室中央的铁桶里还燃着熊熊篝火。数十个戴着兜帽的身影围立四周。舞动的火光在深层舱室的墙壁与支柱表面投下了众多扭曲怪影。

"一位新朋友来了。"阿西曼德高声宣布。

披着兜帽的众多身影纷纷转过头来。"让他展示信物。"其中一个颇为熟悉的声音说道。

"拿出来。"阿西曼德轻声对洛肯说。

洛肯缓缓出示阿西曼德交给他的那枚徽章。它映射着熠熠火光。他的另一只手藏在长袍下面，紧紧握住夹带而来的战斗短剑。

"露出真面貌吧。"一个声音说。

阿西曼德伸手拉下了洛肯的兜帽。

"欢迎你，兄弟。"其余身影齐声说道。

阿西曼德也摘下了自己的兜帽。"我为他担保。"他说。

"我们记下了。他是否自愿前来？"

"他受我邀请前来。"

"不必遮掩了。"那声音说。

众人全都摘下了兜帽，在烛光中展露面孔。洛肯眨眨眼。

这里有托迦顿、卢克·赛迪瑞、耐罗·维帕斯、卡卢斯·埃卡顿、维汝兰·莫伊，以及其他二十余位不同军阶的阿斯塔特。

还有刚刚发话的瑟加·塔苟斯特。他显然是结社领袖。

"你不需要那把剑的，"塔苟斯特柔声说道。他迈步上前，抬手示意，"你随时可以离开，不受侵扰。能把它交给我吗？我们的集会场所里不允许携带武器。"

洛肯拿出战斗短剑，递给塔苟斯特。结社领袖将武器放在一旁的靠墙架子上。

洛肯继续扫视在场的诸多面孔。这完全出乎他的意料。

"塔瑞克？"

"我们会回答你的任何问题，加维尔，"托迦顿说，"我们就是为此叫你来的。"

"我们希望你能加入我们，"阿西曼德说道，"但如果你拒绝，我们也尊重你的选择。无论如何，我们仅仅请求你不要向外人透露你在这里看到了何人何事。"

洛肯迟疑起来，"否则……"

"这不是威胁，"阿西曼德说，"甚至不是个条件。只是请求你尊重我们的隐私。"

"很久以来我们都知道，"塔苟斯特说，"你对于战士结社不感兴趣。"

"我的态度恐怕没有这么委婉。"洛肯说。

塔苟斯特耸耸肩，"我们理解你表示反感的本质原因。你绝非唯一一个持此看法的阿斯塔特。所以我们从未试图招募过你。"

"如今有何改变？"洛肯问。

"你改变了，"阿西曼德说，"如今你不仅仅是一位连队军官，更是四王议会成员。再者，关于结社的事情已经进入了你的视野。"

"朱伯的徽章……"洛肯说。

"朱伯的徽章，"阿西曼德点点头，"朱伯的死是一场可怕的悲剧，我们全都为此倍感哀痛，然而你所受的影响远比其他人更为深重。我们看得出来，你在尽力作出补偿，鞭策连队日益精进团结，同时也为此自责。当那枚徽章出现的时候，我们担心你会开始掀起波浪，会公开询问结社的事情。"

"所以这一切都只是为了你们自己？"洛肯问道，"你们打算群起而攻之，逼我把嘴闭上？"

"加维尔，"卢克·赛迪瑞说，"影月苍狼目前最不需要面临的情况，就是一位诚实正直又广受爱戴的连长兼四王议会成员致力于将结社摆到明面上。整个军团都会遭受损害。"

"真的吗？"

"当然，"赛迪瑞说，"如你这般身居高位的人搅动局势，战帅会被迫作出应对。"

"他可不想作出应对。"托迦顿说道。

"他……知道？"洛肯问。

"你看起来很惊愕，"阿西曼德说，"假设战帅不知道自己军团内部的秘密组织，你难道不会更加惊愕吗？他知道。他向来都知道，而且不闻不问，只要我们不公开不宣扬自己的活动即可。"

"我不明白……"洛肯说。

"所以你才来到这里，"莫伊说，"你公开反对我们，因为你不明白。如果你打算与我们对立，那你至少应该首先了解我们的作为。"

"我听够了，"洛肯说着转过身去，"我就此告辞。别担心，我什么都不会说。我不会挑起事端，但你们全都让我很失望。麻烦谁明天把短剑还给我。"

"拜托。"阿西曼德开口道。

"不，荷鲁斯！你们秘密会面，而秘密正是真相的敌人。这是我们接受的教导！我们唯有真相而已！你们隐匿行踪，你们遮掩身份……为了什么？因为你们自觉羞愧吗？见鬼了，你们理应感到羞愧！众所爱戴的帝皇早有裁断。这种行为不受他的准许！"

"因为他不理解！"托迦顿高喊。

洛肯转回身穿过房间站在托迦顿面前，"我难以置信你能说出这种话。"他低吼道。

"确实如此，"托迦顿毫不退却，"帝皇并非神祇，但早就与之无异了。他远远超脱于众生之上，独一无二，无可比拟。谁能与他称兄道弟？谁都不行！就连诸位高贵的基因原体也仅仅是他的子嗣。帝皇的智慧无人可比，我们敬爱他，愿意追随他直至末日降临，但他不理解兄弟情谊，而我们会面交谈也只是为此而已。"

四下一阵寂静。洛肯从托迦顿面前转过身去，不愿再直视对方。其他战士默默围立于两人身旁。

"我们是战士，"塔苟斯特说，"这是我们唯一的身份和职责。职责与战争，战争与职责。你我有生以来便始终如此。而兄弟情谊是我们仅有的不受职责限定的宝贵纽带。"

"这就是结社的意义所在，"赛迪瑞说，"它为我们提供一个超脱于军阶军令之外，可以自由自在地会面、交谈与倾诉的空间。若要加入我们的秘密社团，只有一个前提条件。你必须是一位战士。"

"在这里，"塔苟斯特说，"一个人无论有何军衔，都可以开诚布公地说出自己的忧虑困惑与奇思妙想，不必担心遭受同僚的鄙夷或上司的训诫。这里为我们的心灵和思想提供了庇护。"

"看看吧，"阿西曼德迈步上前，张开双臂示意，"看看这些面孔，加维尔。连队尉官、士官、普通战士。这样一群人还能在哪里平起平坐？我们走进这里的时候就把军衔扔在了门口。高阶指挥官可以与新晋士兵直面交谈。知识和经验可以得到分享，理念可以得到传播，共通和理解可以得到建立。瑟加担任结社领袖的职务，仅仅是为了确保一定程度的秩序。"

塔苟斯特点点头，"荷鲁斯说得没错。加维尔，你知道这个秘密社团的历史有多么悠久吗？"

"数十年……"

"不，更老。或许有数千年了。众多军团自创建之初便有了结社，而帝国军队以及其他所有军事机构中也有类似团体。结社的历史可以追溯至古老年代，甚至早在统一战争之前。这不是邪恶组织，也不是宗教糟粕，只是战友之间的情谊。有些军团没有此类传统，我们则一向都有，这赋予了我们力量。"

"何来力量？"洛肯问。

"这让那些因军阶地位不同而日渐疏远的战士们能够亲切交流。这为那些互不相识的同胞们建立了紧密纽带。与其他军团一样，我们兴旺繁荣的基础便是层次分明、严密牢固的正式权威，是上至高级军官下至普通士兵的忠诚锁链。忠于小队，忠于分队，忠于连队。结社则营造了垂直于这种指挥结构的强化链条，是跨越小队、跨越连队的。这堪称我们的秘密武器，是影月苍狼的真正力量，让我们在上下有别的基础上，又得以携手并肩。"

"你要拿着十几支长矛上战场，"托迦顿轻声说，"你将它们聚成一束就方便携带。如果再用绳索把矛柄捆缚起来，是不是更方便得多？"

"如果这是个比喻的话，"洛肯说，"可真够蹩脚的。"

"让我来讲讲。"另一个人开口了。是卡卢斯·埃卡顿。他迈步来到洛肯面前。

"你我之间早有不合，洛肯。"他开门见山地说。

"的确。"

"只是一点战场上的竞争关系。我承认。在至高城战役之后，我恨透你了。所以，在战场上，即便我们效忠于同样的领袖，追随着同样的旗帜，你我之间依旧会产生摩擦，存在竞争。我说得对吗？"

"我想是的……"

"我从未与你交谈过，"埃卡顿说，"从来都没有私下交谈。你我平日里不会混在一起。但我要说：今天晚上，在这里，在诸位朋友之间，我听到了你讲的话。我听到你坚守自己的信念和观点，我学会了尊敬你。你直抒己见。你捍卫原则。到了明天，洛肯，无论你今夜作何决定，我都会对你另眼相看。我再也不会找你的麻烦，因为我如今已经了解你。我看清了你的为人。"他发出一阵粗重震耳的大笑，"泰拉在上，这个例子够糟的，毕竟我是个粗人，但这能说明结社的作用。"

他伸出手，洛肯随后也伸手握住。

"这总算是件好事，"埃卡顿说，"如果你要走的话，那就走吧。我们还要聊天喝酒呢。"

"或者你会留下？"托迦顿问。

"或许暂时留下吧。"洛肯说。

集会持续了两个小时。托迦顿带了酒，赛迪瑞则从旗舰军需库弄来了一些肉和面包。众人没有举行任何愚昧仪式或邪恶祭礼。他们——诸位兄弟们——三三两两地坐下交谈，之后一同聆听阿西曼德回忆某场他曾经参与的异形战争，这或许能够为即将来临的战斗提供些许灵感。托迦顿又讲了些笑话，大部分都很糟。

在托迦顿喋喋不休地讲述一个极其复杂又格外低俗的故事时，阿西曼德走到了洛肯身边。

"你觉得,"他轻声开口,"四王议会的概念源自何处?"

"难道是这里?"洛肯问。

阿西曼德点点头,"四王议会并不具备官方地位和明确权力。它只是一个非正式团体,却备受战帅重视。最初它作为无形结社的有形延伸得以创立,但二者的关联早已消逝了。如今它们都是交织在正式指挥链里的非正式组织。我相信所有人都受益于此。"

"我曾为结社构想出了无数可怖行径。"洛肯说。

"我知道。你的直性子一点都没变。我们正是因此敬爱你。结社也正是因此希望你能加入。"

"这也需要庄严立誓吗?就像加入四王议会的戏剧仪式和繁文缛节?"

阿西曼德笑了起来,"不!如果你要加入,那就加入了。只有一些很简单的规矩。不要向外人透露结社兄弟们的信息。这是休憩时间,闲暇时间。我们必须确保这些战士,尤其是低阶新兵能够畅所欲言,且不必担心日后遭受清算。你该去听听他们的想法。"

"我会的。"

"很好。你也会得到一枚徽章,作为信物。如果有人问到任何结社的秘密,就回答'我很难说'。没别的了。"

"我多有误解,"洛肯说,"我把它想象得太坏,做了最糟糕的打算。"

"我能理解。尤其是可怜的朱伯那件事。再者你本身也很顽固。"

"我是来……接替朱伯的吗?"

"关键并不在于接替,"小荷鲁斯说,"况且也不是接替他。朱伯是我们的一员,但他有很多年没参加过活动了。所以我们才忘记了要赶在你检查之前把他的徽章摸走。真正应当小心留意的恰恰在此,加维尔。问题并非在于朱伯是结社成员,而是在于他身为结社成员却很少出席。我们不知道他脑袋里在想些什么。如果他能来分享内心感受的话,我们或许可以避免耳语山脉的可怕悲剧。"

"但你说过我要接替某个人。"洛肯说。

"是的。乌顿。我们很怀念他。"

"乌顿也是结社成员?"

阿西曼德点点头,"他是老资格了,顺便说一句,别太为难维帕斯。"

维帕斯坐在篝火旁，洛肯走到他身边。那明亮的黄色火苗跃入幽暗半空，抛洒出一粒粒飞扬火花。维帕斯显得坐立不安，低头玩弄着新义肢的愈合接缝。

"耐罗？"

"加维尔，我一直在做心理准备。"

"为什么？"

"因为你……因为你不希望任何部下……"

"据我理解，"洛肯说，"我的理解可能有误，毕竟这一切对我而言都是新事物，但据我理解，结社是一个开诚布公、畅所欲言的地方，不必心存疑虑。"

耐罗微笑起来，点点头，"我在成为你的部下之前早就加入结社了。我尊重你的意愿，但我无法抛弃兄弟们。于是我就瞒了下来。有时候我也考虑过邀请你加入，但我知道你肯定会恨我的。"

"你是我最好的朋友，"洛肯说，"我不会因为任何事恨你的。"

"不过那枚徽章，朱伯的徽章，你发现之后就不愿把那件事放下。"

"而你就一直讲'我很难说'，十分遵守结社的规矩。"

耐罗窃笑一声。

"说到这个，"洛肯说道，"是你吧，对不对？"

"是我什么？"

"是你拿走了朱伯的徽章。"

"我只告诉阿西曼德连长你在探查，向他通报了情况，但不是我，加维尔。我没有拿走他的徽章。"

在集会结束之后，洛肯沿着一条纵贯战舰底层的宽广维修隧道孤身离开。锈蚀屋顶不断滴落水滴，脚下一块块污浊池塘表面泛着彩虹般的油光。

托迦顿跑着追上他。

"如何？"对方问道。

"我没想到会遇上你。"洛肯说。

"我也没想到会遇上你，"托迦顿回答，"像你这种榆木脑袋。"

洛肯笑了起来。托迦顿快步冲出去，高高跃起，用手掌拍到了屋顶的一条管道。他伴着四溅水声落回地面。

洛肯轻笑一声，摇摇头，随后也效仿对方，但要比托迦顿够得更高。

管道发出的隆隆震颤声沿着维修隧道传向远方。

"引擎室下面,"托迦顿说,"那里的管道有这儿的两倍高,但我能摸到。"

"胡说。"

"我可以证明。"

"走着瞧吧。"

他们继续前进。托迦顿响亮用口哨吹起了走调地《军团行进曲》。

"你没有什么话要说吗?"他过了一阵问道。

"说什么?"

"你知道的,那件事。"

"我之前有所误解,我现在明白了。"

"于是乎?"

洛肯停下脚步看着托迦顿。"我只担心一件事,"他说,"结社的活动都是秘密的,那么按照逻辑,它就很擅长保守秘密。我对秘密有些看法。"

"什么看法?"

"如果你擅长保守秘密的话,那么谁又知道你会保守些什么样的秘密?"

托迦顿尽力维持住一脸严肃神情,最终还是爆发出大笑。"不行了,"他口齿含混地说,"我忍不住了。你可真是直性子。"

洛肯微笑起来,但他的声音里并无笑意,"你们都这么说,但我是认真的,塔瑞克。结社始终没有暴露踪迹。它很擅长隐藏秘密。想象一下它能够隐藏什么样的事物。"

"比如你是个榆木脑袋这件事?"托迦顿问道。

"我认为这已经众所周知了。"

"是的。一点没错!"托迦顿轻笑着说。他停顿了一阵,"那么……你还会参加吗?"

"我很难说。"

第十六章

全权代表
珍贵照片
帝皇保佑

整整四支影月苍狼连队空降于这片旷野之中，大批巨蛛怪葬送在他们摧枯拉朽的攻势面前，侥幸逃生的敌人则仓皇遁入那颤抖不已的草原。漆黑浓烟聚集在战场上方的冷寂夜空里，如同一座浮空山脉。蜷曲萎缩的异形尸首像金属刨花般铺满大地。

"托迦顿连长。"那位影月苍狼行着鹰徽礼，庄重地自我介绍。

"塔维兹上尉，"塔维兹回答，"我很感谢你们的援手。"

"这是我的荣幸，塔维兹，"托迦顿说。他扫视着四处燃烧的战场，"你就带着六个人进攻这里？"

"在当时的条件下，这是唯一可行的方案。"塔维兹回答。

不远处，布勒正奋力把卢修斯从巨蛛怪的胶泥中解救出来。

"你还活着吧？"托迦顿转过脸问道。

卢修斯阴郁地点点头，独自坐在一旁，把黏附在完美甲胄表面的胶泥残渣清除干净。托迦顿审视了他一阵，随后将注意力转移到内置通信器上。

"你带了多少人来？"塔维兹问。

"一支先头部队，"托迦顿说，"四个连队。请稍等一下。第二连，在我这里集结！卢克，建立外围防线。把重武器派过去。瑟加，你负责左翼！维汝兰……我等着你呢！在右翼列阵。"

通信器里传来嘈杂回应。

"这里由谁负责？"一个声音问道。

"我。"托迦顿说着扭过身去。在十余名帝皇之子战士的簇拥下，高大威武的艾多伦跨过烟气缭绕的白色残渣，昂首阔步而来。

"我是艾多伦。"他面对托迦顿说道。

"托迦顿。"

"此刻情况特殊，"艾多伦说，"你不躬身行礼我也可以理解。"

"我真是死都想不出来什么时候会对你躬身行礼。"托迦顿回答。

艾多伦的护卫顿时抽出战斗短剑。

"你说什么？"其中一人质问道。

"我说你们几个小伙子最好把手里的赶猪棒收起来，以免我不小心伤到谁。"

艾多伦平举双手，他麾下的战士们随即将武器入鞘，"我感谢你的支援，托迦顿，毕竟战况危急。同时，我也知道影月苍狼缺乏家教，毫无素养。所以我不会介意你的回话。"

"是托迦顿连长，"托迦顿回答，"且容我说明，如果我有任何冒犯之处，那么都是故意的。"

"面对面跟我说话！"艾多伦低吼着扯下头盔，迫使自己的强化生理机能应付那稀薄空气和辐射尘云。托迦顿立刻效仿。他们紧紧盯着对方的眼睛。

这场交锋令塔维兹越发难以置信。他从未见过谁当面顶撞艾多伦大人。

两人胸甲相抵，艾多伦略高一些。托迦顿似乎面露讥笑。

"你有何打算，艾多伦？"托迦顿问，"或许你想把脑袋挂在裤腰带上滚回家去？"

"你是个低贱劣种。"艾多伦嘶声道。

"告诉你吧，"托迦顿回答，"你这差远了。我就是个低贱劣种，而且还很自豪。你知道那是什么吗？"

他指着头顶上的群星。

"一枚星辰？"艾多伦不明就里地反问。

"对，或许是吧。我完全没有概念。关键在于，我是影月苍狼先头部队的特派指挥官，负责前来拯救你们这帮倒霉鬼。我遵照战帅本人的指令。他就在轨道上，在我们头顶的其中一枚亮点里，而且他现在觉得你就是个弱智。他下次遇见弗格瑞姆的时候照样会这么说。"

"休要贸然直呼我原体的名讳，你这混账。荷鲁斯会——"

"你又来了，"托迦顿叹了口气，双手猛推艾多伦的胸甲，让对方趔趄倒退，"他是战帅，"又是狠狠一推，"独一无二的战帅。你的战帅。拿出点该死的敬意来。"

艾多伦略显迟疑，"我当然明白战帅的尊贵。"

"是吗？是吗，艾多伦？那太好了，因为我就是。我就是他的全权代表。你要把我当作战帅来对待。你也要为我拿出点敬意来！战帅荷鲁斯认为，你们在这块战场开展行动的时候犯了一些明显的低级错误。你空降了多少兄弟？一个连？还剩下多少？瑟加，数清楚了吗？"

"三十九个活着的，塔瑞克，"通信器里传来回复，"可能还有，不少尸堆都没挖开呢。"

"三十九个。你如此渴求荣耀，以至无端牺牲了半个多连队。如果我是……原体弗格瑞姆，就一定会要你的脑袋。战帅或许正有这个打算。那么，艾多伦大人，我们讲清楚了吗？"

"我们……"艾多伦缓缓开口，"……讲清楚了，连长。"

"你不如去清点一下自己的部队？"托迦顿建议道，"敌人想必很快就会卷土重来。"

艾多伦怨恨地瞪了托迦顿一阵，随后重新戴上头盔。"我不会忘记你的羞辱，连长。"他说。

"那我就没有白跑一趟。"托迦顿也将头盔戴上。

艾多伦迈着沉重步伐转身走开，召唤麾下部队集结。托迦顿扭过头，发现塔维兹正盯着自己。

"你琢磨什么呢，塔维兹？"他问道。

我早就想说那些话了，塔维兹在心里回答。然而他在嘴上说，"你需要我做什么？"

"重整你的小队，准备作战。等到那些鬼东西再来的时候，我还要指望你呢。"

塔维兹在胸前行了个鹰徽礼，"我与你同在。你们怎么知道要在哪里空降的？"

托迦顿指着平静的天空，"我们在风暴里发现了这个缺口。"他说道。

塔维兹将卢修斯拽起身来，对方还在清理自己的污损盔甲。

"那个托迦顿真是个讨人厌的混球。"卢修斯说。显然整场对峙都传入了他耳中。

"我倒挺喜欢他的。"

"就他那副口气？狗东西。"

"我喜欢狗。"塔维兹说。

"那个骄纵无礼的家伙早晚要被我剁了。"

"别，"塔维兹说，"那样不好，如果你真对他动手，我也只好把你收拾一顿了。"

卢修斯笑了笑，仿佛塔维兹讲了个笑话。

"我是认真的。"塔维兹说道。

卢修斯笑得更欢了。

他们花费了不到一个小时在这片空地里整军列阵。托迦顿借助随行的星语者和舰队取得联络，附近草原上空的护盾风暴依旧肆虐，唯独空地正上方的天空始终保持着静谧。

塔维兹将麾下的幸存战士集结起来，并远远看到托迦顿和几位影月苍狼同僚再次与艾多伦以及安提厄斯展开了激烈争论。双方显然对于下一步行动方案有着截然不同的看法。

过了一阵，托迦顿抽身而去。塔维兹猜测他是主动退出争论，以免再说出什么激怒艾多伦的话来。

托迦顿沿着外围防线漫步，偶尔与几位战士交谈，最终走到塔维兹面前。

"你看起来像个正常人，塔维兹，"他评论道，"你怎么能忍受那个上司？"

"职责所在，"塔维兹回答，"我有责任尽忠效力。他是我的总司令。他功勋卓著。"

"今天这件事恐怕不会记入他的功勋簿吧，"托迦顿说，"告诉我，你是否认同他发动空降的决定？"

"我没有认同也没有反对，"塔维兹答道，"我仅仅服从。他是我的总司令。"

"我知道，"托迦顿叹了口气，"这样吧，你我私下聊聊，塔维兹。算是兄弟之间。你认同那个决定吗？"

"我真的——"

"喔，得了。我可是刚刚救了你一命。跟我说句实话，我就不再追问了。"

塔维兹犹豫了一下。"我认为那略显鲁莽，"他最终承认道，"我认为那个决定源于野心，无关连队安危和同胞下落。"

"多谢你说实话。"

"我能否再说些实话？"塔维兹问。

"当然。"

"我敬佩你，先生，"塔维兹说，"你勇气超群，开诚布公。但也请你留意，我们是帝皇之子，我们颇有一股傲气。我们不喜欢被旁人盖过风头，或轻蔑藐视，或言语羞辱……即便对方是隶属至尊军团的阿斯塔特。"

"你所谓的'我们'是指艾多伦吗？"

"不，是指我们。"

"还真是用词得体，"托迦顿说，"在远征早期的年代里，帝皇之子曾与我们并肩作战，之后你们才扩军到足以独立运作的规模。"

"我知道，长官。我亲身经历过，但当时我只是个普通战士。"

"那么你就知道，影月苍狼非常敬重你们军团。我当时也只是个低阶军官，但我还依稀记得荷鲁斯的原话……是怎么说的来着？他说帝皇之子是阿斯塔特的鲜活代表。荷鲁斯与你的原体关系紧密。影月苍狼在多年征伐中已经和几乎所有军团联手作战过。在我们有幸与之共赴沙场的众多兄弟里，你们依旧是最为出色的。"

"听到你这样说让我很高兴，长官。"塔维兹回答。

"那么……你们为何变成了这样？"托迦顿问道，"你们的指挥层现在都像艾多伦一般吗？他的傲慢令我惊愕。那该死的优越感……"

"我们的核心理念并不在于优越，连长，"塔维兹回答，"而是在于纯正。但二者往往被混淆误认。我们以众所爱戴的帝皇作为榜样，在努力效仿的过程中可能会显得孤傲骄矜。"

"你们有没有想过，"托迦顿问，"纵然尽力效仿帝皇是值得赞许的，但你们不能也不该妄图染指他的至高无上地位。他是帝皇，他独一无二。随便你们怎样以他为楷模，怎样努力效仿，但不要臆想能够与他平起平坐。谁也休想如此。他是无人能及的。"

"我的军团对此十分清楚，"塔维兹说，"但有时候，我们没能向旁人传达这一点。"

"傲慢之中绝无纯正可言，"托迦顿说道，"目中无人或过度自信都不值得敬佩。"

"艾多伦大人明白。"

"他应该表现出自己明白这一点。他带着你们扎进一场灾难，结果毫无歉疚。"

"我相信，在恰当的时机，艾多伦大人会正式答谢你们的奋勇援助并且……"

"我不在乎答谢，"托迦顿说，"你们是落难兄弟，我们自然要来帮忙。仅此而已。是我说服了战帅，才获准空降的，因为他不愿意继续派遣战士去一个充满未知敌人的未知地点白白送死，他觉得这是疯了。但艾多伦恰恰是如此做的。我猜他的动机是荣耀和自负。"

"你是如何劝动战帅的？"塔维兹问道。

"让他改主意的不是我，"托迦顿说，"是你们。这片区域的风暴消散了，让我们得以捕捉到你们的通信信号。你们证明自己还活着，于是战帅立刻准许先头部队前来营救。"

托迦顿抬头仰望朦胧星辰，"风暴是它们最强大的武器，"他思索道，"如果我们要让这个世界屈膝归顺，就必须找到一个打败风暴的办法。艾多伦提出，那些巨树可能是关键所在。它们或许扮演着风暴的发生装置或扩散装置。他说在他摧毁了几棵树之后，这里的风暴很快就彻底停息。"

塔维兹愣了一下，"艾多伦大人是这样说的？"

"这是从他嘴里吐出来的唯一一句正经话。他说他在树上安设炸弹发动爆破，之后风暴就立刻消散了。这是个有趣的理论。战帅想让我利用风暴间歇带着所有人尽快撤离，但艾多伦坚持要去寻找更多巨树并摧毁它们，借此撕开敌人的掩护。你认为呢？"

"我认为……艾多伦大人很明智。"塔维兹说。

一直在旁边站岗的布勒听到了两人的对话。他再也无法忍耐下去。

"请求发言，上尉。"他开口说。

"过会儿再讲，布勒。"塔维兹回应道。

"长官，我——"

"别多嘴，布勒。"迈步而来的卢修斯说。

"你叫什么，兄弟？"托迦顿问。

"布勒，长官。"

"你想说什么？"

"不重要，"卢修斯哼了一声，"布勒兄弟逾距了。"

"你是卢修斯，对吧？"托迦顿问道。

"卢修斯上尉。"

"刚才奋力杀敌守护你性命的人里，就有布勒吧？"

"是的，他的英勇行为令我感到光荣。"

"既然如此，你或许可以容他说句话？"托迦顿提议道。

"那不合适。"卢修斯说。

"你猜怎么着，"托迦顿说，"作为先头部队指挥官，我相信这里是我说了算。谁能讲话，谁不能讲话，要由我决定。布勒，有话就说吧，兄弟。"

布勒尴尬地看着卢修斯和塔维兹。

"那是个命令。"托迦顿补充道。

"摧毁巨树的不是艾多伦大人，长官。是塔维兹上尉。他坚持那样做。艾多伦大人还为此斥责了他，说那是浪费弹药。"

"果真如此？"托迦顿问。

"是的。"塔维兹说。

"你为什么想那样做？"

"我不能容忍阵亡同胞的遗体遭到那种耻辱对待。"塔维兹说。

"你就甘愿让艾多伦抢走功劳，自己却一言不发？"

"他是我的上司。"

"谢谢你，兄弟，"托迦顿对布勒说。他又瞥了一眼卢修斯，"如果他因为仗义执言而遭到你的任何训斥或惩罚，我就让战帅亲自剥夺你的军阶。"

托迦顿转头面对塔维兹，"这就有意思了。按说无所谓的，但我确实在意。既然炸毁巨树的是你，我倒更愿意继续采取进一步行动了。艾多伦显然还能看到别人有什么好点子。我们再去砍几棵树吧，塔维兹。你可以给我讲讲到底是怎么办到的。"

托迦顿大步走开，口中呼吼着列队出动的命令。塔维兹和卢修斯对视许久，最终卢修斯也转身离去。

大军从空旷地带开拔，扎进浓密草原。他们再次被暴风乌云所笼罩。托迦顿命令终结者小队担任前锋。那些人形坦克在特莱斯·罗库斯的率领下激活了手中的重型兵刃，将密林般的高大草茎纷纷斩断，清理出一条宽阔路径。

他们顶着狂怒风暴前进了二十千米。其间巨蛛怪发动过两次集群突袭，但先头部队紧密收缩阵型，充分利用良好的视野与远程优势，用爆矢枪将敌人尽数剿灭。

周围环境逐渐变化。他们似乎来到了辽阔高原的边际，大地骤然向下方延伸。这里的高大草茎越发稀疏零散，仅仅点缀着崎岖山坡的锈红土壤。一条低洼峡谷拦在前方。松软泥泞的地面覆盖着成千上万棵较小的锥形树木，仿佛是四下蔓延的繁茂真菌，仅有十米之高。这些坚硬树木与谋杀巨树一样由那种乳白色胶泥构成，像肩甲螺钉般密布于谷地之间。

阿斯塔特战士们走入山谷底部，发现脚下的大地十分泥泞湿滑，这里有众多狭长的水域，被富铁土壤尽数染作橙黄色。水面不时倒映出头顶风暴的闪烁电光，看起来仿佛是一道道撕裂了谷地的巨大爪痕。

密密麻麻的灰色飞虫在沉闷空气中狂舞不休。一种体型更大的飞行生物则像蝙蝠般急速掠过，猎捕这些小虫。

他们在峡谷末端发现了另外六棵静静围立的巨树。白色棘刺上点缀着零乱残破的尸体与盔甲。圣血天使，以及帝国军队。那些生有双翼的怪物并未栖息于此，但在五十千米外的浓密草原上方，大批漆黑身影在闪电流转的暴怒天空中癫狂盘旋。

"毁掉它们，"托迦顿下令。莫伊点点头，着手收集炸弹，"去找塔维兹上尉，"托迦顿补充道，"他可以演示给你看。"

在空降发动之后，洛肯又在战略室里徘徊了三个小时，目睹了托迦顿从地表传来的信号。先头部队成功占领空降地点，并与艾多伦大人的连队残部会合。此后，星球大气层反而变得更为躁动不安。他们静静等待托迦顿的战场决断。行事谨慎的阿巴顿为求有备无患，已经命令风暴鸟编队激活待命，随时可以前往地表协助部队撤离。阿西曼德则一言不发地来回踱步。战帅与马罗格斯特退回了他的内厅。

洛肯靠在战略室护栏边，俯瞰下方庞大舰桥里的繁忙景象，并与泰保特·玛尔讨论战术细节。玛尔和莫伊都是荷鲁斯之子，他们的相貌与原体神似，简直就是双胞胎。不知何时，他们便得到了"亦者"与"或者"的外号，表明两人几乎不分彼此。他们外表如一，姿态无异，旁人往往难以辨别。一人或为前者，亦可为后者。

他们都是能力出众的前线军官，各自拥有值得夸耀的累累功勋，但尚难企及阿巴顿或赛迪瑞的光辉成就。两人领军作战的风格追求精准高效、平实稳健，然而他们毕竟是影月苍狼，这支军团成员平实稳健的标准放在他人身上便堪称典范。

在玛尔的话语之中，洛肯清晰察觉到了他对于自己的"双胞胎兄弟"获选出征的嫉妒。荷鲁斯习惯安排这两人同为进退。他们合作无间，相互弥补，仿佛能够预料到对方的行动，然而先头部队的票选过程是民主而公平的。莫伊赢得了一席之地。玛尔则没有。

玛尔对着洛肯喋喋不休，显然想要将一切粉饰为对于兄弟境遇的担忧。过了一阵，亚克顿·克鲁兹也加入他们的交谈中。

亚克顿·克鲁兹是位过时的人物。这个已然老迈且颇为烦人的战士早在军团创建之初就身居连长位置，然而随着荷鲁斯与帝皇重逢并接过军团权柄，克鲁兹如今已经风头不再，荣光黯淡。他是另一个年代的产物，是统一战争与糟糕往日的遗老，他脾气顽固，还有些刚愎自用，正是昔年岁月中军团行事作风的残存痕迹。

"兄弟们。"他迈步走来招呼两人。克鲁兹用单手握拳敲击胸甲，依旧以泰拉统一前的古老方式致意，而非现今的双手鹰徽礼，这或许是出自潜意识的旧习。他的面孔黝黑修长，沟壑纵横，覆有满头白发。他言语轻柔，希望借此令旁人仔细聆听，他以为自己"耳旁风"的外号也是源于这低沉嗓音。

洛肯知道并非如此。克鲁兹的头脑已经远不及昔日，他的评判与建议不是平庸便是突兀。他之所以被称作"耳旁风"，是因为大家对他的话语不作理会。

克鲁兹以为自己在军团中扮演着睿智父辈的角色，而谁都不忍开口挑明现实。人们曾几次试图不动声色地剥夺他的连队指挥权，另一方面，克鲁兹也曾几次试图获选第一连长。

若单论服役时间，他当仁不让。洛肯相信战帅对于克鲁兹心怀怜悯，不忍加以贬谪。克鲁兹是个讨人厌烦的旧日遗物，让大家好恶参半，他始终未能接受一个事实，那便是军团早已成熟进步，将他远远甩在了背后。

"我们一天之内就能把事情办妥，"他对洛肯和玛尔断言道，"记住我的话，小伙子们。一天之内，指挥官就会下令撤离。"

"塔瑞克进度不错。"洛肯开口说。

"托迦顿那小子运气挺好，但他也不能急于求成。你们记住我的话。一天之内。"

"我希望我也在下面。"玛尔说。

"傻话，"克鲁兹决然说道，"这只是营救行动。我真是死也不明白，帝皇之子当时究竟在想些什么，居然一头扎进这个鬼地方。我在早年曾与他们并肩作战过，知道吗？是些好伙计。很不错。说实话，咱们从他们身上学到了点礼仪！真是模范士兵。让我们在东部边陲相形见绌，但那是陈年旧事了。"

"确实是陈年旧事了。"洛肯说。

"的确如此，"克鲁兹丝毫没有察觉到对方的讽刺，"我难以想象他们在这里有何打算。"

"打算作战？"洛肯提议道。

克鲁兹狐疑不决地看着他，"你在嘲弄我吗，加维尔？"

"绝无此意，先生。我不会那样做。"

"我希望我们能出动，"玛尔咕哝道，"尽快出动。"

"用不着我们的。"克鲁兹宣称。他抚摸着苍老面孔上的灰色山羊胡。他显然不是荷鲁斯之子。

"我还有事情需要处理，"洛肯找了个借口脱身，"我就此告退，兄弟们。"

被抛在"耳旁风"身边的玛尔恼火地瞪着洛肯。洛肯则眨眨眼抽身而去，他临走时听到克鲁兹开始向玛尔讲述某个冗长难耐的"故事"。

洛肯走向位于战舰腹部的第十连军营。他的部下等待出击，已经披挂了部分铠甲，并将武器装备铺在身旁以便取用。徒工和机仆操纵着便携式车床与锻炉，对护甲板块进行最后的精细调整。但这些无非是消磨时间的重复劳动：战士们数周以来时刻枕戈待旦。

洛肯首先向维帕斯以及其他小队领袖介绍了当前情况，随后和几位新晋战士简短交谈，这些都是在航程中刚刚获得提拔的连队新人。他们格外紧张。这些战士或许就要在140-20接受洗礼，成为真正的阿斯塔特。

之后洛肯便孤身坐在私人军械室里，默默进行一系列特定的心理练习，借此放空身心，集中精力。到了百无聊赖之际，他只好拿起辛德曼推荐的那本书。

在这段航程里，他本打算多读些《厄什编年史》的，但指挥官让他忙得不可开交。洛肯摘下手套，掀开那泛黄的厚重书籍，找到自己的标签。

这本编年史的内容残酷血腥，正如辛德曼所说。被遗忘的古老城市时常遭到攻陷和焚毁，或是在核弹风暴中气化无踪。海洋往往被鲜血染红，天空向来飘满尘埃，大地总是铺着万千枯骨。大军一旦出征便是十亿之众，上百万面破旧旌旗被士兵们高举过头顶，在充满辐射的微风中摇摆。一场场令人心惊的宏伟战役如同由锐利锋刃、黑色尖盔和嘶吼号角组成的吞世旋涡，其中闪烁着大炮与引擎的灼人火光。暴君卡拉甘的形象着墨甚多，他残暴的行为与同样残暴的人格占满了一页又一页的内容。

此类描写大多让洛肯感到好笑。这类天马行空的逻辑与脱离实际的文笔随处可见。书中收罗的很多沙场功绩是泰拉统一前那些战士永难企及的。他们毕竟只是粗野落后的科技蛮人，是面对身披雷霆铠甲的原型阿斯塔特便战败屈膝的乌合之众。卡拉甘座下有几位悍勇将领，包括勒托伊斯、商·考，以及较晚崛起的夸罗顿，而堆砌在他们身上的词语更适合描述基因原体。他们在冲突年代末期为卡拉甘打下了一片无比辽阔的江山。

洛肯曾跳到全书末尾，预览了卡拉甘的覆灭以及统一大军征服厄什的惊世壮举。段落中提到敌军战士披覆着雷霆闪电图案，那恰恰是帝皇昔日的个人标志，早在帝国鹰徽正式启用之前。他们单手握拳行礼以示统一，正如克鲁兹保留至今的习惯，并且他们披挂雷霆铠甲。洛肯不禁猜想，帝皇本人是否也占据了些许篇幅，又获得了何种描述，他也想看看能否认出几个原型阿斯塔特战士的名号。

但他觉得自己理应通读全书，以免辜负凯瑞尔·辛德曼的推荐，于是返回了先前读到的位置。几篇详细描写商·考挥军进犯北非的内容很快便吸引了他的注意力。商·考从厄什南方城邦七拼八凑了一支佣兵大军，用来辅助自己的主力部队发动侵略，其中便包括臭名昭著的图波列夫枪骑兵和赤红引擎。

北非的科技大师们妥善保存了很多先进技术，远超厄什，由此引发的强烈嫉妒恰恰是整场战争背后的主要动力。卡拉甘对于北非的优秀工艺和精良仪器垂涎三尺。

八场史诗般的恶战标志着商·考对于北非地区的进犯，其中最为宏大的发生在索泽尔。隶属赤红引擎的众多战争机械接连轰炸了九天九夜，凶残的炮火在辽阔的培植牧场上席卷而过，让那些悉心浇灌照料多年而成的宝贵田地重归滚滚黄沙。他们轻易洞穿了北非外围的镭刺树篱，将华美建筑化作瓦砾，向统治区心腹位置投放了脏弹，最后则由枪骑兵率领着如汹涌浪潮般的嘶号蛮兵冲过残破防线，向这腐朽星球上的最后一片伊甸园发起总攻，让索泽尔这个人间天堂迎来末日。

他们自然将一切都彻底践踏。

故事进度随即显著放缓，文中充斥着无穷无尽的战场荣耀与光辉成就，洛肯不由自主地再次开始跳读。一个奇怪的词语突然浮现在眼前，让他回过头去重新研读。在统治区中心爆发的第九场战争标志着索泽尔的彻底陷落，这场战争规模很小，几乎只是个脚注。一座高墙环绕的避难所矗立于此，北非的最后几位大导师便是在这里负隅顽抗，按照书中所写，他们"伴着覆灭国度的熊熊火光施展科技邪术"。

意在迅速剿灭抵抗力量的商·考派遣阿努特·齐瑟前去摧毁这座避难所。齐瑟是图波列夫枪骑兵元帅，他盟友众多，势力庞大，可以任意调遣罗马机群提供协助，那是一支由装饰华丽的拦截机组成的佣兵部队，根据传说他们从不着陆，永远在空中生活。在齐瑟向避难所进军的时候，他的解梦者——洛肯猜想这个词的意思是"解读梦境含义者"——针对大导师的科技邪术与幻变手段作出了郑重警告。

随着战火爆发，诡秘魔法被尽数释放，正如解梦者所料。像倾盆暴雨般浓密的虫群遮天蔽日，朝齐瑟的部队奔涌而来，将进气管、枪口、护目镜和口鼻耳目尽数堵塞。饮水凭空沸腾。引擎过热超载，纷纷烧毁。众多士兵或成为坚硬石像，或变得柔软无骨，或皮肉腐坏脱落。有些人堕入疯狂，另有些人化身恶魔，自相残杀。

洛肯停顿下来，再次检视那几句描述，"……虫群遍地匍行，疯狂四下蔓延，人们身上遍布脓疱，进而身心皆变，化作可怖恶魔，正如死寂沙漠中盘踞的邪秽精怪。这些人以丑恶面貌扑向昔日同胞，咀嚼他们血淋淋的骨头……"

有些人化身恶魔，自相残杀。

阿努特·齐瑟本人便葬身于恶魔手下，而取他性命者在区区数小时之前还是他的忠实副官威尔海姆·马多尔。

商·考得知此事后暴跳如雷，立刻亲临战场，按照书中所写，他的随行人员中包括"愤怒歌者"，显然也是某种巫师。他们的领袖或主人名叫马菲尔·欧德，此人通过某种方式让麾下的愤怒歌者们与那些大导师展开了不需谋面的激烈交战。关于随后究竟发生了什么，书中的描述极为模糊不清，仿佛详细情况超出了作者的理解范畴。诸如"巫术"和"魔法"这类词语大量出现，胡乱使用，此外文章还涉及一些黑暗原始的神明，显然作者认为其名讳是任何读者都应当早有所知的。自全书开篇起，关于卡拉甘"巫术力量"和"无形奥艺"的描述便贯穿上下，但至今为止洛肯都将其视作荒谬吹嘘。这是他第一次看到将巫术作为某种现实存在的事物付诸笔端。

大地隆隆震颤，仿佛陷入惊惶。天空如绸缎般撕裂。厄什大军中的很多士兵都能听到亡者低语。有人凭空起火，全身覆盖着不伤皮肉的柔和焰光，盲目奔逃求助。愤怒歌者与大导师之间的隔空交手持续了六天，最终那古老沙漠变得白雪皑皑，苍穹则猩红如血。罗马机群被迫退避三舍，以免他们的华美战机被尖啸天使在半空击毁，坠落于地。

等到战事了结，所有愤怒歌者都葬身于此，仅有欧德一人生还。避难所则变成了一个喷薄浓烟的大坑，这里坚固的石墙也被高温熔融成了光滑的表面。大导师们尽数陨落。

本章至此完结。洛肯抬起头来。他全神贯注于书中，不知有没有错过什么警报或传唤。军械室静默无声。舱壁面板上并没有信号符文的闪烁光芒。

他开始阅读接下来的章节，但故事转而讲述一系列北方战役，敌人变成了坐落在履带上的游牧城市。他向后跳了几页，希望读到对于欧德或巫术的更多描写，但一无所获。他失望地把书放下。

辛德曼……他是故意把这本书拿给洛肯读的吗？又是出于何意？这是个玩笑？还是某种秘密信息？洛肯决心逐字逐句地加以研读，之后带着问题去找导师探讨。

但今天他已经读够了。他必须为战斗做好准备，将这些萦绕在自己脑海的谜团清理干净。他走向舱门，激活了旁边的通信面板。

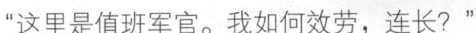

"这里是值班军官。我如何效劳,连长?"

"有先头部队的消息吗?"

"我检查一下,长官。不,没有给你的信息。"

"谢谢。请随时通知我。"

"是,长官。"

洛肯关闭了通信器。他走回原处,捡起刚刚弃置的书,夹上书签。他从自己的一份临战誓言上撕下了一根细纸条当作书签。他合上书,装进那个盛放自己私人物品的老旧金属箱。里面的物件屈指可数,难以代表如此漫长的征战岁月。这让他联想到朱伯的寥寥遗物。如果我死了,洛肯心想,谁会来收拾这些呢?他们又会保留什么?这些小玩意儿大多是毫无价值的战利品,只有他自己能够体会其中意义:一把战斗短剑的剑柄,那是在某个绿皮战争头领喉咙里折断的;几根磨损发霉的修长羽毛,它们来自几十年前险些在巴尔萨沙夺走洛肯性命的斧状鸟喙;一根脏污生锈、两头打结的铁丝,他曾在失却武器的情况下用这个绞死了一位不知姓名的灵族勇士。

那真是一场恶战,一次真正的考验。他决定要找个机会给欧丽顿讲讲。是多久以前了?那早已化作陈年往事,但对此的记忆却如昨日经历般鲜活沉重。两名手无寸铁的战士,为战争形势所迫,在一片密林中伴着随风飞舞的萧萧枯叶追猎彼此。那是何等高超的技巧与坚韧的品质。洛肯几乎要为那个死在自己手中的敌人落下钦佩的泪水。

如今只剩下了铁丝和记忆,等到洛肯离世之后,这根铁丝便是仅有的纪念。无论是谁来收拾他的遗物,想必都会将这视为一根无足轻重的锈蚀铁丝随手抛弃。

他不甘心地翻出了一件不会被随手抛弃的物品,那是卡尔卡斯交给他的数据板,是奇勒的数据板。

洛肯坐下来,激活了数据板,再次翻阅其中的照片。珍贵的照片。第十连,在登机甲板列队出征。连队旌旗。还有洛肯本人,背后恰好是那面色彩浓重的旗帜。洛肯立下临战誓言。四王议会齐聚一堂:阿巴顿、阿西曼德、托迦顿和他自己,另外还有塔苟斯特与赛迪瑞。

他很喜欢这些照片。在他此生接到的所有实物赠礼中,它们最为珍贵,也最让人惊喜。洛肯希望,借助欧丽顿的作品,他也能留下某种有价值的遗产。

然而他也明白，那恐怕难以比得过这些照片的重大意义。

他将照片收回文件里，准备关闭数据板，此时突然注意到了藏在存储空间里的另一份文件。它或许是被刻意存放在数据板主文件夹的一条附属路径里，令人无法轻易察觉。只有一个小小的数字"2"能够暴露实情，表明数据板里存放着不止一份文件。

他花了一阵才找到并打开那条附属路径。这里面看似都是废弃删除的照片，然而附加于此的备注标签却写着"保密"。

洛肯打开文件。第一张照片铺展在数据板的窄小屏幕上。他困惑地盯着照片。上面的图像十分模糊，对比失衡，几乎无可分辨。于是他翻到后面的两张照片。

憎恶与着迷顿时让他难以挪开视线。

洛肯眼前看到的是朱伯，或者说是朱伯最后变成的那个东西。一个疯癫狂暴的怪物，冲过昏暗走廊向拍摄者猛扑而来。

还有更多照片。光亮度显得很不自然，仿佛拍摄照片的相机难以正常读取图像。一滴滴鲜血与汗水挥洒于前景之中，对焦清晰锐利，仿佛是冻结在半空。后面那个挥洒出鲜血与汗水的怪物则朦胧不清，但它的丑恶可憎并未因此有所消减。

洛肯将数据板关闭，迅速脱去铠甲。最后只剩下那件由拟态材料制成的厚重紧身衣，他在外面又套了一件带有兜帽的棕色长袍。他抓起数据板和腕带通信器，迈步出门。

"耐罗！"

除了头盔之外穿戴着全套战甲的维帕斯出现在走廊里。洛肯的衣着令对方困惑地皱起眉头。

"加维尔？你的铠甲呢？怎么回事？"

"我有件事情要办，"洛肯戴上通信器，简洁地回答，"我不在的时候这里由你指挥。"

"由我？"

"我很快就回来。"洛肯抬起手腕，让通信器与维帕斯盔甲内置通信系统的频道进行自动同调。洛肯腕带和维帕斯颈甲上的微型指示灯快速闪烁了几次，随即一同点亮。

"如果情况有变,如果我们奉命出击,立刻通知我。我不会玩忽职守。但我有件事情必须去办。"

"什么事?"

"我很难说。"洛肯回应道。

耐罗·维帕斯愣了一下,点点头。"就照你说的办,兄弟。我会替代你指挥,有情况立刻告诉你。"他站在一旁,看着自己的连长遮掩住面目,快步拐进一条走廊,遁入阴影之中。

牌局的走势糟糕透顶,伊格内斯·卡尔卡斯认定,是时候把几位牌友灌得烂醉了。他们一共六人坐在避难所入口处的鎏金拱廊下方,周围还有一群兴味索然的旁观者。众多记述者、休假士兵、换岗船员以及几个宣讲者(你从来都说不清楚宣讲者究竟是在上班还是休息)混杂在这座拥挤的狭长大厅里,一同饮酒、进餐、赌博、交谈。欢声笑语伴着觥筹交错。有人在演奏小提琴。避难所赫然变成了旗舰的社交中心。

就在一两周之前,某个酩酊大醉的二级工程师曾告诉卡尔卡斯,无论复仇之魂号还是其他主力战舰上都从未出现过任何娱乐集会。只有闷头饮酒的换岗人员,以及死气沉沉的私下赌局。当记述者们带着放荡不羁的享乐主义作风登上战舰时,船员与士兵们顿时趋之若鹜。

宣讲者与一些高阶军官对于日渐滋长的闲散娱乐之风颇有不满,但社交集会并未遭到禁止。在科门努斯针对复仇之魂号上的出格饮宴提出异议时,某个人——卡尔卡斯怀疑是指挥官本人——提醒他说,记述者的根本目的恰恰在于广结友谊,深入交往。海陆两军成员纷纷涌入避难所,希望能找到某个蹩脚的诗人或作家来记录自己的思想与经验,以此流传后世。但他们的主要目标还是推杯换盏,赌钱泡妞。

在卡尔卡斯看来,这才是记述者至今以来的最大成就:他们带来了些许欢乐,并让远征队战士们明白自己依旧是有血有肉的人。

以及在牌桌上把他们的钱全都卷走。

几人所用的这套方形纸牌正是卡尔卡斯曾借给梅萨蒂·欧丽顿的。参与牌局的有另外两名记述者,一个低阶甲板军官,一个警卫官,以及一位火炮主管。用来当作筹码的一片片金叶则是某些人从大厅廊柱上刮下来的。卡尔卡斯不得不承认，划归记述者的这个场所遭到了他们的蹂躏。超过半数的华美廊柱已经只剩下裸露的钢铁，各处壁画也屡受涂抹损毁。古老英雄肩头上是碧蓝色的荒谬涂鸦。有些地方的整块墙壁和天花板都被彻底粉刷或铺满胶纸，以此承载一篇篇新近创造的作品。

"这把牌我先不玩了，"卡尔卡斯说着拉开椅子，捞起自己所剩无几的金叶，"我去给咱们找点酒来。"

警卫官开始发牌，其他几位玩家则咕哝着表示感谢。那位低阶甲板军官头颅低垂，眼睛半闭，胳膊肘撑在桌面上，用架在头顶的双手胡乱拍击了数下，算是鼓掌赞许。

卡尔卡斯在人群中穿行，努力寻找金克曼。雕塑家金克曼能弄到酒，他显然有着无穷无尽的库存，但谁也不知道他是从哪里搞来的。有人猜测金克曼买通了环境控制室的某个船员，让对方帮助他蒸馏造酒。金克曼至少还欠卡尔卡斯一瓶酒，是在两天前的牌局里输给诗人的。

卡尔卡斯在几张桌旁询问金克曼的所在，也向三三两两的人群打听。小提琴的乐声突然中止，作曲家卡耐基在四下响起的掌声中爬上桌子。卡耐基是个还算不错的男中音，几乎每天晚上他都会热情邀约下唱几首流行歌曲或指定曲目。

他也欠卡尔卡斯一首歌。

附近传来一阵大笑，一群兴致勃勃的听众坐在凳子和沙发上，聆听某位记述者阅读自己最新作品的选段。曾经金碧辉煌的廊柱分隔出了众多靠墙的单间，在其中一间里，卡尔卡斯看到阿美瑞·赛克劳斯正用红色墨水仔细书写一段最新的记述文章，而那面墙壁早已被她用偷来的舰身油漆涂成一片惨白。她遮盖住了帝皇在塞隆尼斯星球凯旋的形象。想必会有人对此提出抗议的。那片涂满白色油漆的角落中还探出了一小块众所爱戴的帝皇形象。

"金克曼？有人看见他了吗？金克曼？"他问道。

"好像在那边。"一个旁观赛克劳斯的记述者说。

卡尔卡斯转过头，踮着脚尖扫视人群。避难所今天格外热闹。一个身影刚刚从正门走入大厅。卡尔卡斯皱起眉头。他不需要踮起脚尖也能注意到对方。那个披着斗篷戴着兜帽的家伙鹤立鸡群，远远比这个拥挤房间中的任何人都更为高大壮硕，那绝非寻常体型。嘈杂人声并未因此衰减，但新来者显然吸引了大量注意力。人们交头接耳，纷纷侧目。

卡尔卡斯侧身挤了过去，整座大厅里显然只有他敢于接触那个新来者。对方戴着兜帽，站在入口处的拱廊下面，举目四望寻觅某人。

"连长？"卡尔卡斯走上前去，窥探到兜帽之下的面孔，"洛肯连长？"

"卡尔卡斯。"洛肯显得颇为局促。

"你是在找我吗，长官？我记得我们约了明天见面啊。"

"我在找……我在找奇勒。她在这里吗？"

"这里？喔，不。她可不来。请随我走，连长。你不想待在这里的。"

"何以见得？"

"我能看出来你浑身都不舒服，况且我们以往会面的时候你从不走进来。请吧。"

他们迈出拱门，回到了幽暗与凉爽的走廊中。几个人从旁边经过，一头钻进避难所。

"能让你涉足此地，"卡尔卡斯说，"想必是件要事。"

"是的，"洛肯回答。他始终戴着兜帽，举手投足之间显得僵硬而戒备，"我要找奇勒。"

"她不常来这些公共区域。她估计在自己的舱室里。"

"在哪儿？"

"你可以找值班军官问她的房间信息。"

"我在问你，伊格内斯。"

"看来是一件私密的要事，"卡尔卡斯指出。洛肯并未作答。卡尔卡斯耸耸肩，"跟我来，我带你去找她。"

卡尔卡斯领着连长扎进杂乱无章的居住区，分配给记述者们的舱室就散布于此。冰冷的金属走廊传来铿锵回响，铿亮铁壁上沾着点点湿痕。这里曾经是部队军官的宿舍，但正如避难所一样，早已丧失了军用舰船内部应有的作用。音乐声从半掩的舱门中飘荡出来。一个房间里爆发出歇斯底里的狂笑，隔壁则是一对男女的暴怒争吵。墙上贴着无数纸条：各色标语、潦草诗句、评判人类与战争本质的论文。壁画随处可见，有一些华美惊人，也有一些粗劣不堪。脚下的甲板上有一只鞋子，一个空瓶，几张碎纸，十分凌乱。

"这里。"卡尔卡斯说。奇勒舱室的门紧紧关着，"你想让我来……？"卡尔卡斯指着门问道。

"是的。"

卡尔卡斯敲了敲门，侧耳聆听。过了一阵，他又更用力地敲了敲，"悠弗拉迪？悠弗拉迪，你在吗？"

房门打开，温热躯体的气味飘入凉爽的走廊。卡尔卡斯面前出现了一位身材精瘦的青年，对方只穿着一条胡乱系上扣子的迷彩裤。那人强壮干练，肌肉刚硬结实，面孔棱角分明。他的双臂文着两列数字，脖子上则挂着金属兵牌。

"什么事？"他向卡尔卡斯厉声问道。

"我想见悠弗拉迪。"

"滚蛋，"士兵回答，"她不想见你。"

卡尔卡斯退却一步。那士兵气势逼人。

"冷静，"洛肯的高大身影出现在卡尔卡斯背后，他摘下了兜帽。他低头盯着那个士兵，"冷静点，我就不问你的名字和单位。"

士兵瞪大双眼看着洛肯。"她……她不在这里。"他说道。

洛肯径直走入房间。那士兵妄图挡住他的去路，但洛肯伸手攥住对方的右腕，巧妙拧动，让他顿时全身扭曲，动弹不得。

"下不为例。"洛肯建议道，随后松开了手，并顺势一推让士兵跪伏在地。

房间很小，也颇为拥挤。地上散落着凌乱衣物和被褥，书架与饭桌则铺满了空瓶和脏盘子。

奇勒站在房间远端的床边。她用床单裹住了自己纤细裸露的躯体，带着轻蔑凝视洛肯。她看起来疲惫而病态。她的秀发纠结杂乱，眼底泛着两片昏黑。

"没事，里夫，"她对士兵说，"我回头去找你。"

依旧警觉的士兵穿上背心和靴子，抓起外套，转身离去，最后又恶狠狠地瞪了洛肯一眼。

"他是个好人，"奇勒说，"他照顾我。"

"帝国军队？"

"是的。这叫深入交往。伊格内斯也必须留在这里吗？"

卡尔卡斯还站在门口。洛肯转过头去。"多谢你的帮助，"他说道，"我们明天见。"

卡尔卡斯点点头。"好的。"他回答。随后他就不情愿地离开了。洛肯关闭舱门。他重新把目光放在奇勒身上。对方正将某种清亮液体倒进烈酒杯里。

"我能请你喝点吗？"她举起酒瓶示意，"算是略尽地主之谊？"

洛肯摇摇头。

"啊，我猜你们阿斯塔特是不喝酒的。又一项连根铲除的生理缺陷。"

"我们在合适的场合里会喝酒。"

"那么，现在就不算合适的场合了？"奇勒放下酒瓶，拿起杯子。她走回床边，一只手捏着身上的床单，另一只手举杯啜饮。随后她将酒杯稳稳端在身侧，小心地坐在床上，双腿收拢于胸前，用床单把自己松松垮垮地裹住。

"我能猜到你的来意，连长，"奇勒说道，"我只是有些惊讶。我本以为你几周之前就会来的。"

"我很抱歉。我今天晚上才刚刚看到那些照片。显然我之前没有仔细浏览。"

"你觉得我的作品如何？"

"精彩绝伦。你在登机甲板拍摄的照片让我倍感荣幸。我本想送封信来，感谢你把照片发给我。我再次表示歉意。然而，第二份文件就比较……"

"麻烦？"奇勒提议道。

"远不止如此。"洛肯回答。

"你不如坐下？"她说。洛肯脱下长袍，小心翼翼地坐在杂乱饭桌边的一张金属凳子上。

"我根本不知道还有关于那件事情的照片。"洛肯开口道。

"我也不知道自己拍下了那些照片，"奇勒回答，她又喝了口酒，"我大概是彻底忘记了。所以第一连长问我的时候，我说没有，我什么都没拍。后来才发现的。我很惊讶。"

"你为什么要把照片交给我？"洛肯问道。

奇勒耸耸肩，"我也说不清楚。请你理解，先生，我当时……精神受创。有段时间我一直浑浑噩噩。整件事的冲击。我状态很糟，但已经挺过来了。我现在感觉心安，稳定，精力集中。我的朋友们帮了我很多。伊格内斯、梅萨蒂，还有其他几个人，他们对我都很好。他们阻止我伤害自己。"

"伤害自己？"

她把玩着酒杯，目光死死钉在地板上，"梦魇，洛肯连长。可怕的幻景，无论我清醒还是沉睡。我会毫无缘由地哭泣。我饮酒过度。我弄来了一把手枪，又琢磨了很久，不知道自己究竟有没有那个勇气。"

奇勒抬起头看着洛肯，"就是在那种……深深的绝望里，我把照片交给了你。我猜，那算是呼救吧。我说不好。我记不清了。但就像我说的，我已经挺过来了。我很好，我当时打扰你有些傻，尤其是你过了这么久才看到。你今天恐怕是白跑一趟了。"

"我很高兴你感觉好些了，"洛肯说，"但我没有白跑。我们要谈一谈那些照片。都有谁见过？"

"谁都没见过，除了你和我，没有别人。"

"你没有想到告知第一连长吗？"

奇勒摇摇头，"不。不，完全没有。当然没有。如果我通报上级，他们肯定会把照片没收……或许会销毁，并且重新给我讲一遍那个狂暴野兽的故事。第一连长认定那是个狂暴野兽，是某种异形生物，他也认定我应该闭紧嘴巴。为了士气着想。当时，那些照片是我的救命稻草。只有它们能证明我不是疯了。所以我才交给了你。"

"我就不算是上级吗？"

奇勒笑了起来，"你当时在场，洛肯。你在场，你亲眼看到了。我愿意冒那个风险。我想，你或许能够作出回应，并且——"

"并且什么？"

"告诉我真相。"

洛肯迟疑了。

"喔，别担心，"奇勒劝道，随后起身倒酒，"我现在不想知道真相了。狂暴野兽，狂暴野兽。我早就放下了。已经过去这么久，连长，我不指望你现在能违背规则，告诉我一些你发誓不会泄露的事情。那是个愚蠢的想法，我现在很后悔。轮到我向你道歉了。"

她看着洛肯，提了提遮住胸部的床单，"我已经把我的备份删掉了。一张不留。我向你保证。我交给你的就是唯——份了。"

洛肯取出数据板放在桌上。他不得不推开一些脏盘子来腾出地方。奇勒凝视了数据板许久，随后举杯一饮而尽，又倒了些酒。

"谁能想象，"她用颤抖的手拿起酒瓶，"光是和那些照片同处一室就让我惊恐万分。"

"我觉得你只是假装自己没事了。"洛肯说道。

"真的吗？"奇勒冷笑一声。她放下酒杯，用空闲的手梳理自己的金色短发，"去他的，反正你在这里。去他的。"

她迈步过来，一把抓起数据板，"狂暴野兽，是吧？狂暴野兽？"

"某种原生于山脉地区的凶暴掠食者——"

"恕我无礼，但那是胡扯。"奇勒打断了洛肯的话。她将数据板安在房间远端那台小型编辑仪器的读取槽里。旁边工作台上散落着她的一些照片和备用镜头。仪器轻吟着启动，屏幕随之点亮，显得冰冷而苍白，"你如何看待那些相差？"

"相差？"洛肯问。

"没错。"奇勒娴熟地敲击按钮，选取了那份文件。她用食指一戳，打开第一张照片。图像顿时投射到屏幕上。

"泰拉在上，我不敢看。"她说着扭过身去。

"关掉吧，奇勒。"

"不，你来看。看看照片上的图像失真。你肯定已经注意到了吧？就好像它若隐若现，就好像它在现实和虚幻之间跳跃。"

"信号错误。当时的环境和糟糕的光线影响了你的相机元件——"

"我知道怎么用相机，连长，我也知道曝光不足，镜头光晕和数据损坏都是什么样子。这不是。你看。"

她打开第二张照片，侧过头用余光警视，伸手示意。"看看照片背景，再看看前景的血滴，聚焦得很完美。但那个东西本身，我从来没见过高增益相机出现这种效果，那个狂暴野兽与它周围的物理环境是错位失调。这也是我目睹的情景，连长。想必你已经仔细检视过这些照片了？"

"没有。"洛肯说。

奇勒调出另一张照片。这次她有胆量加以正视，随后又移开目光，"那里，看到了吗？那个残像？所有照片上都出现了，但这张最清楚。"

"我没有看到……"

"等我把对比度调高，再去掉一些动态模糊。"她拨弄着仪器面板，"那里。现在看到了？"

洛肯盯着屏幕。那个梦魇怪物的形象起初似乎覆盖着一层朦胧暗淡的虚影，但奇勒的操作使其越发清晰可辨。一个近乎非人的形体与那可憎生物的模糊图像相互重叠，两者的姿态和动作完全一致。那嘶吼面孔与扭曲身体属于扎弗耶·朱伯，这确凿无疑。

"认识他吗？"奇勒问道，"我不认识，但我能辨别出阿斯塔特的面貌和体型。我的相机不应该拍到这个，除非……"

洛肯没有回应。

奇勒关闭了屏幕，取出数据板抛向洛肯。对方稳稳接住。她走回床边，仰面摔进被子里。

"这就是我想让你为我解释的，"她说道，"这就是我把照片交给你的原因。当我陷在最深重、最黑暗的疯狂中时，我期望你能来为我把这一切解释清楚。但不用担心，我已经放下了。我现在很好。狂暴野兽，仅此而已。狂暴野兽。"

洛肯凝视自己手中的数据板。他难以想象奇勒的遭遇。每个亲历者都不好受，但他和耐罗以及辛德曼毕竟得到了一定程度的宽慰。他们得知了真实情况。奇勒并没有。她聪明伶俐，足以在官方说辞中抓住漏洞，能够发现第一连长的解释方式有着严重而可怕的矛盾之处，这表明整件事另有隐情。而她知道这些之后竟能藏在心里，独自承受。

"你认为那是什么？"洛肯问道。

"某种我们永远不该知晓的可怕事物，"奇勒回答，"王座在上，洛肯。请不要现在开始怜悯我。求你别告诉我。"

"我不会的，"洛肯说，"我也不能。那是个狂暴野兽。悠弗拉迪，你是如何应对的？"

"什么意思？"

"你说你现在没事了。你是如何挺过来的？"

"我的朋友们帮了我很多。我刚才已经告诉过你了。"

洛肯站起身，拿着酒瓶走到床边。他坐在床尾，给对方斟满了一杯。

"谢谢，"奇勒说，"我找到了力量。我找到了——"

在刹那间，洛肯确信她会说"信仰"。

"找到了什么？"

"信念。对于帝国的信念，对于帝皇，对于你。"

"我？"

"不是你本人。是阿斯塔特，是帝国军队，是所有负责保卫吾等区区凡人的作战力量。"她喝了口酒，窃笑一声，"你要知道，帝皇保佑我们。"

"当然了。"洛肯说。

"不，不，你误解了，"奇勒蜷缩身体，用手臂环抱住裹着床单的双腿，"他确实如此。他借助军团、帝国雄师和机械神教的战争装备来保佑人类。他知晓一切危难，一切谬误。他运用你，运用所有类似的工具来保护我们免受伤害。让我们的身躯远离杀戮和毁灭，让我们的心灵不致堕入疯狂，让我们的灵魂得到庇佑。我如今明白了这些。这恰恰是那场遭遇让我学到的，我对此心怀感激。宇宙里存在很多疯狂的灾难，是人类根本就无法理解的，更不用说从中幸存。所以他保护我们。有些事实真相只需看上一眼就能让我们丧失心智。于是他决定不与我们分享。于是他创造了你。"

"那是个美好的概念。"洛肯承认。

"在耳语山脉，在那一天……你拯救了我，对不对？你把那个东西炸碎了。如今你又把真相藏在心里，便是再次拯救了我。会疼吗？"

"什么会疼？"

"藏在你心里的真相？"

"有时候会的。"洛肯说。

"记住，加维尔。帝皇是我们的真理，是我们的光辉。如果我们对他信奉他，他就会保佑我们。"

"这话你是听谁说的？"洛肯问道。

"某个朋友。加维尔，我只有一点担忧。在我脑海里有个挥之不去的念头。你们阿斯塔特忠贞不贰，始终如一。你们守口如瓶，永不背弃诺言。"

"于是乎？"

"今天晚上，我真的相信你是想要对我说些什么的，但你必须信守向同胞兄弟作出的承诺。我敬佩这一点，但请你回答我这个问题。你的忠诚有何限度？无论我们在耳语山脉遭遇的是什么，我相信其中都牵涉到了一位阿斯塔特。然而你们一致对外。究竟何种情况才能迫使你背弃对于军团的忠诚，并认清对于我们全体的忠诚？"

"我不明白你在讲什么。"洛肯说。

"你明白的。如果再次出现一位兄弟自相残杀,你是否还会掩盖事实?究竟要再有多少人临阵倒戈,你才会采取行动?一位战士?一支小队?一个连队?你要把秘密保守多久?你在什么情况下能够抛弃军团内部的兄弟情谊,站出来高呼'这是错的'?"

"你所说的不可能——"

"不,并非不可能。在所有人里,你是最清楚的。如果那件事能发生在一个人身上,就能发生在其他人身上。你们训练有素,毫无缺憾,不分彼此。你们步调统一,遵从命令。洛肯,你知道有哪个阿斯塔特会特立独行吗?你会吗?"

"我……"

"你会吗?如果你察觉到了一丝一毫的腐化,你能否迈步脱离队伍,跳出严格刻板的生活方式,奋起抗争?我是说,你能否为了造福人类整体而奋起抗争?"

"那样的事情不会发生,"洛肯说道,"永远都不可能发生。你所说的是内部分裂。是内战。那彻底打破了帝皇建立帝国时铸就的一切根基。如今荷鲁斯担任战帅,成为我们的指路明灯,那样的事情超乎想象。帝国牢固强劲,万众一心。离经叛道的特例确实存在,悠弗拉迪,正如世上有战争、瘟疫和饥荒。它们带来磨难,但绝非致命。我们借此提升自身能力,并继续前进。"

"这就要取决于离经叛道者身在何处了。"奇勒指出。

洛肯的通信腕带突然开始鸣响。他抬起手臂,按动通话钮。"我这就过去。"他说道。他继续看着对方。

"我们改日再聊,悠弗拉迪。"他说。

奇勒点点头。洛肯俯身前探,轻吻她的额头,"保重。照顾好自己。多去找找你的朋友。"

"你是我的朋友吗?"她问。

"当然。"洛肯说。他站起身来,穿上袍子。

"加维尔。"奇勒坐在床上喊道。

"怎么了?"

"请你删掉那些照片吧。算是为了我。它们不必存在了。"

洛肯点点头,打开舱门,踏入凉爽的走廊。

等到舱门关闭之后，奇勒从床上站起身，任由床单滑脱。她裸露身躯，光着脚走到一座柜子面前，俯身打开柜门。她从里面取出两根蜡烛和一尊小小的帝皇雕像。她将这些摆在柜顶，用打火机点亮了蜡烛。随后她在柜子中继续翻找，抽出了里夫送给她的那本页角已经翻卷磨损的小册子。这是工业印刷机的批量产品，成本低廉，做工粗糙，字里行间有众多拼写错误，边缘也满是墨迹。

奇勒毫不介意。她翻开第一页，向那座简易神像躬身行礼，随后开始阅读。

"人类帝皇是光明与前路，他的一切作为皆造福人类，而人类便是他的臣民。帝皇是神，神就是帝皇，圣言录如此教导，无论如何，帝皇保佑……"

洛肯沿着记述者宿舍区的走廊快步奔行，长袍在身后狂乱飞扬。警笛的刺耳鸣响回荡不已。众多男男女女从门里探出头来，看着步履匆匆的洛肯。

他将腕带举到嘴边，"耐罗。汇报！是塔瑞克吗？发生什么了？"

通信器噼啪作响，维帕斯的嗓音生硬地传了出来，"确实发生了一点事情，加维尔。你赶快过来。"

"什么？到底怎么了？"

"告诉你吧，是一艘战舰。一艘战列舰进入星系，跃迁到了我们背后。是圣吉列斯。圣吉列斯本人来了。"

加维尔·洛肯

第十七章

天使之主
蜘蛛之地的兄弟情谊
禁止通行

大约一周之前，在他们的常规私人采访中，洛肯终于为梅萨蒂·欧丽顿讲述了乌兰诺大捷。

"你无法想象当时的场景。"他说道。

"我尽量试试。"

洛肯微笑起来，"机械神教磨平了一整块大陆作为那场盛典的舞台。"

"磨平？什么？"

"借助工业热熔和地貌改造机械。山脉被推倒，其土石用来填埋峡谷。地表最终均匀平整，无边无际，变成了一片由细碎石块组成的干燥台面。那花费了好几个月才完成。"

"那理应花费好几个世纪！"

"你低估了机械神教的勤勉与能力。他们派遣四支劳作舰队去施工。他们搭建了一座配得上帝皇的宏伟舞台，在一端还夜幕笼罩的时候，另一端已经艳阳当空。"

"你吹牛！"她扑哧一笑，高声说道。

"或许吧。你之前见过我吹牛吗？"

欧丽顿摇摇头。

"你要明白，那是一场空前绝后的盛况。众所爱戴的帝皇深知，那场大捷标志着一个时代的落幕。他知道一切都必须得到铭记。那是乌兰诺战役的结局，是伟大远征的拐点，是战帅加冕的仪式。帝皇在两个世纪以来一直亲自远征，而那正是他在返回泰拉之前与阿斯塔特作别的机会。当他宣布自己将要远离沙场时，我们全都哭了。你能想象到吗，梅萨蒂？十万名战士悲伤落泪的场景？"

她点点头,"当时没有记述者在场见证,真是太可惜了。那是千载难逢的机遇。"

"那是一个私密场合。"

欧丽顿又笑了起来,"十万人在场,一整片大陆被夷为平地,结果那居然是一个私密场合?"

洛肯看着她,"到了现在,你还是不理解我们,是不是?你的思维方式停留在凡人的框架里。"

"恭请见教。"她回答。

"我无意冒犯,"洛肯注意到了对方的表情,"但那确实是一个私密场合。是一场典礼。十万名阿斯塔特,八百万常规军,数支泰坦军团的战争机械,就像一片钢铁丛林。成百上千支装甲单位,数以千计的坦克方阵。低空轨道被战舰填满,难以计数的战机编队遮天蔽日。旌旗与徽记,无数的旌旗与徽记。"

他沉默了一阵,静静回忆过往。"机械神教铺就了一条大道。五百米宽,五百千米长,那是一道横穿平坦舞台的笔直线条。在大道两侧,每隔五米矗立着一根铁柱,上面放置了一枚绿皮颅骨,那是乌兰诺战役的纪念品。路旁更远一些的混凝土火坑里是熊熊燃烧的钜燃料。五百千米,绵延不断。那高温炽热逼人。我们沿着大道行进,逐一经过帝皇所在的高台。机械神教在重塑大地时留下了唯一一座昔日山脉的根基,改造成那俯瞰众生的高台。我们接受了帝皇的检阅,随后在高台脚下的宽广平原上列阵集结。"

"都有谁参加了阅兵?"

"所有人。当天有十四支军团在场,无论全军出动还是仅有一个连队到场。其他军团身在远方,战事繁重,故而无法参加。影月苍狼全体出席,自不必说。有九位原体亲临,梅萨蒂,九位。荷鲁斯、多恩、安格隆、弗格瑞姆、洛加、莫塔瑞恩、圣吉列斯、马格努斯、可汗。其他人派遣了代表。好一番壮阔奇景。你无法想象。"

"我还在尝试。"

洛肯摇摇头,"我也还在尝试相信那是自己的亲身经历。"

"他们都是什么样的?"

"你觉得我能认识他们?我只不过是浩荡队列中的一个寻常战士罢了。女士,我这一生前前后后亲眼见过几乎所有原体,但通常都是远远观望。我只和其中两位面对面交谈过。直到加入四王议会之后,我才能跻身如此显赫的圈子。基因原体对我而言都是遥远的身影。在乌兰诺大捷,我甚至难以相信居然有那么多人出席。"

"但你毕竟有些印象吧?"

"我印象深刻。每一位都如此强悍,如此伟岸,如此意气风发。他们仿佛是各种人类品性的代表。躁动愤怒的安格隆,沉稳坚定的多恩,神秘莫测的马格努斯……当然还有圣吉列斯,完美无缺,极具魅力。"

"我听别人这样描述过他。"

"你听到的都是实情。"

细密金链组成的头巾盖住了圣吉列斯的黑色长发。长发下的面孔十分庄重肃穆。他在自己脸上涂抹了灰烬以示哀悼。

一位侍从拿着墨水与毛笔站在旁边,准备为他的双颊绘制仪式性的泪滴图案,但原体圣吉列斯摇摇头,让金链叮当作响。"我有真实的泪水。"他说道。

他转过身,并非面向自己的兄弟荷鲁斯,而是看着托迦顿。

"让我看看吧,塔瑞克。"他开口说。

托迦顿点点头。众人肃立于一座孤山顶端,寒风低声呜咽,雨点敲打着他们的盔甲。托迦顿抬手示意,塔维兹、布勒和卢修斯随即捧着那些脏污遗物走上前来。

"是这几位战士,大人,"托迦顿说道,他的颤抖嗓音全然不似平日,"是这几位帝皇之子无畏地抢救出了这些遗物,理应由他们亲自向你呈现。"

"这是你们的光荣作为?"圣吉列斯问塔维兹。

"是的,大人。"

圣吉列斯从塔维兹手中接过那顶严重磨损的阿斯塔特头盔,仔细检视。这位原体身材高大,金色战甲表面镶嵌了各种宝石,并且与战帅一样佩戴着不眠不休的泰拉之眼徽记。圣吉列斯的雄伟双翼如同巨鹰翅膀般收拢在背后,上面垂挂着银链与珠串。

圣吉列斯翻转头盔,看了看留在内侧边缘的铸甲师印记。

"8KL。"他说道。

站在他身旁的劳多伦战团长开始检索清单。

"不必费心了，劳多伦，"圣吉列斯告诉他，"我能认出这个印记。是索罗斯连长。我们会怀念他的。"

圣吉列斯把战盔递给劳多伦，向塔维兹点头示意。"感谢你的善举，上尉，"他说道。他又举目望向艾多伦，"还有你，先生，我感激你全速驰援弗洛姆。"

艾多伦躬身行礼，仿佛没有注意到战帅投来的阴郁怒视。

圣吉列斯转向托迦顿，"我最为感谢的是你，塔瑞克。你打破了这场风暴。"

"我仅仅遵从战帅的指令。"托迦顿回答。

圣吉列斯扭头看着荷鲁斯，"果真如此？"

"塔瑞克也有些自我发挥的余地。"荷鲁斯微笑道。他迈步上前拥抱圣吉列斯。没有哪两位原体能够像战帅和天使这样亲密无间。自从圣吉列斯驾临之后，他们几乎形影不离。

光彩照人的阿斯塔特第九军团圣血天使之主退后一步，放眼展望这片悲凉大地。在这座崎岖山脊脚下，成百上千个全副武装的身影静静待命。其中大部分都披挂着影月苍狼的珠白或圣血天使的明红，而帝皇之子连队残部的紫金两色占寥寥一簇。在阿斯塔特身后，众多战争机械也矗立在雨中，那些漆黑静止的轮廓如同一圈默然致哀的幽魂。更远处则是翘首围观的帝国军队，他们的旗帜在寒风里缓缓摆动。大批坦克和运兵车列队停泊，士兵们纷纷爬到车顶寻找更好的视野。

托迦顿的先头部队将大片草原烧成灰烬，并炸毁他们能够找到的所有白石巨树，由此让谋杀星球的狂暴气候得到了局部缓解。天空雷霆不再，留下一片污浊斑驳的浅灰，其中点缀着丝丝白云，柔和细雨毫无停歇之意，远方景象尽被涂抹成朦胧虚影。伴随战帅一声令下，集结于轨道的帝国主力舰队纷纷展开空降部署，将大军投放在摆脱了风暴困扰的安全地带。

"我听说，在古代泰拉的哲学思想中，"圣吉列斯说道，"复仇被视为一种单薄的动机，一种品性的缺憾，然而我今天难以维持高尚淡泊的面孔。我想要将这个星球清洗干净，缅怀陨落于此的兄弟，也纪念那些施以援手并英勇献身的同胞。"

天使看着他的兄弟，"但那并无必要。复仇并无必要。这里存在着顽强的异形威胁，它们拒绝与人类展开文明接触，对我们的应对方式有且只有谋杀。这便足矣。早在远征之初，众所爱戴的帝皇就教导过我们，必须直截了当地铲除人类之敌，确保帝国永存。你愿意与我携手吗？"

"让我们一同谋杀这颗谋杀星球。"荷鲁斯回答。

伴随这几个字，阿斯塔特大军随即展开了长达六个月的奋战。在帝国军队和机械神教的支持下，他们向谋杀星球的苍凉大地与颤抖草原发动全面攻击，对巨蛛怪展开屠戮。

从很多方面来看，这都是一场充满荣耀也颇为艰苦的战争。无论巨蛛怪遭受了何等惨重的损失，它们从未胆怯或退却。它们似乎根本不知道意志或士气为何物，那么崩溃也就无从谈起。它们前仆后继，从赭红大地的峡谷和裂隙中蜂拥而出，日复一日地冲锋陷阵。有时候，它们的后援兵力显得无穷无尽，仿佛星球地壳里有一片超乎想象的巨型巢穴，滋生着不计其数的怪物，抑或某座运转不休的地下工厂在批量生产作战单位，时刻填补帝国部队所造成的伤亡。而另一方面，帝国勇士们无论杀戮了多少敌人，都从未掉以轻心。对手不仅凶猛坚韧，而且其庞大数目尤其令人失色。"我杀死第五十个怪物，"小荷鲁斯曾说过，"与我杀死的第一个怪物时同样艰难。"

洛肯与其他影月苍狼一样，在私下里对于这场战争的状况感到欣喜，因为自从指挥官升任战帅之后，这是他第一次亲自率领子嗣投身沙场。在战事早期一个阴雨绵绵的傍晚，四王议会曾与战帅在指挥帐篷里交谈，他们试图委婉地劝阻荷鲁斯不要以身涉险。阿巴顿巧妙地指出，战帅的独特角色和重要地位远远超出了军事行动的单纯层面。

"我不配上战场吗？"荷鲁斯皱起眉头，雨点噼噼啪啪地敲打着顶棚。

"我的意思是，你太宝贵了，这片战场配不上你，大人，"阿巴顿回应道，"这只是一个世界，一片战场。而帝皇将所有世界与所有战场都托付给了你。你的责任范畴——"

"艾泽凯尔……"战帅的嗓音里暴露出一丝警告意味，而且他换用了科索尼亚语，表明他一心求战，别无他念，"……不要自以为能够对我的责任范畴妄加指点。"

"大人，绝无此意！"阿巴顿立刻高声说道，并谦卑地躬身行礼。

"'宝贵'这个词说得没错，"阿西曼德急忙插嘴，为阿巴顿提供支援，"如果你受伤了，甚至倒下了，那么——"

荷鲁斯骤然起身，怒目而视，"你现在居然来嘲讽我的战斗水准，小家伙？自从我晋升之后你是不是变软弱了？"

"不，大人，不是……"

似乎只有托迦顿察觉到了战帅佯装愤怒背后所隐藏的一丝笑意。"我们只是担心你把荣誉都抢走了，不给我们留一点。"他说道。

荷鲁斯笑了起来。四王议会其余成员这才意识到原体在捉弄他们，于是也一同大笑。荷鲁斯拍了拍阿巴顿的肩膀，捏着阿西曼德的脸。

"我们将并肩作战，吾儿，"他说，"我为战争而生。昔日在乌兰诺的时候，如果我知道战帅冠冕会迫使自己永远告别沙场辉煌的话，我是绝不会接受的。其他人大可拿走这份荣誉。比如基里曼或者莱恩。反正他们也眼红得很。"

众人继续放声大笑。科索尼亚人的笑声本就阴沉粗糙，而影月苍狼的笑声则更为雄浑震耳。

洛肯事后回想起来，发觉战帅可能又施展了他高超圆滑的政治手腕。他彻底绕开了核心问题，借助幽默感避实就虚，利用众人身为战士的荣誉感化解了他们的担忧。原体通过这种方式告诉四王议会，纵然他们的谏言裨益良多，但在一些事情上战帅心意已决，不可动摇。洛肯相信圣吉列斯便是背后的缘由。荷鲁斯无法袖手旁观自己最亲爱的兄弟孤身奋战。荷鲁斯难以抗拒像以往那样与圣吉列斯共赴沙场的强烈诱惑。

荷鲁斯也不能甘居人后，即便对方是挚爱手足。

他们并肩奋战的景象令人向往。两位战争神祇置身于红白交织的汹涌潮头大杀四方。他们在谋杀星球联手造就了数十场伟大胜利，倘若日后的时局走向没有演变，这必将成为流芳百世的不朽功绩，足以与乌兰诺比肩。

事实上，这整场战役的无数超凡成就全都值得后人铭记，尤其考虑到记述者就在他们身边。

梅萨蒂·欧丽顿与所有同僚一样，并未获准伴随作战部队前往地表，但她及时收集了下方回传的所有细节信息，时刻关注战事的演变与大军的进退胜负。每当洛肯偶尔带着第十连返回旗舰休息或者修理与补给时，欧丽顿便立刻用无数问题展开密集轰炸，要求连长描述近日的一切见闻经历。虽然荷鲁斯与圣吉列斯携手拼搏是她最感兴趣的话题，但洛肯讲述的任何故事都令她着迷。

众多规模宏大、敌我悬殊的恶战，往往是数千名阿斯塔特带领数万名帝国士兵对抗无穷无尽的巨蛛怪。洛肯难以找到恰当的词语加以描述，于是经常借用自己在《厄什编年史》里读到的荒谬字句，这令他自觉颇为愚蠢。洛肯向欧丽顿讲述了自己亲眼看到的惊人场景和独特事件。卢克·赛迪瑞率领麾下连队直击两千余只巨蛛怪，在半小时之内令敌军阵势土崩瓦解。圣血天使第三连连长萨克鲁斯·卡明努斯坚守阵线，面对嗡鸣震耳的飞行怪物毫不动摇，傲然挺过了那个漫长恐怖的下午。顽固啰唆的克鲁兹挥军击破一场巨蛛怪的突然袭击，以此证明他胸中尚存着的英雄气概。被称为"亦者"的泰保特·玛尔在短短两天内攻占了一片山脉，终究凭借这辉煌战功脱颖而出。巨蛛怪展现出了更为多样也更为可憎的生物形态，其中包括像战争机械般披覆铠甲隆隆迈进的庞大个体，而死亡军团的审判日号泰坦当头迎上，率领其余机械神教泰坦将敌人迎头击溃，把它们焦黑残破的翅鞘碾在脚下。索尔·塔维兹并未围绕于那趾高气扬的艾多伦大人身旁，而是与托迦顿并肩拼杀，用数次卓绝战绩重新点燃了影月苍狼对于帝皇之子的尊敬。

塔维兹和托迦顿在这场战役里铸就了深厚的兄弟情谊，令两支军团之间的负面情绪有所缓解。洛肯听说艾多伦起初对于塔维兹的行为颇有不满，之后才发觉单纯的兄弟情谊和精诚协作竟逐渐挽回了他昔日的过错。艾多伦虽然永远不会正面承认，但他确实很清楚自己早已失宠于战帅，不过随着时间的流逝，他至少能够在指挥帐篷里获得一席之地，与其他军官共同商讨战事了。

圣吉列斯也在中间斡旋。他明白自己的兄弟荷鲁斯打算斥责弗格瑞姆，对于其麾下阿斯塔特近来表现出的强横傲慢提出批评。荷鲁斯与弗格瑞姆曾经关系密切，堪比圣吉列斯和战帅的手足亲情。这潜在的裂痕与隔阂令天使之主倍感忧虑。

"你不能容许分歧出现，"圣吉列斯曾说，"作为战帅，你必须获得所有原体的一致尊敬，正如帝皇那样。况且，你和弗格瑞姆交情深厚，切不可此时争吵失和。"

这场谈话发生在战役第六周的一次短暂间歇里，当时劳多伦和赛迪瑞正率领主力部队西进，突入一片高大山脉脚下的众多狭窄裂谷。两位原体在前线后方数千米的指挥帐篷里休息了一日。洛肯对此印象深刻。当圣吉列斯提及此事的时候，四王议会成员就在主帐篷里随侍。

"我才不会和人争吵，"荷鲁斯说道，他的仆从们正忙着卸下那套沾满污泥的铠甲，清洗他的肢体，"帝皇之子向来骄傲，但那股傲气已经逐渐变成了骄纵。无论弗格瑞姆是不是我的兄弟，他都必须保持自知之明。安格隆那恼人的无端怒火和佩图拉波那见鬼的暴躁态度已经够我受的了。我不能容忍关系如此紧密的盟友心怀不敬。"

"这究竟是弗格瑞姆的过错，还是他手下艾多伦的过错？"圣吉列斯问。

"弗格瑞姆任命艾多伦为总司令。他赏识此人的品质，显然颇为信赖，并且认同这种作风。如果艾多伦代表着第三军团的特性，那么我就大有意见。并非局限在这里。我需要知道究竟还能否仰仗帝皇之子。"

"为何不能呢？"

荷鲁斯打住话头，让一名侍从擦拭他的面孔，之后他转头向另一名侍从手捧的水盆里啐了一口，"因为他们那该死的骄傲。"

"每一名阿斯塔特不都是为所属部队感到骄傲吗？"圣吉列斯喝了口酒。他看看四王议会，"你骄傲吗，艾泽凯尔？"

"当然如此，直至万物终结，大人。"阿巴顿回答。

"容我一言，长官，"托迦顿开口道，"二者有所不同。我们对于所属军团都有着自然而然的骄傲和忠诚。这种骄傲或许包含自吹自擂的成分，会引发阿斯塔特之间的竞争对抗。但帝皇之子显得格外骄矜傲慢，仿佛高人一等。但我要强调，并非每一个都是如此。"

在一旁聆听的洛肯明白，托迦顿所指的是他近来交好的塔维兹及其麾下若干战士。

圣吉列斯点点头，"这就是他们的思维方式。一如既往。他们尽其所能地追求完美，以帝皇本人为榜样加以效仿。这并非自恃优越。弗格瑞姆亲口向我解释过。"

"弗格瑞姆的本意或许如此，"荷鲁斯说，"但他手下一些人所表现出来的恰恰是自恃优越。他们如今用讥讽和轻蔑取代了昔日的相互尊重。我担心他们的怨恨正是针对我的新职位。我不能放任如此。"

"他们并不怨恨你。"圣吉列斯说。

"或许吧，但他们确实怨恨我的军团作为战帅子嗣平添荣光。影月苍狼一直被视为粗鲁蛮人。科索尼亚将他们养育得性情粗犷，脚踏实地。帝皇之子能够平等看待影月苍狼，仅仅是出于我的军团战功卓著之故。我们并不在乎华美服饰或优雅风度。比起他们的高贵，我们倒乐于保持自己的粗野。"

"那么或许是时候考虑采纳帝皇的建议了。"圣吉列斯说道。

荷鲁斯猛力摇头，"那的确是一份莫大的荣誉，但我在乌兰诺便早已拒绝。如今我也不会再作考虑。"

"形势有变。如今你贵为战帅，所有阿斯塔特都必须充分认识到第十六军团的杰出地位。或许有些人需要得到提醒。"

荷鲁斯哼笑一声，"我怎么没看到鲁斯让他手下的那群狂战士改头换面来赢得旁人的尊敬。"

"黎曼·鲁斯不是战帅，"圣古列斯说，"你的头衔早已改变，兄弟，此乃帝皇圣命，意在令我们所有人明确无疑地看到你手握何等威权，蒙受何等信任。或许你的军团也需要经历同样的过程。"

之后，他们冒着细雨向西方进军，跟随步履沉重的泰坦踏过赭红泥地与零星水坛，洛肯趁机问阿巴顿，天使之主方才所言何意。

"在乌兰诺的时候，"第一连长向他解释，"敬爱的帝皇建议指挥官重新命名第十六军团，明确展示我们的强大权威。"

"他希望我们改用什么名字？"洛肯问道。

"荷鲁斯之子。"阿巴顿回答。

在战役的第六个月步入尾声之际，那些陌生人悄然抵达。

接连数天，停泊在轨道上的众多远征队战舰纷纷察觉到一些怪异信号和以太动荡，这意味着附近存在星船活动，于是各方面作出了多种努力，试图加以定位。在知悉相关情况后，战帅推测是更多援军即将抵达，甚至有可能是其他帝皇之子部队。科门努斯舰队长派出的侦察船只与哨卫巡洋舰并未捕捉到任何舰船的明确迹象，但大多汇报了某种如幽魂般模糊的仪器读数，恰似昭示着临近跃迁的电磁场波动。远征舰队立刻脱离高层轨道，各就各位组成备战阵型，由复仇之魂号与傲心号担任先锋，慈悲之行号和圣吉列斯的旗舰血红之泪号负责在两翼殿后策应。

那些陌生人最终现身，他们动作迅捷，充满自信，从星系边缘的跃迁点全速驶来：三艘宏伟壮丽的主力舰，其型号样式与引擎动力特征都不曾出现在帝国档案中。

他们在拉近距离之后开始播放某种问询信号。其性质与那些外部空间站的重复广播如出一辙，同样难以解读，且在战帅看来近似于音乐。

那些舰船十分庞大。图像信号表明，它们通体银白明亮，流线型的外观状如皇家权杖，舰首厚重，舰身修长纤细，尾部的引擎区域则绽放开来。其中最大的一艘足有复仇之魂号龙骨长度的两倍。

舰队上下响起常规作战警报，护盾纷纷激活，武器露出炮口。战帅立刻动身离开星球地表返回旗舰。与巨蛛怪的作战行动匆忙中止，地面部队一次性展开全体撤离。荷鲁斯命令科门努斯联络对方，在未遭攻击时不可妄动。这些舰船似乎很有可能属于巨蛛怪，是从其他世界前来协助谋杀星球虫巢的援军。

那些星船并没有直接作出回应，而是自顾自地继续播放那奇特信号。它们缓缓逼近，在远征队战舰阵势的火力范围之内停下脚步。

随后那些陌生人作出了回应。那并非一个声音，而是齐声开口的众多声音，吐露着完全相同的字句，背景里则依旧掺杂着那音乐般的信号。对方的话语在帝国通信频道里清晰可闻，星语者同样能够接收，蕴含其中的深厚力量与强大权威令英梅星及其部属皱起眉头。

对方如今采用的是人类语言。"你们没有看到我们留下的警告吗？"他们说道，"你们在这里做了什么？"

第三部

可怕的射手

第十八章

莫犯错
远房表亲
其他方式

谋杀星球战役迎来了意料之外的后续篇章,远征队转而成为英特雷斯的座上宾,但自从在此逗留开始,求战的声音便不绝于耳。

艾多伦是其中之一,且呼声强烈,不过艾多伦早已失宠,不受重视。然而马罗格斯特也持此态度,另外还有赛迪瑞和塔荀斯特、格申,以及圣血天使的劳多伦。这些人的看法就不那么容易忽视了。

圣吉列斯并未表态,始终等待着战帅的决断,他明白荷鲁斯需要兄弟原体提供毫无保留的支持。

马罗格斯特对多方观点作出了最为恰当的总结:英特雷斯的人民与我们同宗同源,血脉相通,因此必然是失落的族亲。但他们在很多方面和我们有着根本性的差异,而且这些差异极其深重,极其显著,足以引发合理的战争。他们与帝国文明的关键原则相悖,彻底违背了帝皇的意志,此等倒行逆施决然不可容忍。

但目前为止,荷鲁斯对此尚可容忍。洛肯能够理解。英特雷斯的战士们令人欣赏敬佩。他们优雅而高贵,在误会消除之后便全无敌意。

通过一次独特经历,洛肯得以了解战帅态度背后的真实想法。这件事发生在他们从谋杀星球动身,造访最近一个英特雷斯前哨世界的九周航程中,此间远征舰队及其随行船只追随在英特雷斯的流线型巨船身后,组成一支浩浩荡荡的壮观队伍。

四王议会来到了战帅的私人舱室,一场尖锐争论随即爆发。阿巴顿颇为认同求战的呼声。马罗格斯特和赛迪瑞都向他灌输了很多思想。如今他的立场十分坚决,以至于和战帅展开对峙且毫不退让。双方情绪激昂。洛肯看着阿巴顿和战帅相互咆哮,感到惊奇。洛肯之前在沙场激战中见识过阿巴顿的怒火，然而他还从未见过指挥官表现得如此暴戾。荷鲁斯的炽热怒气令他有些愕然，甚至是惊惧。

托迦顿一如既往地试图用轻快玩笑去缓和这紧张气氛。洛肯看得出来，充斥房间的戾气让塔瑞克都感到慌乱不安。

"你没有选择，"阿巴顿嘶吼道，"我们已经看够了，他们的行为方式与我们彻底相悖！你必须——"

"必须？"荷鲁斯咆哮着回应，"我必须吗？你是四王议会成员，阿巴顿！你负责谏言献策，仅此而已！不要以为你能对我指手画脚！"

"我不必指手画脚！根本没有选择，你很清楚该怎么办！"

"出去！"

"你心里明白！"

"出去！"荷鲁斯喊道，他将手中的酒杯狠狠抛开，在钢铁甲板上摔成碎片。他咬牙切齿地瞪着阿巴顿，"出去，艾泽凯尔，不要逼我为第一连长另觅人选。"

阿巴顿报以怒视，向地上狠狠啐了一口，随后大步冲出房间。其他人在震慑中默然无语。

荷鲁斯头颅低垂。"托迦顿？"他轻声说。

"大人，何事？"

"请你去追他。让他冷静下来。告诉他，如果想求得我的原谅，那么过一两个小时我或许会心软，但他最好是跪地道歉，也不要再抬高嗓门。"

托迦顿躬身领命，立刻走出房间。洛肯和阿西曼德交换了一个眼神，随后尴尬地向战帅行礼，也迈步准备告退。

"你们两个留下。"荷鲁斯低吼道。

他们站定脚步。两人转回头时看到战帅摇了摇头，用手掌抹过嘴巴。指挥官的双眼中泛起一丝笑意，"王座在上，吾儿。科索尼亚的熔火之核果然藏在我们心里。"

荷鲁斯坐在一张铺着软垫的长沙发上，随和地向他们招手示意，"科索尼亚，坚如磐石，心如炼狱。就像一座火山。我们都了解深地矿井里的灼人高温。我们都知道往往毫无预警的岩浆喷发。它融入了我们，也铸就了我们。坚如磐石而心似烈火。坐，坐。拿杯酒喝。请谅解我的情绪失控，我想和你们聊聊。半个四王议会总比没有好。"

他们面对战帅坐在沙发上。荷鲁斯捏起一支新的酒杯，从银壶里倒了些酒。"一个睿智，一个沉静，"他说道。洛肯不确定自己在战帅眼中究竟是哪一个，"那么，说说你们的看法吧。你们两个在那场争论里都太沉默了。"

阿西曼德清了清嗓子。"艾泽凯尔的话……有些道理。"他开口道。战帅挑起眉毛，让他顿时绷紧身躯。

"继续说，小家伙。"

"我们……怎么说呢……我们在开展这场远征的时候遵守一些特定信条。两个世纪以来都是如此。这是生死攸关的律条，是奠基帝国的律条。其中绝无模棱两可的余地。我们必须加以坚守和维护，这是帝皇本人的恩赐。"

"众所爱戴的帝皇。"荷鲁斯回应道。

"帝皇的信条自始至终为我们提供指引。我们从未有所忤逆，"阿西曼德停顿了一下，补充道，"直至今日。"

"你认为这是忤逆皇命吗，小家伙？"荷鲁斯问。阿西曼德耸耸肩。"你怎么看，加维尔？"荷鲁斯又问，"你和阿西曼德立场一致吗？"

洛肯凝视着战帅的双眼。"我很清楚我们向英特雷斯开战的理由，长官，"他说，"然而令我感兴趣的是你不愿开战的理由。"

荷鲁斯面露微笑。"终于有个主动思考的人了。"他小心地端着酒杯站起身来，迈步来到房间右手墙边，那里绘有一幅浓墨重彩、精细华美的壁画。画中是高高在上的帝皇，他张开手掌将万千星辰纳入囊中。"寰宇群星，"荷鲁斯说道，"看见了吗？群星如何尽归皇帝的掌握？天空星座像萤火虫一样汇入他五指之间。统御群星正是人类与生俱来的权利，他就是这样对我说的。在我们相会的时候，这就是他最初对我所说的几句话之一。我昔日只是个无知孩童。他让我坐在身边，指着头顶穹隆。他对我说，那些明亮光点就是我们世世代代想要统御的事物。想象一下，荷鲁斯，每个光点都是一个人类文明，一片美好壮丽的国度，远离冲突，远离战争，远离异形暴君的血腥统治与残酷压迫。不要犯错，它们必将属于我们。"

荷鲁斯用手指缓缓追随着画中的星辰旋涡，最终与帝皇的手掌相遇。他收回手，再次面向阿西曼德和洛肯，"孩童时期的我在科索尼亚很少看到群星。天空中往往飘着厚重的工业烟尘，你们想必都还记得。"

"是的。"洛肯说。小荷鲁斯也点点头。

"在点点星辰偶尔闪现的那些夜晚，我心里一向充满惊奇。我想知道它们是什么，它们有何意义。那些渺小而神秘的光芒绝非无端存在。我日日思索，直到帝皇降临。他告诉我万千星辰是何等重要，而我对此毫不感到惊讶。"

"我告诉你们一件事，"荷鲁斯走回两人身旁，重新坐下，"我的父亲赠予我的第一件礼物便是一本天文书籍。非常浅显，是儿童的启蒙读物。我现在还留着呢。他发觉了我对于星辰的好奇，于是帮助我学习了解。"

战帅停顿了一阵。每当荷鲁斯开始用"我的父亲"称呼帝皇时，随后的故事都让洛肯深深着迷。自从洛肯跻身高层之后，这样的情景屈指可数，但每次都昭示着战帅放下心防，揭露内情。

"里面有张星座图，在那本书里。"荷鲁斯啜饮一口，回忆往事令他脸上泛起微笑，"我全都牢记于心。一个晚上就记住了。不只是星座名称，还有图案、关系、结构。全部二十个星座。第二天，我对于知识的渴求让父亲开怀大笑。他告诉我说，黄道星座是个古旧过时且并不准确的模型，而勘探舰队已经着手绘制更为详尽的宇宙星图了。他说早晚会有二十位如我一般的子嗣对应那天上的二十个星座。每一位都将代表某个星座的品格与特质。他问我最喜欢哪一个。"

"你是如何回答的？"洛肯问。

荷鲁斯靠坐在沙发上，轻笑一声，"我说我喜欢所有星座的图案。我告诉他，我很高兴终于能够为头顶的那些光芒赋予名号了。我说我喜欢狮子座的高贵与凶猛，还有天蝎座的牢固甲胄和善战利刃。我说金牛座的坚定固执令我倾心，天秤座则迎合我对于公平正义的重视。"

随后荷鲁斯忧伤地缓缓摇头，"我的父亲说，他欣赏我的选择，同时惊讶于我并未特别提及另一个星座。他重新给我展示了那弯弓搭箭、策马奔腾的战士。他说这是可怕的射手。是最能代表战争的星座。强壮冷酷，无拘无束，迅猛精准。他说在古代，这是最具力量的概念。狩猎征战的人马射手颇得古人钟爱。在他自己从小成长的安娜托利地区，人马是一个备受敬仰的标志。手持弓箭的骑兵。这便是那个年代里最为强悍的作战力量，驰骋天下，所向披靡。日久天长，骑手与战马在神话中融为一体。这是人类和战争工具的完美结合。他说，这就是你必须学习效仿的目标。这就是你必须纯熟掌握的技能。终有一天，我的万千大军与战争工具都将由你执掌，如同是自身肢体的延伸。

人马合一，纵横寰宇，攻无不克。在乌兰诺，他把这个交给了我。"

荷鲁斯放下酒杯，俯身前探，给两人展示自己左手小指上佩戴的老旧金戒。它饱经风霜，在岁月的蚀刻下几乎难见真容。洛肯勉强辨认出马蹄、手臂和弯弓的图案。

"这枚戒指打造于波斯，就在帝皇出生的一年之前。可怕的射手。他说，如今这就是你了。我的战帅，我的人马。你与帝国旗下的众多军团融为一体。所有军团唯你马首是瞻，与你共为进退，随你陷阵搏杀。在我离去之后继续驰骋吧，吾儿，帝国大军必将伴你左右。"

随后是一阵漫长的沉默。"如此说来，"荷鲁斯微笑道，"我天生就该欣赏那可怕的射手，而如今我们终于得见其真实面目。"

他的笑容极具感染力。洛肯与阿西曼德都点点头，会心一笑。

"现在告诉他们真实的原因吧。"一个声音说道。

他们转过头去。圣吉列斯站在房间远端的拱廊里，隔着一道白色纱帘。他旁听了整场谈话。天使之主拨开纱帘，迈入舱室，他的双翼顶端与那轻薄材料相互摩擦。他身披质朴的白色长袍，腰间扣有一条金链。他吃着手中那碗里的水果。

洛肯和阿西曼德立刻起身。

"坐下，"圣吉列斯说，"我的兄弟此刻心情甚好，愿意袒露心扉，你们不如听听他的真实想法。"

"我不认为——"荷鲁斯开口道。圣吉列斯从碗里捏起一枚红色水果抛向荷鲁斯。

"把故事余下的部分也告诉他们吧。"他窃笑着说。

荷鲁斯接住水果，略加凝视，随后啃了一口。他用手背抹掉嘴边的汁水，举目望向洛肯与阿西曼德。

"还记得故事的开头吗？"他问道，"关于群星，帝皇对我说了什么？不要犯错，它们必将属于我们。"

他又啃了两口，抛开果核，将果肉咽下，"我亲爱的兄弟圣吉列斯说得没错，因为圣吉列斯一向是我心中良知的化身。"

圣吉列斯耸耸肩，这动作出现在一位背负双翼的巨人身上显得颇为古怪。

"不要犯错，"荷鲁斯继续说道，"这四个字。不要犯错。我是帝皇钦点的战帅。我不可辜负他。我不能犯下错误。"

"长官？"阿西曼德追问。

"自从乌兰诺至今，小家伙，我已经犯下了两次错误。或者说我在其中都有所牵连，而这便足矣，毕竟所有远征队犯下的过失最终都要由我承担责任。"

"什么过失？"洛肯问道。

"错误，误解。"荷鲁斯以手抚额，"63-19。我们的第一场行动。我作为战帅的第一场行动。那里泼洒的多少鲜血都要归咎于误解？我们对种种迹象怀有误解，因而付出了惨痛代价。可怜的塞扬努斯，我依旧怀念他。整场战争，包括你在山脉里经受的那段梦魇，加维尔……都是个错误。我本可以另作处置。63-19本可以和平归顺，避免冲突。"

"不，长官，"洛肯断言道，"他们固执己见，与我们背道而驰。我们不可能采取战争之外的手段令他们安然归顺。"

荷鲁斯摇摇头，"你是好意，加维尔，但你错了。还有其他方式。总该有其他方式。我应当能够不发一枪一弹便将那个文明说服。帝皇就会如此。"

"我看不然。"阿西曼德说。

"之后是谋杀星球，"荷鲁斯没有理会小荷鲁斯的观点，继续说道，"或者按照英特雷斯的说法，所谓的蜘蛛之地。他们给取的名字是什么来着？"

"乌瑞萨克，"圣吉列斯在旁协助，"不过我认为，这个词语需要搭配恰当的旋律才有意义。"

"那么就叫蜘蛛之地吧，"荷鲁斯说，"我们在这里浪费了多少兵力？我们有什么样的误解？英特雷斯为我们留下了远离此地的警告，但我们充耳不闻。这是一个封锁禁行的世界，他们把手下败将囚禁在这个监牢星球上，而我们却一头扎了进去。"

"我们无从知晓。"圣吉列斯说。

"我们理应知晓！"荷鲁斯厉声说。

"我们与英特雷斯之间的理念差异就在这里，"阿西曼德说道，"我们无法忍受有害异形种族的存在。他们同样会加以征服，却并不彻底湮灭。他们剥夺敌人的太空航行手段，将其放逐到一个监牢星球上。"

"我们加以湮灭，"荷鲁斯说，"他们则寻求其他方式来避免这种极端手段。究竟谁更具人性？"

阿西曼德站起身，"在这件事上我认同艾泽凯尔的看法。容忍就是软弱。英特雷斯令人敬佩，但是针对那些不可饶恕的异形种族，他们的态度过于软弱。"

"他们施加了合理的惩戒，并学会了和平共处，"荷鲁斯说，"他们也成功训练坎布拉克人——"

"这恰恰是我能够想到的最佳事例！"阿西曼德回应道，"坎布拉克人。他们主动将异形融入自身文明。"

"我不会再次作出鲁莽或不成熟的决定，"荷鲁斯断然宣布，"我已经犯下了太多错误，乃至于危及我的战帅头衔。我要首先尝试了解英特雷斯，并从中学习，与之探讨，此后我才会决定它是否离经叛道。他们是一个优秀的民族。或许我们这次能学到些什么。"

那音乐声令人难以习惯。每当翻译乐师钟鼓大作时，它立刻变得气势磅礴，隆隆震耳，而另一些时候它则细若游丝，声如蚊蚋，但无论如何它始终萦绕不去，鲜有止息。英特雷斯人称之为咏叹，这是他们日常交流中的基本组分。他们同样使用语言——事实上，他们的口语是一种经过演变的人类方言，反而比科索尼亚语更为接近泰拉的原始语言——与之相伴的咏叹则是增弱语气的辅助工具，同时也扮演着翻译角色。

宣讲者们在航程中对于咏叹展开了细致观察，却始终难以作出准确定义。从本质上讲，它是某种高等数学形式，是超越了语言屏障的宇宙常理，但其中的数学结构借助特定的和声或旋律模式进行表述，这在未经训练的人耳中就与音乐无异了。所有英特雷斯人的口语表达都伴随着背景中的若干支繁复旋律，而当他们与异乡来人面对面交谈的时候，便往往会有一个或更多翻译乐师在旁演奏器具加以辅助。那些乐师既是翻译又是使节。

翻译乐师与所有英特雷斯人一样身材高挑，穿着用某种绿色纤维织就的闪亮长袍，其中穿插有纤细的黄金管线。他们借助基因和外科手段将耳郭延展扩张，神似夜行蝙蝠的模样。等同于通信器的联络装置嵌在他们外套的高领里，每人都将一件乐器缚在胸前，上面布满了扩音器和盘卷管道，以及密密麻麻的数字按键，翻译乐师的轻捷十指便永远停留在键盘上。乐器顶端延伸出一条像天鹅脖颈般的纤长吹口，允许乐师进行吹奏、哼唱或吟诵。

帝国与英特雷斯之间的首次会谈十分正式，态度谨慎。对方使节在翻译乐师和士兵的护送下造访复仇之魂号。诸位使节面容英俊，体格纤瘦，目光凌厉，状如一人。他们留着短发，左侧或右侧脸庞上点缀着复杂精妙的表皮纹路——洛肯猜测那是永久性刺青。他们外穿一件淡蓝色的及膝软袍，其下则是贴合躯体的紧身衣物，那闪亮材质与翻译乐师的长袍相同。

负责护送的士兵们同样令人印象深刻。五十位战士在军官的率领下走出穿梭机。他们比使节更为高大，从头到脚披挂着亮银与翠绿两色的金属盔甲，并饰有充满警戒意味的猩红条纹。那种盔甲工艺颇为精细，几乎紧贴身躯，这与庞大厚重的阿斯塔特战甲风格迥异。那些士兵——洛肯事后得知其中包括矛手与射手两种——在身高方面直逼阿斯塔特，然而与帝国旗下的壮硕巨人相比，他们的纤细体型和贴身护甲显得十分羸弱。阿巴顿初见之下便嘀咕说，对方的花哨盔甲也许连一巴掌都挨不住。

他们的武器引发了更多议论。大多数士兵都背负一柄入鞘长剑。其中的矛手一律持有带着修长锋刃的金属战矛，沉重的平衡球固定在矛柄末端。那些射手则配备了用某种暗色金属制成的反曲弓，一束束无羽箭矢系在每个射手的右侧大腿上。

"弓箭？"托迦顿低声说，"真的假的？他们舰队的力量和规模令人震撼，结果使节卫队手里却拿着弓箭？"

"或许是仪式性的武器。"阿西曼德咕哝道。

几位来访军官的头盔上佩有锯齿状的半圆盘。所有战士的面甲都紧贴头颅，造型完全相同：眉骨、颧骨和鼻梁的线条被金属勾勒出来，简洁的椭圆形护目镜里映着蓝色光芒。面甲口部向外突出，仿佛是暴躁好斗的犬吻，其中内置了一部通信模组。

在这些纤瘦士兵背后，还有一些身影更加粗大的人担任着额外护卫。这些人体型较矮，也颇为壮硕，他们同样披覆盔甲，却是金棕两色。洛肯推测这些都是重装步兵，其强壮躯体是为近距离作战刻意改造的，然而他们手无寸铁。这样的二十人簇拥着五架机械生物，那些体态苗条的四足构造体色泽亮银，工艺精妙，线条优雅，无异于泰拉培育的绝佳战马，只不过它们并没有头颅或脖颈。

"人造生物，"荷鲁斯轻声叮嘱马罗格斯特，"确保瑞古拉斯大师能通过图像信号仔细观察。我事后要听听他的看法。"

旗舰的一座登机甲板被彻底清空，专为这场仪式性会谈所用。帝国旌旗悬垂在宏大拱顶周围，第一连所有战士担任荣誉护卫，全副武装列队集结。阿斯塔特组成了两个白色方阵，不动如山，最前排则是加斯塔林终结者的闪亮黑甲。在两个方阵之间的通道里，荷鲁斯昂然矗立，身边是四王议会成员，马罗格斯特，还有英梅星等高阶官员。战帅及其麾下将领穿着全套盔甲与披风，但唯有荷鲁斯将面孔展露在外。

他们遥望英特雷斯的重型穿梭机沿着灯光闪烁的跑道缓缓滑行，最终用锃亮的起落架抓住甲板。机首舱门随即打开，那白色金属结构像庞大而精巧的折纸般交叠收起，众多使节及其护卫纷纷现身。算上士兵和翻译乐师，对方使团共有一百余人。他们停下脚步，诸位使节列队在前，护送人员则相应地站在后面。为了这个谨慎而微妙的瞬间，双方开展了长达四十八小时的紧密沟通，长达四十八小时的慎重外交。

荷鲁斯点点头，第一连的战士们立刻在震耳轰鸣中齐刷刷地将武器举在胸前，庄重俯首。荷鲁斯本人则沿着通道孤身前行，披风飞扬于背后。

他走到了看似属于使节领袖的那人面前，抬手行鹰徽礼，躬身致意。

"我代表——"他开口道。

伴随他吐露字句，众多翻译乐师立刻开始柔声演奏。荷鲁斯停顿下来。

"这是翻译方式。"那位使节说，他的话语也伴随着乐声。

"这让人有些分心。"荷鲁斯微笑道。

"是为了帮助双方作出清晰的表达和理解。"使节说。

"我们似乎足以相互理解。"荷鲁斯继续微笑着说。

使节短促地点点头。"那么我让乐师们停止演奏。"他说道。

"不必，"荷鲁斯说，"我们自然一点就好。既然这是你们的方式。"

使节再次点点头。双方伴着那古怪旋律重新展开交谈。

"我代表众所爱戴的人类帝皇，以泰拉帝国的名义向你致意。"

"我代表英特雷斯社会接受并回敬你的致意。"

"谢谢你。"荷鲁斯说。

"首先，"使节说道，"你们来自泰拉？"

"是的。"

"来自古老泰拉,亦称地球?"

"是的。"

"可否容我们证实?"

"请便,"荷鲁斯微笑着说,"你们知道泰拉?"

一种忧伤哀痛的怪异神色浮现于使节脸上,他转过头环视自己的同僚,"我们的先祖和血脉就来自泰拉。在久远之前,我们就是从那里展开旅程。若你们果真来自泰拉,那么这必然是一个意义重大的事件。千万年来,英特雷斯终于能够与失散同胞相聚了。"

"这正是我们探索宇宙的目标,"荷鲁斯说,"我们立志找到所有在多年前飘零四散的人类亲族。"

使节俯首致敬,"我是总代表迪亚斯·舍罕。"

"我是战帅荷鲁斯。"

"战帅"这个词在翻译乐师的旋律中引发了一个细微但显著的不谐之音。舍罕皱起眉头。

"战帅?"他重复道。

"这是人类帝皇亲自授予我的头衔,令我担任他麾下军阶最高的将领。"

"这是个具有强健力量的头衔。尚武好战。你们的舰队负责开展军事行动吗?"

"它包含军事成分。我们不能赤手空拳地漫游危险重重的太空。不过从那些英武士兵看来,你们也是如此,总代表。"

舍罕抿了抿嘴,"你们攻打乌瑞萨克时展现出了强烈的侵略性与愤恨,并且全然无视我们在星系中安放的警戒信标。如此看来,你们的军事成分显然相当可观。"

"我们稍后详谈此事,总代表。如果有必要的话,我会亲口向你当面致歉。首先,请允许我向你致以和平的欢迎。"

荷鲁斯转过身,打了个手势。全连阿斯塔特战士以及诸位身着铠甲的军官一同收起武器,摘下头盔。一排排人类面孔由此显现。开诚布公,毫无敌意。

舍罕与其他使节躬身行礼,随后他也伴着一串乐声作了个手势。英特雷斯士兵们随即取下面甲,露出目光凌厉的洁净脸庞。

然而那些身着金棕两色盔甲的矮壮步兵有所不同。当他们移除头盔时,展现出来的一张张面孔绝非人类。

他们被称为坎布拉克人。他们是一个先进而成熟的种族，早已在星海之间遨游了一万五千余年。在泰拉踏入第一个科技年代之前，他们便于此建立了疆域辽阔的强大文明，而彼时人类尚且乘坐着亚光速舰船，刚刚开始探索太阳系之外的空间。

然而当英特雷斯遇到坎布拉克的时候，其文明已经逐渐衰落暗淡。在双方初期接触之后，一场争夺领土的战争便很快爆发，并持续百年之久。纵然坎布拉克人拥有先进科技，但英特雷斯人依旧取得了最终的胜利，然而他们并未乘势追击，斩草除根。双方达成了和解，这在一定程度上要归功于英特雷斯人对咏叹手段的不懈努力，这让跨越种族的深层次交流得以实现。面对潜在的无休征战与全体流放，坎布拉克人选择归入日渐壮大的英特雷斯，成为其外来公民。他们也愿意将衰落倦怠的自身命运托付给生机勃勃、不断进取的人类。坎布拉克人作为社会中的少数族群融入了英特雷斯文化，而作为回报，他们贡献出了自己的先进科技。三千年来，英特雷斯人类成功与坎布拉克人和谐共处。

"与坎布拉克人的冲突是我们经历的第一场规模显著的异形战争，"迪亚斯·舍罕解释道。他和其余使节一同坐在战帅的接见厅里。四王议会成员站立在近旁，翻译乐师则环绕于墙边，轻柔地为双方谈话加以伴奏，"我们从中受益良多。我们得以正视自己在浩瀚宇宙里的位置，并学会了怜悯、理解和同情等种种价值观。作为与非人类种族开展交流合作的重要工具，咏叹也正是源于此。那场战争让我们意识到，我们自身的人性，或者说我们对于人类特质的观念根深蒂固，例如对于语言的依赖，恰恰阻碍了与其他种族建立成熟关系的努力。"

"无论交流手段多么尖端精妙，总代表，"阿巴顿说道，"有时候交流本身是无法解决问题的。根据我们的经验，大多数异形都表现出了顽固的敌意。交流和商讨根本无从谈起。"包括第一连长在内的很多参会人员都感到十分不自在。英特雷斯使团全体获准进入了接见厅，其中的坎布拉克人就站在房间远端。阿巴顿不时加以审视。那些体型壮硕的猿猴状生物眉骨粗大，眼窝凹陷，以至双目只是阴影中的两枚亮点。他们的蓝黑色皮肤布满皱褶，棱角分明的庞大头颅下方覆盖着一层橙红毛发，几乎像鸭绒般细密。他们的口鼻融为一个整体器官，隆起的颚部末端分作三瓣，可以向后翻卷露出湿润的粉色鼻腔，也可以向侧面张开展现出如海豚般细小尖锐的牙齿。他们身上有种十分明显的泥土气味，虽然算不上刺鼻难闻，却也绝对不属于人类。

"我们有类似的经历，"舍罕表示认同，"不过与你们相比似乎遭遇的敌意较少。有时候我们会接触到一些拒绝展开对话，或是抱有侵略意图的种族。有时候除了冲突之外别无选择。其中一个例子就是……你们如何称呼它们来着？"

"巨蛛怪。"荷鲁斯微笑着回答。

舍罕也微笑着点点头，"我能看出来这个名称的古老词根。巨蛛怪技艺先进，力量超群，却不具备我们能够理解的智能。它们存在的意义唯有繁殖和扩张。最初相遇的时候，它们已经在我们领土的沙提尔边陲沿线侵占了八个星系，时刻准备大举进犯，将两个人口众多的世界切断孤立。我们挥军迎战，捍卫自身利益。最终我们得以取胜，但仍旧无法找到任何机会来达成和解。我们将剩余的巨蛛怪全部搜捕起来，运往乌瑞萨克。我们剥夺了它们的星际航行技术，以及复制该类技术的手段。乌瑞萨克成为它们的保护区，让它们在存活下去的同时不会危害到我们或其他种族。我们设立那些禁行信标就是为了警告大家保持距离。"

"你们没有考虑过将它们彻底剿灭？"马罗格斯特问。

舍罕摇摇头，"我们有什么权力去灭绝其他种族？相互理解往往是可以达成的。巨蛛怪是一个极端特例，对于它们而言，放逐是仅有的人道选择。"

"你所描述的行为方式令我惊异着迷，"荷鲁斯知道阿巴顿打算再次发言，于是立刻抢先开口，"我相信是时候致歉了，总代表。我们误解了你们对于乌瑞萨克的处置方法和原本意图。我们践踏了你们划定的保护区，帝国要为这项违规罪过表示歉意。"

第十九章

使节与代表
芝诺比娅
仪器大殿

阿巴顿怒发冲冠。英特雷斯使团已经返回了自己的飞船,他便与四王议会同僚们一同告退,尽情发泄怒火。

"六个月!在谋杀星球苦战了六个月!多少英雄事迹,多少牺牲兄弟?结果他现在居然开口道歉?就好像那是个失误?是个过错?那些跟异形同流合污的混账自己都承认了,巨蛛怪太过危险,必须囚禁起来!"

"这是个令人为难的局面。"洛肯说。

"这侮辱了我们的军团荣誉!还有圣血天使的!"

"唯有睿智而坚定的人才会懂得道歉。"阿西曼德指出。

"唯有愚蠢的人才会讨好异形!"阿巴顿咆哮道,"这场远征教会了我们什么?"

"我们很擅长让逆我者亡?"托迦顿说。

阿巴顿怒视着他,"我们知道了这个宇宙有多么野蛮,多么残酷。我们必须用武力夺取地位。我们至今遭遇的所有种族全都乐得看到人类在转瞬间覆灭。"

谁也无法反驳这一点。

"唯有愚蠢的人才会讨好异形,"阿巴顿重复道,"也唯有愚蠢的人才会讨好那些讨好异形的家伙。"

"你是说战帅愚蠢吗?"洛肯问。

阿巴顿迟疑了,"不。不,我没有。当然没有。我遵从战帅的意志。"

"作为四王议会,我们只有一项职责,"阿西曼德说道,"我们在向他谏言时必须保持立场一致。"

托迦顿点点头。

"不，"洛肯说，"这并非我们的价值所在。我们必须坦陈各自看法，即便立场相异也是如此。最终由他定夺。这才是我们的职责。"

与英特雷斯使团的会谈持续了数天。有时候英特雷斯舰船将使团送往复仇之魂号，有时候帝国代表前往对方的指挥舰，他们在晶莹剔透的银白厅堂里受到招待，咏叹乐声不绝于耳。

那些使节表现得高深莫测。他们的行为举止透出高傲或轻蔑，仿佛帝国人员在他们眼中皆为粗鄙野蛮之辈。但他们的确抱有浓厚兴趣。关于古老泰拉与人类血脉的传说一直是英特雷斯神话故事与历史记录中的核心内容。无论现实情况多么令人失望，他们也不舍得割断这条宝贵纽带，不舍得彻底抛弃那段备受珍视的上古岁月。

最终，双方提议召开一场峰会，战帅及其随行团队将前往最近的英特雷斯岗哨世界，与地位更高的官方代表进行详细磋商。

战帅从各方面广纳建议，但洛肯确信他心中早有定夺。阿巴顿等人提出应当断绝对话，暂时与英特雷斯维持对峙局面，在集结了足够军力后全面吞并对方领土。尚有很多事务急需战帅的处理，他在谋杀星球享受了长达六个月的蜘蛛战争，如今已经难以拖延下去。大量请愿与问候日日送达。共有五位原体要求与他本人会面，探讨远征大局策略或是具体战争方案。其中莱恩还是首次摆出类似姿态，这令人欣慰的举动昭示着双方关系的缓和，而荷鲁斯决不可对此视若无睹。三十六支远征舰队纷纷发来信号，寻求行动建议和战术评估，或是直白地呼唤军事援助。此外，政务国事同样庞杂繁多。巨量的官方文件由泰拉议会呈递给战帅亲自审阅。而他则一向借口远征战事缠身，无暇顾及。

洛肯随侍于战帅左右，目睹了绝大多数的日常工作，他逐渐清楚地意识到，帝皇将一份何等沉重的责任放在了荷鲁斯宽厚的肩膀上。人们期望这样一位人物无所不能：领军将帅、归顺主策、评判者、决断者、战术家，以及最为圆滑老练的外交家。

在长达六个月的战事之中，谋杀星球高层轨道见证了更多战舰的到来，它们像请愿者般集结于旗舰身边。63号远征队剩余力量在瓦尔瓦鲁斯的率领下完成跃迁，63-19则终于托付给了孑然一身的拉克里斯。88号远征队的十四艘战舰随后出现，其领袖是阿尔法军团的图拉尤斯·波尼费斯。按照波尼费斯的说法，他们是响应140号远征队求助信号前来施以援手的，希望能够为谋杀星球的作战行动贡献力量。但事实真相很快浮出水面，他的真正目的是趁此机会说服荷鲁斯采用他们的战役方案，借助63号远征队的军力一同进攻凯瓦斯星带的兽人领地。他的基因原体阿尔法瑞斯对于这项方案十分看重，而正如莱恩的提议一样，这也表明阿尔法瑞斯在寻求新任战帅的认可与情谊。

荷鲁斯独自审视详细方案。针对凯瓦斯星带的攻势预计耗时五年，而所需人力则是战帅目前所能调动的十倍之多。

"阿尔法瑞斯这是在做梦，"他嘀咕着将计划书拿给洛肯和托迦顿看，"我不可能作出这样的承诺。"

瓦尔瓦鲁斯麾下的一艘战舰装载着来自泰拉的征税官代表团。在呼求战帅注意的嘈杂声音中，这或许是最令人烦恼的。征税官们遵照掌印者马卡多的指示，又奉泰拉议会的印信，浩浩荡荡地踏入日渐辽阔的帝国疆域，与这规模空前的人员投放相比，记述者的集体出动便显得平淡无奇了。

代表团领袖是一位名叫艾恩尼德·拉斯伯恩的高阶官员。她体态高挑纤瘦，面容苍白清秀，有着突出的颧骨和一头红发，举手投足之间颇显严苛。泰拉议会已下达敕令，所有远征舰队和部队，所有基因原体，所有指挥官，以及所有归顺世界或星系的总督都应着手从所辖星球上收取税费，以此减轻庞大帝国日渐沉重的财政负担。除了税收工作之外，其余事情她绝口不谈。

"单单一个世界无法独立维持如此宏大的事业，"她用略显尖锐的声音向战帅解释道，"泰拉无法一肩扛起如此沉重的负担。如今我们已是数百万个世界的主宰。帝国必须逐渐开始维持自身运作。"

"很多世界仅仅归顺不久，女士，"荷鲁斯柔声说，"它们尚未从战争、重建和改造中恢复过来。它们目前难以承受征收税费的打击。"

"帝皇坚持如此。"

"这果真是帝皇所坚持的吗？"

"众所爱戴的掌印者马卡多向我和所有同僚强调过这一点。我们必须征收税款，也必须建立完善的机制，确保相应税款得到常规且自动的采集。"

"我们任命的诸位星球总督恐怕不会因为这项工作而赢得当地民众的爱

戴，"马罗格斯特说，"他们的权威和地位尚且需要巩固。时机并不成熟。"

"帝皇坚持如此。"她重复道。

"你是想说众所爱戴的帝皇吧？"洛肯问。他的评论让荷鲁斯咧嘴微笑起来。拉斯伯恩吸了吸鼻子。"我不确定你在暗示什么，连长，"她说道，"这是我的职责，是我必须完成的工作。"

在她带领部下离开房间之后，荷鲁斯便与诸位近臣展开讨论。"我往往认为，"他说，"灵族或许能够颠覆我们。他们的确日渐衰微，但依旧才智超群，若有任何一个异形种族可以胜过人类并击溃帝国的话，那么想必就是灵族了。另有些时候，我猜想会是绿皮。那是一股无穷无尽的凶蛮力量，然而现在，朋友们，我确信帝国会死在我们自己的征税官手里。"

大家笑了起来。洛肯联想到自己口袋里的诗篇。他已经把卡尔卡斯的绝大多数作品转交给辛德曼审阅，但在最近一次会面里，卡尔卡斯给他看了些"蹩脚的打油诗"。洛肯大致读过。那尖酸刻薄的诗句是关于征税官的，就连洛肯也有略有同感。他考虑了一下是否可以公开朗读以博众人一笑，但荷鲁斯的面孔随即阴云笼罩。

"我只是半开玩笑，"战帅说道，"通过那些征税官，泰拉议会将一副重担放在了新兴世界的肩头，这或许足以压垮我们。征税为时过早，覆盖面太广，也极为严苛。很多世界都会抗拒，随之暴乱四起。被我们征服的农民若是听说有个新主子，无非是耸耸肩漠然接受。但被我们征服的农民若是听说要上交五分之一的收入，就必定会举起干草叉来。我们奋战至今的一切成果都会被艾恩尼德·拉斯伯恩，以及像她这样的行政人员彻底毁掉。"

更多笑声在房间里回荡。

"但这是帝皇的意志。"托迦顿指出。

荷鲁斯摇摇头，"并非如此。无论征税官是怎么说的，知父莫若子，帝皇不会认同这种行为。此刻为时过早。他一定是要务缠身，无暇旁顾。泰拉议会绕过了他，自作主张。帝皇很清楚局势是何等微妙脆弱。王座在上，这万千战士浴血铸就的帝国把裁决权下放给了平民和官僚，只能带来这种结果。"

他们都看着战帅。

"我是认真的，"战帅说道，"这足以在特定地区催生内战。至少也会损害我们远征的进一步工作。目前我们需要暂时……冷落一下那些征税官。要让他们在浩如烟海的文件材料里筛选有用数据，为所有星球逐个计算出精确的税率，我们要向他们提供关于各个世界具体情况的巨量额外信息。"

"他们的进度不可能永远放缓，大人，"马罗格斯特说，"泰拉行政部门已经制定了相关的规则和标准，用于为每个世界按比例计算出恰当的税率。"

"尽你所能，老马，"荷鲁斯说，"至少拖延她一下。给我点喘息空间。"

"我这就着手去办。"马罗格斯特说。他站起身，一瘸一拐地走了出去。

荷鲁斯转身面对内环亲信，叹息一声。"那么……"他开口说道，"莱恩在呼唤我，还有阿尔法瑞斯。"

"还有其他兄弟，以及无数支远征队。"圣吉列斯指出。

"同时我最明智的选择似乎是返回泰拉，针对征税问题找议会聊一聊。"

圣吉列斯窃笑一声。

"我生来可不是干那个的。"荷鲁斯说。

"那么我们就该考虑如何应对英特雷斯，大人。"艾瑞巴斯说道。

第十七军团怀言者的艾瑞巴斯在两周之前随瓦尔瓦鲁斯的舰队抵达这里。身穿暗灰色第四型战甲的艾瑞巴斯庄重严肃，盔甲表面铭刻的雕文代表着他的种种事迹。他在第十七军团中的职务是首席牧师，大致等同于阿巴顿或艾多伦的地位。作为高阶军官，他与科尔·法伦以及基因原体洛加都关系紧密。他举止沉稳，言语镇定而轻柔，令旁人一见之下便倍加敬重，但影月苍狼照样与他颇为亲近。影月苍狼向来和怀言者交往甚密，无异于他们与帝皇之子间的关系。荷鲁斯将洛加、弗格瑞姆还有圣吉列斯一同视作亲密兄弟，这也绝非偶然。

岁月将艾瑞巴斯塑造成了政治家和战士，他在这两方面都在造诣很高，如今他奉所属军团之命前来造访战帅。他的本意想必是要寻获某种恩典，提出某项请求。既然艾瑞巴斯亲自前来，必有要事相商。

在抵达之后，艾瑞巴斯立刻意识到荷鲁斯面临着来自多方的巨大压力和庞杂呼唤。于是他默然压下了自己的事务，不愿为战帅堆积如山的案牍徒增负担，转而扮演了一位坚定可靠且毫无私念的智囊顾问。

四王议会成员为此对他大为钦佩，并将他像劳多伦一样纳入内环。阿巴顿和阿西曼德都曾在众多场合与艾瑞巴斯配合。托迦顿和他也是旧识。这三人对于首席牧师艾瑞巴斯都评价极高，赞不绝口。

洛肯很快便有同感。艾瑞巴斯刻意与洛肯交好。艾瑞巴斯功绩超群，地位显赫，在洛肯看来，此人几乎行使着基因原体才有的权威。毕竟，他是洛加的特选喉舌。

艾瑞巴斯与他们一同赴宴，一同交谈，一同放松闲坐开怀畅饮，有时也与他们在训练笼中对战交手。在某天下午，他接连迅速击败了托迦顿和阿西曼德，之后与索尔·塔维兹交手许久，最终也将其放倒在地。塔维兹以及他的同僚卢修斯是托迦顿邀请来的。

洛肯本想一试身手，但卢修斯坚持要求出战。四王议会如今颇为欣赏塔维兹，这在一定程度上要归功于托迦顿的美言，然而卢修斯就是另外一回事了，他和艾多伦大人过于相似，令人难有好感。他一向显得怨气冲天，需索无度，就像个宠坏的孩童。

"既然你这么看重，"洛肯挥挥手，"那你就上吧。"显然卢修斯急于弥补自身军团的荣誉，在他看来，当艾瑞巴斯用一记绝妙重斩打倒塔维兹的时候，那荣誉便遭到了折损。

卢修斯抽出剑，踏入训练笼，站在艾瑞巴斯对面。那钢铁训练笼将二人封闭起来。卢修斯跨步而立，将阔剑收于面前。艾瑞巴斯则舒展臂膀，低垂兵刃。他们缓步迂回。两名阿斯塔特都脱去了上衣，露出身上的虬结肌肉。这虽名为练习，但一招不慎也能致人伤残，甚至夺人性命。

交手持续了十六分钟。这本身就是众人至今所见最漫长的对决。而更为特别之处在于，双方丝毫没有停滞、迟疑或休息。艾瑞巴斯与卢修斯飞身扑向对方，两柄利剑以每秒三至四次的频率急速撞击。两个不知疲倦、技艺绝伦的身躯带着闪亮剑刃舞作一团虚影，清亮无休的金铁交鸣如梦似幻。

阿巴顿、塔维兹、托迦顿、洛肯和阿西曼德入迷地围拢在训练笼旁，对决双方展现的惊人剑术令他们叹为观止，不住鼓掌喝彩。

"他会杀了他的，"塔维兹喘息道，"这种速度，又没有防具。他会杀了他的！"

"谁会杀了谁？"洛肯问。

"我不知道，加维尔。都有可能！"塔维兹高呼。

"太棒了，太棒了！"阿西曼德笑道。

"洛肯接下来迎战胜利者。"托迦顿高喊。

"休想！"洛肯说，"我输定了！"

两人的对决还在继续。艾瑞巴斯采取守势，放低身躯，像机械般重复轮转他的招架手法。卢修斯则咄咄逼人，他攻势凶猛，技巧华丽，动作敏捷。两人的招式几乎令人目不暇接。

"看过这个之后，你以为我还愿意迎战其中任何一个人吗。"洛肯说。

"怎么？你没那个本事？"托迦顿讥讽道。

"没有。"

"接下来你上，"阿巴顿一边鼓掌一边轻笑着说，"我们给你把爆矢枪就公平了。"

"你可真幽默，艾泽凯尔。"

根据训练笼的计时器，在十五分五十九秒时，卢修斯终于打出了制胜一击。他用阔剑钩住艾瑞巴斯的剑柄，将怀言者的武器挑飞出去。艾瑞巴斯趔趄后退，撞在训练笼的栏杆上，卢修斯的剑刃则紧紧追至喉头。

"行了！行了，卢修斯！"阿西曼德高喊着打开训练笼。

"抱歉。"卢修斯毫无歉意地说。他收回阔剑，汗流浃背地向艾瑞巴斯行礼致意。

"打得漂亮。感谢你，先生。"

"我也感谢你，"艾瑞巴斯气喘吁吁地微笑回应。他俯身捡起兵刃，"你的剑术真是无人能及，卢修斯上尉。"

"快出来吧，艾瑞巴斯，"托迦顿高声说，"轮到加维尔了。"

"喔不。"洛肯说。

"你是我们之中最擅长用剑的，"小荷鲁斯坚持道，"让他尝尝影月苍狼的厉害。"

"剑术并不代表一切。"洛肯表示抗议。

"赶紧进去，别让我们丢脸了，"阿西曼德嘶声道。他瞥了一眼卢修斯，后者正用毛巾擦拭身躯，"你能再打一场吗，卢修斯？"

"来呀。"

"他简直疯了。"洛肯轻声说。

"军团荣誉。"阿巴顿咕哝着推了洛肯一把。

"没错,"卢修斯夸口道,"你想怎么来都行。让我看看影月苍狼是如何战斗的,洛肯。让我看看你们如何取胜。"

"剑术只是一部分因素。"洛肯说。

"你想怎么来都行。"卢修斯低哼一声。

站在平台边缘的艾瑞巴斯挺直身躯,将阔剑抛给洛肯。"看来轮到你了,加维尔。"他说道。

洛肯接住武器,凭空挥砍几次检验手感。他迈入训练笼,点点头。由护栏组成的两个半球合拢起来,把他和卢修斯包围在内。

卢修斯啐了一口,舒展肩膀。他将兵刃在手中旋转,开始迂回试探洛肯。

"我不是剑客。"洛肯说。

"那么胜负很快便有分晓。"

"如果你我交手,剑术就只是一部分因素。"

"随便啦,随便啦,"卢修斯跃跃欲试,"赶紧开打吧。"

洛肯叹了口气,"我已经观察过你的攻击招式了。我能看透你。"

"想得美。"

"我能看透你。来吧。"

卢修斯扑向洛肯。洛肯低垂剑刃,侧步闪避,挥拳正中卢修斯的面孔。卢修斯重重摔倒在地。

洛肯松手抛下艾瑞巴斯的阔剑,"我认为我表达得很清楚了。这就是影月苍狼的战斗方式。摸清对手底细,借助任何必要手段将其击败。抱歉了,卢修斯。"

满口鲜血的卢修斯含混不清地说了些什么。

"我刚刚说我们就该考虑如何应对英特雷斯,长官。"艾瑞巴斯强调。

"的确,"荷鲁斯回答,"吾意已决。很多声音都在干扰我的判断,试图左右我的决断。但它们难以掩盖一项事实,那就是英特雷斯是一个意义重大的陌生文明,并占据着一片规模可观的领土。他们是人类。我们不能轻易忽略。我们无法视而不见。我们必须作出正面应对。无论英特雷斯是远方亲朋,还是潜在盟友,抑或是敌人。我们不能随便转移注意力,并期待他们永远维持当前状态。如果英特雷斯是敌人，并与我们兵戎相见，那么他们就可能是不亚于绿皮的重大威胁。我将前去参加峰会，面见他们的领袖。"

芝诺比娅是英特雷斯辽阔疆域中的一个省府星球。使节们介绍英特雷斯的实际规模和领地范围时颇有保留，但他们的文明显然囊括了超过三十个星系，其核心世界距离帝国势力范围边缘至少有四十周航程。作为英特雷斯边陲空间的门户世界和外围岗哨，芝诺比娅被选为举行峰会的地点。

那里有着众多奇观异景。战帅及其麾下代表首先来到了主卫星轨道上的大规模中转锚点，之后被护送前往芝诺比娅都城，这是一个坐落于氨水海洋岸边的富饶城市。它镶嵌在一道宽阔海湾的山坡上，从山顶一直铺展到海平面高度。它背后的广袤大陆被繁茂雨林所覆盖，那葱郁植被甚至蔓延到了城区内部，以至城中建筑——多为淡灰色石塔和金银色尖顶——往往从浓密树冠里探出头来，仿佛是一座座微型山峰。草木都是暗绿色的，在微弱的黄色阳光照射下，近乎墨色。城市布局环环相扣，沿着山坡次第排列，众多拱形石桥与蜿蜒小径在斑驳叶影和恬静树荫的笼罩下引向岸边。灰色石塔与华丽钟楼冲破密林树冠，建筑顶部往往装饰着锃亮金属，上方有修长旗杆，各色旗帜在温暖轻风中飘扬。

这并非一座要塞城市。无论地面还是轨道都鲜有防御系统的痕迹，但荷鲁斯毫不怀疑这里具备着必要的自卫能力。英特雷斯不像帝国那样注重彰显武力，然而他们的先进科技也不可小觑。

帝国使团足有五百之众，其中包括阿斯塔特军官、护卫士兵和宣讲者，以及一些经过遴选的记述者。荷鲁斯准许后者随行。这是一次意在发掘事实的重要出访，战帅认为那些积极踊跃且喜欢刨根问底的记述者或许能够搜集到大量信息，作为宝贵的补充材料。洛肯相信，战帅也在努力营造一种不同以往的形象。远征军偏重武力让英特雷斯使节们颇为轻蔑。荷鲁斯如今前来造访，而簇拥在他身边的不仅有战士，还有教师、诗人和艺术家。

使团在西部城区得到了盛大欢迎，主人们礼貌地作出解释，表明这片被称为"外事区"的领域是专门用于迎接"陌生人和访客"的。芝诺比娅都城的主要职能便是商贸交流与外交访谈，当地人特意设立了这个外事区来确保各方贵客齐聚一方。他们提供了大批翻译乐师、侍应随从和庭院护卫，满足游行终点是一座被称为仪器大殿的建筑，它对于英特雷斯而言显然具有某种深刻的军事意义。这座古老而宽阔的大厅近似于博物馆。它栖身于一片陡峭的海湾山坡里，包含很多有两三层之高的房间。通入地下的展柜大小不一，但全都摆放着各色武器，无论庞杂林立的古代刀枪剑戟，还是能量驱动的现代枪炮，皆浸润着展柜周围防护力场的淡蓝幽光。

"这座大厅既是兵器博物馆，也是军械库。"耶夫塔·瑙德在迎接代表团时解释道。瑙德身材高大，举止优雅，右侧脸庞上印着繁复精细的图纹。他生有一对淡金眼睛，披挂银铠，肩头是一袭赤红的锁甲斗篷，伴着他迈步走动而发出遥远钟鸣般的悦耳轻响。一位身穿战甲的军官站在旁边，捧着瑙德的华丽头盔。

诸位阿斯塔特都披挂盔甲，战帅却仅仅穿着长袍与披风。他谦恭有礼地跟随瑙德步入深邃厅堂，偶尔对陈列展品作出点评，也会在某些古老武器揭示出双方的共同血脉时表现出欣喜。

"他们想惊艳我们，"阿西曼德对诸位兄弟说，"一座武器博物馆？他们倒不如直接说自己如何先进……如何超脱了战争……以至把武器仅仅当作古董看待。他们这是在嘲弄我们。"

"谁也休想嘲弄我。"阿巴顿咕哝道。

众人此刻踏入一间笼罩着冰冷蓝光的展厅，陈列在这里的武器要比其他展品古怪得多。

"我们将坎布拉克武器存放在这里，"瑙德伴着翻译乐声说，"事实上，我们在这里保留了很多属于曾经遭遇的外星种族的武器，全都小心地密封于静滞的环境下。坎布拉克人为表效忠服从，已经宣布放弃了持有武器的权力，除非我们在战争时期授予他们此等特权。坎布拉克人的科技非常先进，他们的很多武器都太过致命，必须严加保管。"

瑙德向帝国代表团介绍了一位身披长袍、体格壮硕的坎布拉克人，这位名叫阿什若特的展厅馆长具有仪器守护者的头衔。阿什若特会讲人类语言，但口齿不清，这令帝国人员首次暗暗感激翻译乐声的辅助。阿什若特那令人困惑的浓重口音被咏叹转化得清晰可辨。

陈列于此的大多数坎布拉克武器看起来全然不像是武器。盒子、古怪饰物、戒指、圆环。瑙德显然期望帝国人员对于这些仪器提出疑问，由此暴露他们的好战本性，但荷鲁斯及其麾下军官的脸上都挂着索然淡漠的神色。事实上，这个劳役异形的存在令他们倍感不安。

只有辛德曼表现出了好奇。少数坎布拉克物品确有武器的模样：几柄造型怪异的细长匕首和剑刃。

"总司令，想必剑刃就只是剑刃吧？"辛德曼礼貌地问，"例如这些匕首。此类武器何以'太过致命，必须严加保管'？"

"它们是定制武器，"瑙德回答，"由坎布拉克冶金匠人用具有知觉的金属打造，其熔铸技术早已彻底禁绝。我们称其为宿敌刃。当我们为此类武器选择一个特定目标后，它就会变成目标人物的宿敌，具有夺命威力，与之不共戴天。"

"何以至此？"辛德曼追问。

瑙德微笑起来，"坎布拉克人从来都无法向我们解释清楚。这是因为熔铸过程中的一个关键因素超越了科技范畴。"

"就像某种诅咒？"辛德曼猜测，"某种附魔？"

这几个字令周围翻译乐师的咏叹旋律稍显紊乱。瑙德的回复则让辛德曼颇为惊讶，"我猜你可以这样描述，宣讲者。"

参观继续进行。辛德曼凑到洛肯身边，低声开口，"我刚才只是说笑，加维尔，所谓诅咒和附魔只是玩笑而已，可他却是认真的。他们乐于将我们视为落后而野蛮的远亲，但我觉得他们的自视清高或许并无根据。我们是否捕捉到了一些愚昧迷信的痕迹？"

第二十章

僵局
启迪
影月与苍狼

  战帅步入房间，众人立刻起身。这座大厅位于外事区庭院之中，是帝国代表团举行常规会议的场所。透过宽大的护盾玻璃窗可以俯瞰层层叠叠的密林都市以及远方那波光粼粼的海洋。

  通信主官麾下的六名军官和若干机仆立刻着手开展例行的窃听扫描，荷鲁斯默默等待，在他们激活了房间角落里的便携屏蔽装置后才开口讲话。遥远朦胧的咏叹旋律顿时消失了。

  "两周时间，缺乏实质进展，"荷鲁斯说道，"甚至没有达成下一步共识。他们好奇而谨慎看待我们，并将我们拒之门外。诸位有何看法？"

  "我们已经穷尽了一切可能，大人，"马罗格斯特说，"我担心如今只是浪费时间。他们不作任何承诺，仅仅愿意公开对话并建立外交关系，或许还可以展开商贸与文化交流。他们彻底回避探讨结盟。"

  "或者归顺。"阿巴顿轻声补充。

  "我们如果试图强加自身意愿，"荷鲁斯说，"就只会证实他们的看法。我们不能逼迫他们归顺。"

  "我们能够如此。"阿巴顿说。

  "那么我要说我们不该如此。"荷鲁斯答道。

  "我们何时开始担心伤害他人感情了，大人？"阿巴顿问，"纵然差异显著，他们依旧是人类。他们的责任与命运便是融入帝国，同心协力，光耀泰拉。如果他们不愿意……"

  他没有把话说完。荷鲁斯皱起眉头，"还有谁想讲一讲？"

  "英特雷斯看来已经表明，他们不愿与我们共创大业，"劳多伦说，"他们希望避免战争，也不认同我们的目标和理念。他们满足于自行其是。"

圣吉列斯并未开口。他容许麾下战团长代表圣血天使提出看法，而原体自己颇具分量的观点则要留给荷鲁斯一人权衡。

"或许他们担心我们会试图加以征服，"洛肯说道。

"或许他们理应如此，"阿巴顿说，"他们误入歧途，他们离经叛道，若不强加改变的话，难以被帝国所包容。"

"我们不会在此开战，"荷鲁斯说道，"我们无力在此开战。我们不能容许这片区域爆发战争。时机未到。征服英特雷斯所需的战役规模也过于庞大。况且究竟是否需要征服他们都未有定论。"

"艾泽凯尔说得有道理，"艾瑞巴斯轻声开口，"我相信英特雷斯建立这样的文明自有其恰当缘由，但他们已经过于偏离帝皇所宣扬的人类社会模型。除非他们表现出彻底改变的意愿，否则就必须被视为我们伟大事业的敌人。"

"或许帝皇的模型过于严苛了。"战帅断然说道。

一阵沉默。在场众人面面相觑，瞠目结舌。

"喔，行了！"圣吉列斯高声打破沉默，"我看得见你们的眼神。难道真有谁担心，我们的战帅意图忤逆帝皇？忤逆他的父亲？"这说法让他大笑起来，若干参会者也挤出一点笑容。

阿巴顿面无笑意。"众所爱戴的帝皇，"他开口道，"他创造了我们来行使他的意愿，平定已知空间以供人类殖民。他的敕令明确无疑。我们不可容忍异形，不可容忍无缚灵能者，必当抵御亚空间的黑暗，并将散落四海的人类血脉归为统一。这是我们的职责。此外皆是对他意愿的冒犯和亵渎。"

"而他的一项意愿，"荷鲁斯说，"便是由我担任战帅，担任他唯一的摄政重臣，努力实现他的伟大梦想。这场远征源自冲突年代，艾泽凯尔。源自无尽战争。我们这只求征服和清剿的冷酷手段要追溯到过往岁月，彼时我们遭遇的异形皆具恶意，众多人类文明的碎片也是非友即敌。战争是仅有的答案。昔日绝无通融妥协的余地，但已经过去了两个世纪，我们如今面临着全然不同的难题。主要战事已然告终。所以帝皇才返回泰拉，将剩余工作交给我们。艾泽凯尔，英特雷斯的人民显然不是凶恶残忍的怪物，亦非针锋相对的死敌。我相信如果帝皇今日在此，他将立刻认同作出适度回应的必要性。他不会希望我们在缺乏恰当理由的情况下妄动干戈，肆意毁灭。他之所以将重任托付给我，恰恰是因为他信任我能够作出正确的选择。"

荷鲁斯环视众人，"帝皇信任我能够作出与他一致的选择。他信任我从不犯错误。我必须能够代他自行解读政策。我不会仅仅为了墨守成规和刻板盲从，就被迫采取暴力手段。"

夜幕降临在阶梯状的城市里，层层叠叠的浓密枝叶被海风轻轻吹拂，大道小径两旁点亮了白色路灯。

洛肯今夜的职责是外围护卫。指挥官来到了总司令官邸赴宴，正与耶夫塔·璐德以及众多显贵对坐而谈。荷鲁斯曾向四王议会透露心思，说他打算趁此机会私下敦促璐德作出更多实质性承诺，包括让英特雷斯至少在原则上承认帝皇乃是真正的人类之主。他们尚未冒险在正式对话中抛出这样的提议，因为宣讲者们预计对方会直接回绝。战帅想要首先试探总司令对于这个话题的态度，而且在今日场合里，任何言语冒犯都可以当作无端揣测一笔带过。洛肯并不喜欢这个主意，但他信任指挥官的委婉方式与巧妙手腕。目前局势颇为紧张，这场愈显徒劳的访问已经进入了第三周。就在两天前，原体圣吉列斯终于挥手作别，带领圣血天使返回了帝国疆域。

荷鲁斯显然不愿与他分别，但这确实是一步稳妥之棋，而圣吉列斯选择如此也仅仅是为了给兄弟争取更多时间来应对英特雷斯。圣吉列斯前去直接处理一些急需战帅处理的重要事务，借此压制众多呼吁荷鲁斯即刻班师的声音。

璐德的官邸宏伟惊人，位于城市中心。这座六层高的建筑从一个大型民用城区边缘延伸出去，主体是一具坚实的黑铁框架，其中填充着涂漆木板和彩绘玻璃。英特雷斯不欢迎全副武装的陌生人在城市中漫游，唯有一支小规模卫队获准随行如战帅这般显贵的人物。绝大部分帝国代表团成员今夜都留在外事区庭院里。托迦顿及其麾下的十人精锐在宴会厅里担任近卫，而洛肯则带着自己的小队在官邸周边巡视。

洛肯挑选了第十连的第六号复仇女神战术小队与自己一同站岗。身经百战的小队领袖凯汝斯军士奉命将兄弟们分散布置在入口区域附近，并制订了简单的巡逻轮值方案。

官邸十分静谧，整座城市都是如此。空气中飘着海风的柔和轻吟，树叶沙沙嘶鸣，泉水叮咚，以及萦绕不去的咏叹乐声。洛肯在房间中穿行，交替遁入阴影与光明。在官邸的大部分公共区域里，房间照明都来自某种深藏于墙壁内部的光源，因此那些由贵重木料与多彩水晶组成的内嵌式墙板便在屋内投射出斑驳繁复的光影图案。他偶尔会遇到一位巡逻的复仇女神小队成员，并与之点头示意或短暂交谈。他很少会遇到一些匆忙穿梭于宴会厅和后厨之间的送餐仆人，或是瑙德麾下的披甲矛手卫兵，后者虽然沉默无语，却全都向洛肯行礼致意。

瑙德的官邸简直是一座艺术宝库，其中大量物件在洛肯看来显得神秘而怪异。诸多艺术品优雅地陈列于明亮的壁龛中，或是放置在配备着防护力场的石制底座上。他能够理解其中的一部分：肖像与胸像，由颜料和光线所堆砌的雕塑，英特雷斯贵族家眷的图片，对于动物或野花的研究，描绘山脉峰峦的风景画，还有众多精致巧妙的未知星球模型，那些做工超凡的机械仪器能够像洋葱般层层展开。

在官邸东部侧翼的一座下层大厅里，洛肯遇到了一件令他尤其着迷的艺术品。那是一本已经发皱的古老书籍，单独摆放于光线明亮的盒式力场中。俗艳的木雕彩饰首先抓住了他的目光，其中描绘着邪魔、魂灵与各色天使。之后他发现那是用泰拉文字书就的，正如他私人军械室里那本尚未读完的《厄什编年史》，这语言形式自史前年代传承至今，不曾断绝。洛肯仔细检视。挥手扫过防护力场的静电荷便可翻动页面。他翻到封面，看着那厚重木板上的铭文标题。

邪恶的辉煌历史：针对滥用巫术与恶魔诱惑的警世之言。

"你对这个挺有兴趣的，是吗？"

洛肯起身转头。一位英特雷斯皇家军官站在近旁凝视着他。洛肯知道对方的身份，他是瑙德手下的指挥官，名叫米斯拉斯·图尔。而洛肯不知道的是，图尔如何能做到悄无声息地现身于此。

"这是一件有趣的物品，指挥官。"他说道。

图尔点点头，微笑起来。他是个矛手，那柄带有配重的武器倚靠在他背后的立柱旁，他摘下了面甲，展露出英俊诚恳的容貌，"这是一件相似物。"

"一件什么？"

"不好意思，我们逐渐开始用这个词来描述那些能够体现双方共同血脉的古老物品。一件相似物。我相信那本书对于你们和我们有着同样的意义。"

"确实很有趣，"洛肯承认。出于礼貌，他也解下头盔，"出什么问题了吗，指挥官？"

图尔漫不经心地摆摆手，"不，完全没有。今夜你我职责相似，连长。安保工作。我负责巡视官邸。"

洛肯点点头。他示意身后那份古老展品，"请为我讲解一下这本书吧。如果你有时间的话？"

"今天晚上很安静，"图尔又微笑着说。他走上前来，用披覆铁甲的五指扫过力场翻动书页，"耶夫塔大人很喜爱这本古籍。它书写于我们历史的早期，那时英特雷斯尚未正式建立，还处于从泰拉向外扩张的阶段。它的现存副本已经不多了。这是针对巫术行径的劝诫论述。"

"瑙德喜爱这本书？"洛肯问。

"算是……你怎么说的来着？一件有趣的物品？"图尔的声音一直显得有些奇怪，而洛肯终于意识到了为何如此。这是他首次在脱离翻译乐师咏叹伴奏的情况下与一位英特雷斯代表展开交谈。"这件作品源于一个危难重重的黑暗年代，"图尔继续说道，"希望渺茫，末日临头。想象一下，连长……泰拉子民扬帆驶入星海，手握诸般先进而绝妙的科技，同时又对未知黑暗充满恐惧，以至要撰文论述恶魔。"

"恶魔？"

"没错。这本书警告人们要远离巫师、邪术与精怪，以免转变为恶魔，屠戮自身同胞。"

有些人化身恶魔，自相残杀。

"所以……你们将其视为一个笑话？一种向愚昧年代的倒退？"

图尔耸耸肩，"倒不是笑话，连长。只是一种风格陈旧、危言耸听的笔法。英特雷斯是一个成熟的文明。我们很清楚混沌的威胁，并加以恰当对待。"

"混沌？"

图尔皱起眉头，"是的，连长。混沌。你这样讲的口气就好像从来没听说过一样。"

"我知道这个词。但你似乎认为它有某种特定含义。"

"是啊，当然有了，"图尔说，"宇宙中没有哪个种族能够在不理解混沌本质的前提下展开星际航行和维持正常运作。我们要感谢灵族传授了基本知识，但就算没有他们的帮助，我们很快也能独立理解。毫无疑问，只要打算对虚空稍加利用，就必须明白混沌是……"他的话音逐渐减弱，"神圣诸天在上！

你们不知道,是不是?"

图尔笑了起来,但其中并无嘲弄之意,"这么久以来,我们一直都小心翼翼地应付你们,还有你们的伟大战帅,担心出现最糟糕的情况……"

洛肯迈步上前。"指挥官,"他说道,"我愿意承认无知并接受启迪,但我不会任由他人嘲笑。"

"请原谅。"

"把话说清楚,启迪我。"

图尔止住笑声,盯着洛肯的面孔。他的湛蓝双眸里尽是冰冷和刚硬目光,"混沌是全人类的末日,洛肯。混沌必将长存于世,最终玩弄我们文明的灰烬。而我们所能做的一切,我们所能争取的一切,就只有明辨混沌的威胁,尽可能长久地加顽强抵抗。"

"还不够清楚。"洛肯说。

图尔哀伤地摇摇头。"我们全都搞错了。"他说。

"搞错了什么?"

"你们,帝国。我必须立刻去见瑙德,向他解释这一切。倘若我们早先得知这些情况…"

"先向我解释。此时,此地。"

图尔默默地凝视了洛肯一阵,仿佛在权衡自己面前的选择。最终,他耸耸肩说道,"混沌是宇宙中的原初力量。它栖身于虚空……也就是你们所说的亚空间。它是极端暴虐、彻底腐败与万千邪恶的根源。它是人类的终极大敌——无论英特雷斯还是帝国——因为它像腐化一样由内而发。它极为阴险恶毒。它并非某种可以击败或清除的异形威胁。它如同疫病般爆发蔓延。它是诸般巫术邪法的源泉。这就是……"

图尔迟疑了一下,用悲痛的神情凝视洛肯,"这就是我们将你们拒之千里的原因。你要明白,在最初展开接触的时候,我们倍感欣喜。终于,终于!经过了无数世代,我们竟能与失落同胞相逢,与泰拉重建联系。这是吾辈期盼已久的梦想,但我们也明白必须多加小心。在我们阔别泰拉之后,情况或许已经大有不同。我们毕竟经历了一个冲突与灾难肆虐横行的年代。这些看似人类,声称来自泰拉,并高举泰拉帝皇旗号的人究竟会不会是混沌走卒伪装而成的,这谁也无法保证。虽然英特雷斯之人得以保持纯正,我们却不知道泰拉之人是否早已腐化，堕入混沌邪道。"

"我们不是——"

"容我说完，洛肯。混沌的具现特征往往是凶暴、贪婪而好战的。它是一股不知满足的毁灭力量。灵族与坎布拉克人都曾这样教导我们，于是英特雷斯的纯正人类始终保持警惕，每当混沌展露其好战本性时便加以抵抗。告诉我，连长，你们看起来有多么好战？高大壮硕，为战而生，专擅毁灭，其领袖被欣然称作战帅？战帅？这算什么头衔？不是帝皇，不是指挥官，不是将军，而是战帅。这个生硬直白的名号充满了混沌的意味。我们想要将你们拥入怀抱，渴望将你们拥入怀抱，与你们同舟共济，与你们携手并肩，然而我们惧怕你们，洛肯。你们的模样恰似我们一直以来加以防范的大敌。那征服万物、杀伐无休的混沌恶魔。那唯图溟灭的血手神明。"

"那不是我们。"洛肯惊愕地说。

图尔急忙点头，"我知道。我现在明白了。真正明白了。我们迁延至今是一个错误。你们身上并没有邪恶污点。只有令人无比惊讶的天真。"

"我尽量不受冒犯。"

图尔笑着握住洛肯的右手，"不必，不必。我们可以介绍应当防范的危险。我们可以成为兄弟——"

他突然打住话头，抽回了手。

"怎么了？"洛肯问。

图尔仔细倾听联络仪器里的信息。他的脸色骤然阴沉下来。"明白，"他朝领口的麦克风说，"立刻行动。"

他重新看着洛肯。"安保封锁，连长。能否……很抱歉，现在说这个恐怕会显得很突兀……但能否请你把武器上缴给我？"

"我的武器？"

"是的，连长。"

"抱歉，指挥官。我不能那样做。我的指挥官还在这座建筑里。"

图尔清了清嗓子，小心地戴上面甲。他又伸出手慢慢握住长矛。"洛肯连长，"他的声音如今从扩音器里隆隆传来，"我要求你立刻将武器上缴给我。"

洛肯退后一步，"出于什么理由？"

"我不必给你理由，见鬼！我是巡岗军官，这是英特雷斯领地。上缴武器！"

洛肯也戴上了自己的头盔。护目镜显示屏一片空白，令人不安。他检查了内置通信器和加密频道，试图联系凯汝斯、托迦顿或者任何一名卫队成员。然而他盔甲配备的通信系统遭到了全面堵塞。

"你在屏蔽我？"他问道。

"城市系统在屏蔽你。把枪械交给我，洛肯。"

"恕难从命。我的首要任务是保证指挥官的人身安全。"

图尔摇了摇头，"喔，你可真聪明。非常聪明。你差点把我骗住了。你差点让我相信你们都是天真无辜的。"

"图尔，我不知道这是怎么回事。"

"当然了。"

"图尔指挥官，你我之间刚刚达成了相互理解。你现在为什么要这样做？"

"诱惑。你差点就让我上钩了。确实厉害，但你算错了时机。你们过早暴露了后招。"

"后招？什么后招？"

"别装了。仪器大殿陷入火海。你们已经使出了后招。现在轮到英特雷斯作出回应了。"

"图尔，"洛肯稳稳握住剑柄警告道，"不要逼我动手。"

伴着一声充满失望与愤怒的咆哮，图尔挥矛直取洛肯。

这位英特雷斯军官的迅捷身手出乎意料。洛肯纵然早已握住兵器，却依旧来不及拔剑出鞘。他只能抬起双臂，用铠甲格挡住接连三次攻击。英特雷斯士兵的轻便甲胄似乎可以发挥出惊人的灵活与敏捷，或许甚至能够强化穿戴者的天生能力。图尔的攻势如行云流水，精确稳健，那长矛的一次次斩落意在将洛肯击退放倒，迫使他投降。锐利无比的锋刃在洛肯臂甲上留下了许多深深刻痕。

"图尔！住手！"

"立刻投降！"

洛肯无意相斗，也毫不明白图尔为何在眨眼之间充满敌意，但他并不打算投降。战帅就在现场，位置暴露。根据目前情况，洛肯判断身在此处的所有帝国人员都无法使用通信和传感链接。无论战帅团队还是外事区都没有传来信息，更遑论轨道舰队。他非常明确自己的首要目标。他是一柄武器，一件工具，他拥有一项简洁明了的任务：保卫战帅的生命安全。其他任何问题都是次要的，在此刻毫无意义。

洛肯集中精力。他能感觉到四肢百骸中的充沛力量，能感觉到盔甲内层的合成肌肉开始舒展升温。他能感觉到后腰位置的动力模组服从自己的本能指令，顿时脉动着输出全部功率。至今他仅仅挥剑格挡长矛的斩击，放任图尔摧残他的盔甲。

到此为止。

洛肯挥拳迎向来袭的长矛，将锋刃狠狠撞开。图尔巧妙地借助反冲力量扭转身躯，利用这股动能直刺洛肯胸口。然而他未能命中。洛肯的身手与英特雷斯军官同样迅捷惊人，他用左手抓住锋刃之下的矛柄，让对手的武器动弹不得。趁图尔抽回长矛之前，洛肯用右拳猛击锋刃侧面，将整支矛头铿锵击落。它顿时旋转着横飞出去。

图尔果断应对，回转受损武器，当作棍棒一般将末端的配重球挥向洛肯。洛肯用手甲偏转了两记力大势沉的攻击。图尔双手拧动，长矛上下突然充满了跃动流转的碧蓝电光。他递出那噼啪作响的充能平衡球，伴着一声雷霆爆鸣击中洛肯。长矛将强大电能尽数释放，把洛肯轰然抛向房间远端。他摔落在抛光地板上，又滑行了一阵，胸甲表面尚且浮动着闪烁蛛网般的残余电荷。他尝到口中的血腥味，而躯干严重挫伤的短暂痛楚则迅速被生理机能所遮盖钝化。

洛肯一个打挺翻身站起，迎战迅速逼近的图尔。此时他终于拔剑在手。伴着五彩斑斓的光线，战斗短剑的银白钢刃恍若一支晶莹冰凌。

这一次他没有将主动权拱手交给图尔。洛肯迎头直上，挥剑发动凶猛攻势。图尔步步退却，被迫用受损的武器加以招架，那矛柄接连承受帝国剑刃的啃噬。

图尔骤然腾跃出去，探手过肩，从背后剑鞘中抽出利刃。他右手握住那柄银色长剑——比洛肯的朴实兵器足足长出半尺——长矛/棍棒则持于左手。他挥舞着两把武器再次逼近。

洛肯借助阿斯塔特的敏锐直觉看清了对手的攻势，将其一一化解。他的短剑上下翻飞，伴随两声金铁交鸣将棍棒击退，又架住长剑。他扑入图尔的近身范围，把对手的剑刃挡在侧面，用肩甲狠狠撞击皇家军官的胸膛。图尔趔趄退却。洛肯不留喘息之机。他再次猛挥短剑，将棍棒从图尔左手扯飞出去。那喷吐电光的武器滑落在地板上。

随后两人迎面对峙，剑刃相交。这是一场狂暴决斗。洛肯对于自身技艺充满信心：他近来接受了太多次考验，从来不曾有过欠缺。但图尔显然是一位高水准的剑客，而且更重要的是，他的高超剑技源于某种前所未见的独特流派。恶战双方毫无共通之处，招式天差地别。任何一人的劈砍、招架和反击在对手眼中都显得陌生而费解。每一毫秒的激烈交手皆为凶险致命的学习过程。

这几乎是一场美妙经历，令人着迷，充满新意。洛肯相信卢修斯一定会十分享受此番对决，其中的崭新技巧必定让他倍感欣喜。

但这是在浪费时间。洛肯招架住图尔迅如闪电的刺击，探出左手稳稳抓住对方的右腕，挥剑劈向手肘，干净利落地将图尔的小臂斩落。

图尔趔趄后退，断臂处喷涌鲜血。洛肯抛下对手的长剑与残臂。他掐住图尔的脖颈，准备挥动剑刃将其斩首，赐予敌人解脱，随后又打消了这个念头。他用短剑的无锋刃面狠狠敲打图尔的脑袋。

图尔横飞出去。他的身躯缓缓旋转着停留在一座展览石台脚边。一大摊鲜血在他身下扩散。

"这里是洛肯，洛肯，洛肯！"洛肯朝通信器高声呼喊。没有回应，只有静电杂音。他将短剑交到左手，握着爆矢枪拔腿奔行。他刚刚迈出三步便遭遇了两名冲入房间的射手。对方看到了他，立刻张弓搭箭。

洛肯将一枚子弹送进对方身后的墙壁，爆炸令他们一愣。

"放下弓箭！"他通过头盔扩音器命令道。他手中的爆矢枪劝说对方不要抵抗。两名射手将长弓与箭袋抛在地上。洛肯朝图尔看了一眼，枪口则继续指着射手。"我不想让他死，"他说道，"赶快给他包扎伤口，别让他失血过多。"

两名射手迟疑了一下，奔向图尔身旁。等到他们再次抬起头时，洛肯已经踪影全无。

他穿过一座大厅，冲进相邻的走廊，远方传来明确无疑的爆矢枪咆哮。一个射手在前方闪现，向他投来某种激光箭矢。对方的攻击从他左肩之外远远偏离出去。洛肯举枪瞄准，将那个战士狠狠击倒。

如今没有手下留情的余地了。

另外两名英特雷斯士兵进入视野，一个矛手和一个射手。洛肯脚步不停，赶在敌人作出应对之前立刻开火。命中两人躯干的爆矢弹将其抛向墙边，他们随后颓然滑落于地。阿巴顿错了。英特雷斯战士的护甲工艺先进而精良，绝非脆弱单薄之物。洛肯的子弹未能穿透两个敌人的胸甲，而是借助凶悍的爆炸震荡达成击杀，他们的五脏六腑恐怕都已碎裂不堪。

洛肯听到脚步声，立刻扭过身去。是凯汝斯及其麾下战士欧特伦兹。两人都握着武器。

"这该死的是怎么回事，连长？"凯汝斯喊道。

"跟我来！"洛肯命令，"卫队其他人在哪儿？"

"完全没概念，"凯汝斯抱怨道，"通信瘫痪了！"

"我们遭到了屏蔽。"欧特伦兹补充了一句。

"战帅是首要目标，"洛肯说，"跟我来——"

又是一阵激光齐射带来的灼目闪烁。肉眼难及的弹药沿着走廊破空而来，仿佛只是一闪即逝的光束。欧特伦兹轰然跪倒，两支无羽箭矢轻易穿透了他的第四型战甲。

轻易穿透。洛肯还记得托迦顿的取笑和阿西曼德的结论……或许是仪式性的武器。

欧特伦兹瘫软伏地。他已然牺牲，而两位战友没有时间，也没有药剂师来让他的死亡造福后人。

更多箭矢疾射而来。洛肯依稀感觉到一阵冲击。凯汝斯则猝不及防地失去平衡，他的躯干遭到洞穿，那支箭矢随即钉进他背后的墙壁里。

"凯汝斯！"

"继续走，连长！"凯汝斯痛苦地低吼，"打了个对穿。我会好的！"

凯汝斯挺直身躯，抬起暴风爆矢枪全自动开火。他将凶猛弹雨泼洒在前方的走廊里，洛肯目睹三名射手在这突如其来的致命轰击中倒地而亡，粉身碎骨。他们的盔甲终于破裂。在承受了首轮的六发爆破穿甲弹后，他们的盔甲终于破裂。

我们太低估他们了，洛肯心想。他继续前进，凯汝斯步履蹒跚地跟在后面。凯汝斯已经止血了。经过基因强化的躯体将射入与射出创口迅速封闭，而无论那枚箭矢刺穿了哪些内脏，阿斯塔特生理结构中的赘余系统想必也能弥补。

他们一同闯入主宴会厅。这里一片混乱。托迦顿和他麾下的卫队成员正掩护战帅向南部出口撤离。两人没有看到璐德的踪影，不过大批英特雷斯士兵聚集在宴会厅远端的门廊处，向托迦顿的小队开火。爆矢弹呼啸横飞。包括一名影月苍狼在内的众多扭曲尸首散落在翻倒的桌椅之间。洛肯和凯汝斯将枪口对准远方门廊。

"塔瑞克！"

"你好啊，加维尔！"

"这该死的是怎么回事？"

"这是个误解，"荷鲁斯吼道，他的哽咽嗓音里充满了失望，"这全都错了！错了！"

一束束炽烈光芒钉在他们身旁的墙壁上。无数箭矢突破滚滚浓烟射来。托迦顿的一名部下骤然倒下，头盔里埋着一支箭矢。

"无论是不是误解，我们都得走了。立刻！"洛肯大喊。

"扎克斯！塞克洛斯！重新装弹！"托迦顿一边开火一边高声下令，"跟上洛肯连长，护送我们出去！"

"跟我来！"洛肯喊道。

"不！"战帅咆哮着说，"不能就这样走了！我们不能——"

"快走！"洛肯朝指挥官厉声高呼。

经过凶暴癫狂的十分钟恶战，他们终于从瑷德官邸里杀出一条血路。洛肯和凯汝斯带领托迦顿指派的两名战士殿后，而托迦顿自己则率部簇拥战帅穿过地下室的货运通道进入外部街区。荷鲁斯两次坚持要求返回，他不愿抛下任何子嗣，尤其是洛肯。但托迦顿成功劝服战帅不要以身涉险，而他从未告诉洛肯自己当时究竟说了什么。

等到殿后小队冲进街道时，洛肯麾下的其余外围护卫也大多集结于此，让战帅身边的铁甲围墙更加牢固，其中只有杰尔顿下落不明，生死未卜。

殿后任务最为凶险激烈。洛肯的队伍沿着出口大厅和货运通道步步退却，时刻面对枪林弹雨，其中大部分是射手的箭矢，但偶尔也有重武器所喷吐的能量束。警铃与警钟四下尖鸣。扎克斯牺牲于货运通道，一束蓝白色毁灭能量将他的脑袋化作尘埃。塞克洛斯则在出口大厅不支倒地，全身箭伤无以计数。血流不止的普罗恩试图举枪开火，然而两根箭矢随即洞穿了他的头颅，将他死死钉在大门上。凯汝斯掩护洛肯时左腿再度中箭。瑞哥德的右侧护目镜被箭矢刺透，他刚刚挺直身躯，却遭敌人射中脖颈，一命呜呼。

洛肯朝身后胡乱开火，拽着凯汝斯从货运区域冲入街道。

他们站在夜幕笼罩的城市里，头顶的幽暗树冠被晚风轻拂，沙沙作响。灯光闪烁。远方低层城区里的一座建筑燃起熊熊大火，将云层映作赤红。

"我没事，"凯汝斯说，但他显然难以站立，"那下够险的，连长。"

他抬起手，从洛肯的右侧肩甲里拔出一支箭矢。这就是他在走廊里依稀感觉到的冲击。

"差得远呢，兄弟。"洛肯说。

"你们还走不走，快点！"托迦顿高喊着冲过来，向货运通道里倾泻爆矢弹。

"真是一团糟。"洛肯说道。

"你以为我没发现吗！"托迦顿厉声说。他从腰带上解下一枚炸弹抛入门廊。

猛烈爆炸向他们喷吐出滚滚烟尘。

"我们必须护送战帅前往安全地带，"托迦顿说，"去外事区。"

洛肯点点头，"我们要——"

"不。"一个声音说道。

两人转过头去，荷鲁斯站在他们身边。货运通道的舞动火光照亮了战帅的侧脸，他目光灼灼。今夜他身穿便服而非全副武装出席宴会。他身上只有单薄长袍与皮毛斗篷。他在举手投足之间清晰流露出对于盔甲和利剑的渴望。

"无意冒犯，长官，"托迦顿说，"我们是特派护卫。我们要为你负责。"

"不，"荷鲁斯重复道，"你们尽可以保护我，但我不会默然离开。今夜发生了某种深重可怕的误解。我们至今的一切努力都付诸流水。"

"所以，我们必须护送你活着出去。"托迦顿说。

"塔瑞克说得对，大人，"洛肯补充道，"当前情况——"

"够了，够了，吾儿，"荷鲁斯说。他仰望头顶那些随风浅叹的昏暗枝叶，"究竟何以铸下此等大错？瑙德在眨眼之间便怒不可遏。他说我们犯下了越界暴行。"

"在情况急转直下的时候，"洛肯说，"我正在和一个人交谈。他给我讲述了关于混沌的事情。"

"什么？"

"关于混沌，此人说那是我们共有的终极大敌。他担心我们已被玷污。他说这就是为什么他们始终倍加谨慎，因为他们害怕我们会带来混沌的侵染。"

大人，他这是指什么？"

荷鲁斯看着洛肯，"他是指朱伯。他是指耳语山脉。他是指亚空间。你可曾将亚空间带来此地，加维尔·洛肯？"

"没有，长官。"

"那么这就是他们的自身缺陷。这就是众所爱戴的帝皇曾告诫我，需要时刻注意并严加防范的深重缺陷。诸神在上，我原本盼望这里能够免受侵染，能够保持纯正，能够成为值得我们相拥入怀的亲密兄弟。如今我们已然目睹了真相。"

洛肯摇摇头，"不是的，长官。我不觉得他是这个意思。我认为当地人与我们一样憎恨混沌……憎恨亚空间。我认为他们仅仅害怕我们已经遭受侵染，而今天晚上，他们的担忧得到了某种证实。"

"什么证实？"托迦顿厉声问道。

"图尔说仪器大殿陷入了火海。"

荷鲁斯点点头，"这正是他们的控诉。抢劫、欺骗、谋杀。显然今夜有人猖狂掠夺仪器大殿，并杀死了馆长。某些武器遗失了。"

"什么武器，长官？"洛肯问。

荷鲁斯摇摇头，"瑙德没有说清楚。他只顾在宴会桌上控诉我。我们现在恰恰应该去那里。"

托迦顿嘲弄地一笑，"没那回事。我们必须护送你前往安全地带，长官。这是首要任务。"

战帅看着洛肯，"你也这样想吗？"

"是的，大人。"

"那么我只能心有不安地驳回你们两人的提议了。我尊重你们为了保护我的人身安全而作出的努力。我也能注意到你们的奋勇忠诚。现在，立刻带我去仪器大殿。"

大殿熊熊燃烧。建筑深处发生了剧烈的爆炸，重叠交织的灼人火浪径直卷入上层回廊。一个被浓烟熏成焦黑的翻译乐师踽踽走来。

"你们的罪孽还不够深重吗？"他带着满腔愤恨问道。

"你究竟认为我们做了什么？"荷鲁斯问。

帝国使团的任何需求并回答其一切疑问。

帝国人员获准在总代表的护送下离开树荫遮蔽的外事区庭院，前去参观城市其余部分。他们三五成群，分头参观：各种工商建筑、音艺馆藏海量典籍。在长廊街巷的碧绿暮光里，在沙沙作响的葱郁树冠下，帝国代表团跟随向导步入一段一段琳琅大道与游览一个又一个壮丽广场，沿着无尽阶梯上下穿行。这座城市容纳着很多精致优雅的建筑，显然英特雷斯不仅在石工和金工上历史悠久、造诣匪浅，在新式科技方面同样能力出众。道路两侧散布着华美雕像与喷泉，也矗立着充满声光效果的现代风格作品。古老的尖顶窗配备了能够根据外界光线和温度作出调节的玻璃板。大门在人体感应器的操纵下自动开关。室内照明亮度只需举手便可增减。咏叹的柔和旋律无处不在。

但与此相比，诸多帝国城市更为广阔宏伟，规模惊人。泰拉的超级巢都和普罗斯佩罗的银色尖塔皆极具震撼力，是标志着先进文化的壮丽丰碑，足以令芝诺比娅都城望而兴叹。但这座精致典雅的英特雷斯城市已不逊于帝国境内的其他大都市，那怕这只是一个地处边陲的星球。

在帝国人员抵达的那一天，当地居民以一场盛大游行表示欢迎，其压轴环节则是代表团与芝诺比娅高阶皇家官员的会面，这位总司令名叫耶夫塔·瑙德。当日出席的英特雷斯团队中也有一些地位甚高的平民官员，但他们最终决定让这位军方人物主持峰会。荷鲁斯稀释淡化了己方代表团中的军事色彩，以此迎合英特雷斯的理念，而对方则将他们的军事力量推到了前台。

游行十分盛大。大批翻译乐师披着华丽庄重的袍服列队行进，他们奏响的高亢赞歌既表达了无言的欢迎，也营造了热烈的气氛。矛手与射手组成整齐划一的队列，他们光洁锃亮的盔甲上装饰着用绸缎和树叶织成的花环。在人类士兵身后，披挂重甲的坎布拉克辅助部队迈开笨重脚步，闪亮的机械骑兵也接踵而来。骑兵阵列由数百匹机械战马组成，正如昔日那支荣誉卫队中的构造体。然而此刻他们不再是无头的了。这些四足框架都搭载着射手或矛手，他们乘坐于马匹脖颈应在的位置。战士护甲与科技造物结合得天衣无缝，稳稳锁定"骑手"，让他们将双腿纳入战马胸口。他们如今变成了半人马，凡躯和机械融为一体，是借助科技化作现实的古老神话。

芝诺比娅都城的市民们前来围观，盛况空前，他们高声欢呼歌唱，在游行路线上撒满了花瓣与丝带。

"卑劣的谋杀。阿什若特死了。大殿一片火海。你们若想了解我们的武器，开口询问便是了。你们无须痛下杀手，横加抢夺。"

荷鲁斯摇摇头，"我们什么都没有做。"

翻译乐师轻蔑地笑了笑，瘫倒下去。

"救助他。"荷鲁斯说。

大团尘灰从黑烟笼罩的沉闷天空中飘落到众人肩头。烈焰已经蔓延到了覆盖城区的浓密树冠上，附近街道被跃动火光映得通红。植物烧焦的刺鼻味道挥之不去。在低层街区里，成百上千的民众聚集起来仰望大火。一股惊恐的气氛在芝诺比娅都城中迅速蔓延。

"他们从一开始就惧怕我们，"战帅说道，"怀疑我们。今夜又发生了这等事。他们定会认为自己的一切惧怕和怀疑都有事实依据。"

"敌军战士在前方道路集结！"凯汝斯高声说。

"敌军？"荷鲁斯笑道，"他们何时成了敌军？他们是与你我一样的人类。"他怒视夜空，昂首呼吼，向群星发出一声不甘的咒骂。随后他的声音变得轻若耳语。站在近旁的洛肯勉强能够听到战帅吐露的字句。

"你为何把这些托付给我，父亲？你为何要将我抛下？为什么？这太难了。太多了。你为何让我独自承担这一切？"

英特雷斯的战士逐渐逼近。洛肯可以辨别出石板路上的铁蹄轰鸣，也捕捉到了骑行射手在火光映衬下的起伏剪影。明亮泪滴般的箭矢刺穿夜幕泼洒而来。它们钉在周遭的地面和墙壁里。

"大人，不可再拖延了。"托迦顿催促道。远方也出现了大批矛手，他们的修长兵器恰似在橙红火光里摇摆不止的漆黑草茎。火花四溅飞扬，如同徒劳的祈祷般消失于半空。

"停下！"荷鲁斯向那些气势汹汹的士兵们高呼，"以人类帝皇之名！我要求与璐德谈话。立刻把他找来！"

唯一的回应便是漫天箭矢。托迦顿身旁的影月苍狼当即殒命，另有一人受伤倒地。一支箭矢埋进战帅左臂。他面无表情地拔出箭杆，凝视自己的鲜血一滴滴淌落在脚下石板上。他走到阵亡的阿斯塔特旁边，俯身捡起那人的爆矢枪与长剑。

"他们的过错，"战帅对洛肯和托迦顿说，"他们的该死过错。不是我们的。

既然他们要惧怕我们,那就给他们一个恰当的理由吧。"他高举手中利剑。

"为了帝皇!"荷鲁斯用科索尼亚语怒吼,"启迪他们!"

"狼神!狼神!"他身边的寥寥数名战士齐声响应。

他们直面人马射手的冲锋,用手中的爆矢枪横扫街巷。机械战马支离破碎,众多骑手纷纷跌落,匍匐于地。荷鲁斯埋头陷入敌阵,舞动长剑斩断钢铁身躯,撕裂披甲胸膛。他挥拳将一名对手轰然击飞,那个人马在半空中慌乱挣扎,随后重重摔入后方敌人之间。

"狼神!"洛肯高喊着冲到战帅右翼,双手紧握利剑奋力挥砍。托迦顿则掩护着左翼,他开火击倒了三名矛手,随后用夺来的长枪将接踵而至的小股敌人尽数屠戮。英特雷斯士兵被这凶猛攻势逼退,他们沿着阶梯渐渐下行,或是伴随一声尖叫从街道护栏边翻身坠入低层城区。

洛肯一生伴随指挥官左右驰骋沙场,其中最为激烈、悲哀而狂暴的要数今日这场恶战。荷鲁斯在火光映衬下咬牙切齿,挥剑大杀四方,他在洛肯眼中从未显得如此高贵。时隔多年,即便在命运的残酷捉弄与理性的彻底颠覆之后,洛肯依旧会铭记这个瞬间。他会铭记战帅荷鲁斯置身于这条烈火照耀的狭窄街巷里,亲身定义人类帝国的光辉荣耀与不屈勇气。

人们理应绘制壮丽壁画、书就优美诗篇、谱写雄浑乐章来纪念这个瞬间,纪念荷鲁斯用这果决行动表明他全心奉献,忠于泰拉王座。

忠于他的父亲。

但什么都不会有。可怖可憎的未来吞没了这样的机会,也吞没了这样的记忆,最终令那高贵本性显得难以置信,荒谬至极。

如今切实成为敌军的大批战士彻底阻塞了道路,将战帅以及屈指可数的几名护卫层层围困。此刻便是最后一战了。这与洛肯昔日在水培花园废墟中立下誓言之前所想象的场景极为吻合,惊人地相似。他与荷鲁斯携手并肩,在一场破釜沉舟的惊世之战中抵抗某种无名大敌。

他浑身浴血,盔甲伤痕累累,破损无数。但他毫不迟疑,永不退缩。透过头顶的滚滚浓烟,洛肯瞥见了一个月亮,一个在陌生天空的幽暗角落里散发光辉的小小月亮。

月影倒映在远方海湾那波光粼粼的洋面上,这再恰当不过了。

"狼神!"洛肯高声呼吼。

第二十一章

临别赠言
荷鲁斯之子
宿敌刃

"究竟是什么被偷了？"梅萨蒂·欧丽顿问道。

"据他们所说，是一把宿敌刃。"

"一柄武器？"

"我们没有拿，"洛肯说着剥下了最后一块饱经磨难的甲胄，"我们什么都没有拿。这是无谓的杀伐。"

欧丽顿耸耸肩。她从口袋里取出一叠纸。这是卡尔卡斯的最新作品，也是她前来造访洛肯军械室的借口。事实上，她希望了解芝诺比娅所发生的事情。

"你会给我讲讲吗？"欧丽顿问道。洛肯抬起头。他的面孔和双手沾满了干涸血迹。

"会的。"他说。

芝诺比娅都城的凶暴战火一直延烧到次日黎明，将城市主体尽数吞没。在察觉到冲突爆发之后，阿巴顿与阿西曼德无法联络战帅或舰队，于是他们立刻调动了驻扎于外事区的两支影月苍狼连队。在庭院周遭的街巷里，英特雷斯人民第一次品尝到了帝国阿斯塔特的强悍威力。而在此后的多年里，他们还要饱受铁蹄践踏。阿巴顿怒不可遏，阿西曼德几次被迫出手限制同僚的鲁莽行为。

阿西曼德首先率部赶往仪器大殿近旁的高层城区，在瑠德麾下的精锐将士之间杀出一条血路，成功与身陷重围的战帅会合。阿巴顿的部队则向城市中的几座控制站发动突袭，恢复了通信联络。面对战帅与帝国代表团所遭遇的明显威胁，舰队早已着手备战。他们一方面列阵迎击那些气势汹汹的英特雷斯战舰，另一方面向地表发动空降突击，由赛迪瑞和塔苟斯特挥军驰援。

在恢复联络之后，全面撤离随即有序展开，外事区以及作战区域中的所有帝国人员尽数脱身。

荷鲁斯向英特雷斯发送了最后一份信息。他并不期望对方作出回复，也确实没有得到回复。双方血战一场，死伤惨烈，损失重大，单纯的外交手腕不可能轻易弥补关系。无论如何，荷鲁斯还是表达了他对于这可悲局面的苦涩遗憾，对于英特雷斯妄施重手的哀叹谴责，并再次坚决否认帝国犯下了对方所控诉的任何暴行与罪孽。

当远征队舰船航行数周返回了帝国疆域之后，战帅便宣告了一项指令。他向四王议会成员透露，自己经过深思熟虑，重新审视了申明战帅头衔的重要意义，以及申明第十六军团与此头衔密不可分的重要意义。因此，影月苍狼将更名为"荷鲁斯之子"。

这个消息广受欢迎。在旗舰档案库的静谧角落里，凯瑞尔·辛德曼接到了宣讲者同僚传来的新闻，他对于这项决定表示赞赏，之后便重新埋头于千百年来无人问津的古籍之中。在熙熙攘攘的避难所中，记述者们——其中很多都是被阿斯塔特从外事区里奋力营救出来的——高声欢呼，举杯庆贺那崭新名号。伊格内斯·卡尔卡斯干了一杯好酒来致敬军团的荣誉，尤其是洛肯连长的荣誉，之后又干了一杯表示情谊深厚。

留在私人舱室里的悠弗拉迪·奇勒跪拜于那座秘密神像前方，用圣言录的朴实字句感谢她的伟岸神祇，感谢人类帝皇赐下这些强悍而高尚的战士庇佑众生。他们皆为荷鲁斯之子。

锈迹斑斑的管道传来气流的低吟。黑暗积聚在复仇之魂号最深层的舱室中，就连低贱奴工和粗制机仆都很少造访这里。唯有虫豸栖身于此，蝼蚁鼠辈在这古老战舰的锈蚀腹地勉强求得一份卑贱腐朽的生命。

他举起那柄怪异剑刃，伴着微弱烛火欣赏刀锋上的流转光芒。剑身起伏不平，如燧石般灰暗，却又像金刚钻一样熠熠生辉。这是一件精致之物，一件美妙之物，一件撼动寰宇之物。

他能品味到剑刃在吐息之间所蕴藏的深厚潜能。潜能与诅咒。

艾瑞巴斯缓缓将宿敌刃放回匣中，合上盖子。

"就这样了？"

"我们已经尽己所能，"洛肯说，"我们试图与对方建立纽带。这是一次勇敢的尝试，一次高尚的尝试。与之相比，战争要容易得多。但它最终还是失败了。"

"所以，是的，就这样了。"他又说。洛肯拿起了打磨粉和抹布，着手处理胸甲上的凹坑与刻痕，但同时他心里明白，这一次的伤疤太过深重。他需要盔甲工匠的帮助。

"那么这是一场悲剧？"欧丽顿问道。

"是的，"洛肯点点头，"但并非我们所酿下的悲剧。我从来没有……从来没有如此坚信过。"

"坚信什么？"记述者问。

"坚信荷鲁斯担任战帅，担任帝皇的全权代表。我从未有所质疑。但如今我目睹了他的作为，目睹了他的努力。我从未如此坚信，帝皇作出了正确的选择。"

"接下来如何？"

"关于英特雷斯？我猜我们会尝试恢复和平。但优先级不会很高，因为英特雷斯位置偏僻，也无意插手我们的事务。如果无法握手言和，那么有朝一日我们就会集结军事力量发动征讨。"

"那么我们呢？你能向我透露远征队的命令吗？"

洛肯微笑着耸耸肩，"我们计划在一个月之后抵达萨迪斯与203号远征队会合，联手开展凯亚德斯星团的归顺战役，但在此之前我们还要兜个小圈子，去解决一项微不足道的麻烦。算是个遗留事务吧。首席牧师艾瑞巴斯请求战帅出手干预。我们只需耽搁一周左右。"

"在哪里出手干预？"欧丽顿问道。

"一颗小卫星，"洛肯说，"在戴文星系。"

作者简介

丹·阿伯奈特已经完成了四十余本小说,包括广受好评的《冈特幽魂》系列、《艾森豪恩》三部曲以及《拉文诺》三部曲。他推出的荷鲁斯叛乱系列作品《普罗斯佩罗之焚》和《无所畏惧》都登上了《纽约时报》畅销书榜。丹除了为黑图书馆执笔之外,还效力于英美各大出版商并为广播剧、电影、游戏和漫画撰写剧本,现居于肯特郡的梅德斯通。

译者简介

赵笛,毕业于清华大学生物系,常用网络ID为Haldir。埋首阅读英美奇幻文学作品多年,熟悉并热爱马哲里两兄弟、秘银厅六英雄、费诺七子、护戒九人、终焉八位化身、帝国十九原体等传奇人物。现旅居瑞典小城北雪坪。

图书在版编目（CIP）数据

荷鲁斯崛起 /（英）丹·阿伯奈特著；赵笛译 . — 杭州：浙江科学技术出版社，2020.5（2024.4 重印）

ISBN 978-7-5341-8854-1

Ⅰ. ①荷… Ⅱ. ①丹… ②赵… Ⅲ. ①幻想小说—英国—现代 Ⅳ. ① I561.45

中国版本图书馆 CIP 数据核字（2019）第 276547 号

著作权合同登记号　　图字：11-2018-169 号

书　名	荷鲁斯崛起
著　者	［英］丹·阿伯奈特
译　者	赵　笛

出版发行　浙江科学技术出版社
　　　　　杭州市体育场路 347 号　邮政编码：310006
　　　　　办公室电话：0571-85176593
　　　　　销售部电话：0571-85176040
　　　　　网址：www.zkpress.com
　　　　　E-mail：zkpress@zkpress.com

排　版	杭州天一图文制作有限公司
印　刷	浙江海虹彩色印务有限公司

开　本	710×1000　1/16	印　张	18.25
字　数	365 000		
版　次	2020 年 5 月第 1 版	印　次	2024 年 4 月第 4 次印刷
书　号	ISBN 978-7-5341-8854-1	定　价	55.00 元

版权所有　翻印必究

（图书出现倒装、缺页等印装质量问题，本社销售部负责调换）

责任编辑	吕路明	责任校对	赵　艳
封面设计	孙　菁	责任印务	叶文炀